Cultivation Techniques and Practices of
Zanthoxylum planispinum 'Dintanensis'

顶坛花椒
栽培技术与实践

喻阳华　李一彤　宋燕平　主编

化学工业出版社
·北京·

内 容 简 介

本书以贵州花江高原峡谷大规模种植的顶坛花椒为对象，在系统阐述干热河谷基本特征、顶坛花椒产业研究进展及人工林培育基础理论的基础上，详细介绍不同林龄顶坛花椒人工林的 4 类生态效应，顶坛花椒栽培地小生境 5 大调控技术、枝条管理技术以及生长管理与调控技术，对 6 个典型实践案例进行具体分析，并提出顶坛花椒产业发展思路。此外，精选并解答 9 大类 32 个椒农关注的问题，基本能够满足读者日常学习、研究和生产的需要。

本书可供地理学、生态学、生态工程、植物学、农学、环境科学、环境工程等领域的科技人员、高校师生参考，也可供在喀斯特等脆弱地区从事生态产业的决策管理部门的有关工作人员阅读使用。

图书在版编目（CIP）数据

顶坛花椒栽培技术与实践/喻阳华，李一彤，宋燕平主编.—北京：化学工业出版社，2023.2
ISBN 978-7-122-42511-9

Ⅰ.①顶…　Ⅱ.①喻…②李…③宋…　Ⅲ.①花椒-栽培技术　Ⅳ.①S573

中国版本图书馆 CIP 数据核字（2022）第 208165 号

责任编辑：孙高洁　刘　军　　　　　　　　文字编辑：李娇娇
责任校对：田睿涵　　　　　　　　　　　　装帧设计：韩　飞

出版发行：化学工业出版社（北京市东城区青年湖南街 13 号　邮政编码 100011）
印　　装：涿州市般润文化传播有限公司
710mm×1000mm　1/16　印张 15¾　字数 320 千字　2023 年 1 月北京第 1 版第 1 次印刷

购书咨询：010-64518888　　　　　　　　售后服务：010-64518899
网　　址：http://www.cip.com.cn

定　　价：88.00 元

本书编写人员名单

主　　编　　喻阳华　李一彤　宋燕平

参编人员　　吴银菇　王　颖　李　红
　　　　　　邓雪花　王登超　孔令伟
　　　　　　韦昌盛　闵芳卿　王俊贤
　　　　　　宁友泽　盈　斌　曾光卫
　　　　　　王芊姿　符羽蓉　陈　卯

前　言

黔中花江干热河谷区位于贵州省安顺市关岭布依族苗族自治县和黔西南布依族苗族自治州贞丰县交界处，属珠江水系之北盘江流域，由于地质性和季节性干旱叠加，逐渐演变为旱生环境；加之特殊的河谷深切地形，造成地下水深埋，水土流失严重，土壤养分主要堆积在谷底或随水流失；此外，大面积推广人工林，容易造成生境旱化。综上，该区水分和养分总体上趋于亏缺状态。但是，区域内特殊的水热组合格局，又是发展生态产业的宝地，对于发展山地垂直立体生态农业具有得天独厚的优势。因此，充分认识黔中花江干热河谷的基本特征，是资源高效利用和产业可持续发展的重要基础，也是探明植物与环境关系的前期工作。

顶坛花椒为芸香科花椒属植物，具有喜钙、耐旱、石生、适应性强等生态习性，以"香味浓、麻味纯、品质优"而著称，为该区域的特有植物；同时，在长期的环境筛选过程中，形成了丰富的品种群和诸多优异性状，成为重要的种质资源库，受到了许多科研工作者和椒农的青睐。自1992年开始大面积种植，后经推广，面积已逾100km^2，成为脱贫攻坚和乡村振兴的主导产业之一。顶坛花椒的功能产品开发潜力较大，对水土流失防治率达94%、土地石漠化治理率达92%，生态效益显著。获得了中国地理标志保护产品、贵州省名牌产品等荣誉，并拥有"顶椒"中国森林食品示范品牌。

本书是全体编写人员团结协作、共同努力、辛勤工作的结晶。其中，喻阳华主要负责第1章、第2章、第6章、第7章、第8章、第9章等内容的撰写；李一彤主要负责第5章、第10章等内容的撰写；宋燕平主要负责第5章、第8章等内容的撰写；吴银菇主要负责第3章、第4章等内容的撰写。同时，喻阳华还负责全书的统稿工作，李一彤和宋燕平还负责全书的校对工作，吴银菇还负责全书的排版工作。此外，王颖、李红、邓雪花、王登超、孔令伟、王芊姿等参与了本书部分章节的撰写。韦昌盛、闵芳卿、盈斌等人为本书的撰写提供了诸多宝贵的思路。本书其他参编人员也在资料搜集和整理等方面做了大量的工作。

　　本书的撰写和出版，得到了贵州师范大学地理与环境科学学院（喀斯特研究院）杨建红书记、周忠发院长和盛茂银副院长等领导的关心和支持，贵州师范大学国家喀斯特石漠化防治工程技术研究中心主任熊康宁教授在成书过程中也提出了诸多宝贵建议，此外，还得到了其他许多同事的帮助和鼓励；得到了贵州省科技支撑计划项目"高麻素与高香型顶坛花椒新品种筛选与高效培育技术研究"（黔科合支撑［2022］一般 103 号）的经费资助。另外，还有许多生态修复的同行提供了宝贵的撰写思路和文献资料，在此一并表示感谢。

　　由于作者水平有限，研究顶坛花椒的时间总体还不够长，不妥之处在所难免，敬请读者朋友批评指正。

贵州师范大学　　喻阳华

2022 年 6 月

目　录

第5章　顶坛花椒栽培地小生境调控技术 ·················· 084

第1章 黔中花江干热河谷基本特征

干热河谷是深切河谷，具有由地形产生的"焚风"效应，进而孕育了特定的植被，如云南的河谷型萨王纳植被（朱华 等，2022）。典型特征包括干热气候、土壤贫瘠、水土流失严重、生态脆弱等（杜寿康 等，2022）。干热河谷是干旱河谷的重要组成部分，是西南山区一种特殊的地理区域，具有独特的生态结构和功能（欧朝蓉 等，2015）。沈泽昊（2016）指出其是青藏高原隆起、南亚-东亚季风加强而产生的自然地理变迁结果。但是，由于特殊的水热条件及其组合，在人为干扰强度小的区域，花江干热河谷区植被丰富度相对较高，形成层次完整的乔灌草植被，不同于金沙江干热河谷区植被稀疏的整体特征。

1.1 中国干热河谷概况

干热河谷主要分布在西南山区，是我国典型的生态脆弱带之一，地理区域与气候类型均较为特殊。根据文献资料，干热河谷的范围主要包括金沙江、雅砻江、大渡河、岷江等干支流和怒江、澜沧江、元江等江河中下游沿岸江河面以上一定范围的干旱、半干旱河谷地带，总面积120km^2。在贵州黔中花江流域也有一些干热河谷分布，孕育了特殊的生态系统类型。干热河谷与其他干旱河谷的基本特征见表1-1。关注干热河谷研究的学者较多（沈泽昊，2016；刘方炎 等，2021），但主要集中在西南干热河谷的云南地区，对花江干热河谷形成、特征，以及生态恢复的研究较少。

表 1-1 干热河谷与其他干旱河谷的基本特征比较

基本特征	干热河谷	干暖河谷	干温河谷
最冷月平均气温/℃	＞12	5～12	0～5
最暖月平均气温/℃	24～28	22～24	16～22

续表

基本特征	干热河谷	干暖河谷	干温河谷
日均温≥10℃天数	>350	251~350	151~250
植被类型	稀树灌木草丛为主，中生小叶灌丛	稀树灌木草丛为主，小叶落叶灌丛	小叶落叶有刺灌丛
土壤类型	燥红土	褐红土	褐土

1.2 地质地貌

在县域尺度上，依据《贵州省关岭县岩溶地区石漠化综合治理工程实施方案（2015~2017 年）》，花江干热河谷所在主要县域关岭布依族苗族自治县（以下称关岭自治县），处于燕山期形成的垭都-紫云古断裂、陆良古断裂、开运-平塘古断裂围限的三角地带，区域内地质构造为黔西山字形构造前面弧的西翼，构造线呈 45°展布，断层发育。位于云贵高原东部脊状斜坡南侧向广西丘陵倾斜的斜坡地带，地势西北高、东南低。地貌类型复杂多样，地势起伏大，碳酸盐岩类分布广泛，岩溶地貌与常态地貌交错分布。竖井、石芽、漏斗、洼地、谷地、丘峰、峰林随处可见，溶洞、暗河等比比皆是。山地面积为 1306.52km²，占全县土地面积的 89％；丘陵面积 73.40km²，占全县土地面积的 5％；盆地面积 88.08km²，占全县土地面积的 6％。

在河谷区域尺度上，根据同济大学刘琦团队的研究成果，花江干热河谷石漠化区内岩溶地貌发育，地形高差极大，地形复杂。研究区年均降水量约为 1100mm，年均温约 18℃，海拔高差大，河流两岸高差由于河流的下切作用非常大，是典型的岩溶高原峡谷地貌（图 1-1），花江峡谷两岸海拔相对高差最大可达 700m，垂直切割深度和地面坡度较大，坡度＞17.5°的坡地面积占总面积的 68.36％，坡度＞25°的坡地面积占总面积的 45.69％，70％~80％的土壤流失来自坡地。

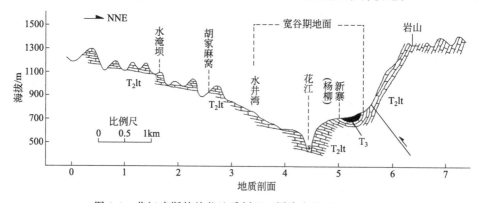

图 1-1 花江喀斯特峡谷地质剖面（同济大学刘琦团队制）

该区特殊的地质地貌和二元结构，是重要的环境背景，在水土漏失阻控、产业布局和生态恢复过程中都起着关键作用。比如，洼地和坡地的产业布局和管护措施等均应存在差异，其难度也不相同。因此，加强对地质地貌的认识，是利用好干热河谷资源的前提之一。

1.3　土壤特征

依据《贵州省关岭县岩溶地区石漠化综合治理工程实施方案（2015～2017年）》，关岭自治县内土壤受地势、地貌、气候、生物等成土因素的影响，具有垂直地带性分布、镶嵌性分布特点，耕作土呈现同心圆式、阶梯式、对称式的特征，水平地带性分布不明显。海拔800～1400m的区域，主要分布有黄壤、黄色石灰土，土层厚；海拔800m以下主要分布有黄壤、黄红壤、红色石灰土，土壤酸度大，营养元素含量低，缺肥现象明显，土壤有机质贫乏。全县共7个土类，20个亚类，51个土属，180个土种，石灰土面积最大，其次是黄壤，主要分布在山区和半山区，抗冲刷能力差，易流失。

杨丹丽等（2018）、杨珊等（2021）均对土壤质量进行了测定和评价，为指导生态产业经营提供了参考依据。整合前人研究成果可知，该区土壤大多存在N和（或）P亏缺，含量多低于全国平均水平，这与地质背景、水土流失、经营管理等密切关联，也与人工林采摘带走大部分养分有关。该区有机质含量总体较低，究其原因，是长期使用化肥、农药，加上粗放的土壤管理方式，导致土壤黏性差、容重大、微生物活性低，影响了作物产量。由于生境异质性高，植被类型多样，且人工植被比例较大，该区土壤的空间分异规律也较复杂，因此基于小生境的土壤管理具有现实意义。

陈起伟等（2018）采用遥感手段，以县域为尺度，较为系统地研究了关岭自治县县域尺度的土壤侵蚀特征。利用中国资源卫星ZY-3号，8m分辨率影像数据，结合1:50000地质图和1:10000 DEM，分析了关岭自治县土壤侵蚀总体格局，结果表明：关岭自治县土壤侵蚀面积为451.09km²，占该县土地总面积的30.7%，从侵蚀强度看，主要以微度侵蚀为主，占该县土地总面积的69.3%；轻度、中度侵蚀面积分别占14.28%和11.13%，强烈侵蚀及以上等级面积占侵蚀总面积的5.2%，从各种侵蚀类型等级结构看，关岭自治县土壤侵蚀强度不高。关岭自治县土壤侵蚀在喀斯特地区和非喀斯特地区、不同石漠化等级区域呈现出显著的空间特征，主要表现在以下几个方面：

（1）喀斯特区土壤侵蚀发生率低于非喀斯特区。喀斯特区土壤侵蚀面积为374.43km²，土壤侵蚀发生率为29.4%，非喀斯特区面积为197.50km²，土壤侵蚀面积为76.66km²，土壤侵蚀发生率38.8%，喀斯特区土壤侵蚀发生率比非喀斯特区少 9.4%。

（2）未发生石漠化的区域土壤侵蚀发生率略低于已经发生石漠化的区域。关岭自治县石漠化区总面积为 581.06km²，非石漠化区总面积为 889.51km²。其中已经发生石漠化的区域土壤侵蚀面积达到 194.21km²，占石漠化区总面积的 33.4%；而非石漠化区土壤侵蚀面积只有 256.88km²，占非石漠化区面积的 28.9%。

（3）严重石漠化区土壤侵蚀发生率低于石漠化较轻的区域。关岭自治县低等级石漠化区土壤侵蚀面积明显大于高等级石漠化区，特别是石漠化等级较弱的区域，轻度、中度土壤侵蚀面积明显大于石漠化严重的区域，土壤侵蚀面积仍随着土壤侵蚀等级的增强而减少。关岭自治县低等级石漠化区土壤侵蚀面积为 191.63km²，占整个低等级石漠化区总面积的 35.63%；高等级石漠化区土壤侵蚀面积只有 2.57km²，而只占高等级石漠化区面积的 5.94%。此外，低等级石漠化区强烈侵蚀及以上等级占该类型总面积的 3.0%，高等级石漠化区强烈侵蚀及以上等级占该类型总面积的 0.09%，石漠化等级较低的区域土壤侵蚀强度等级明显高于石漠化等级高的区域。这些理论成果为石漠化治理和土壤侵蚀防治奠定了坚实的理论基础。

花江干热河谷区域内成土母岩以白云质灰岩、泥质灰岩为主，土壤类型以石灰土为主。区内发育的石灰土多为质地差、结构不良、营养元素不平衡的黄色石灰土、红色石灰土以及由其演变而成的旱作土。坡耕地和裸岩地比重大，水土流失强烈，石漠化灾害严重。区内石漠化以中度和强度为主，石漠化面积占比在 60% 以上（董晓超，2018），生态恢复的挑战较大。

水土流失和水土保持是区域内受到广泛关注的问题。高阿娟等（2020）研究了不同经济林地土壤储水量的季节变化特征及土壤含水量的剖面变化特征；刘志等（2019）研究了顶坛花椒纯林、金银花纯林和两者混交人工林的土壤抗侵蚀特征，从土壤入侵性能、抗蚀性、抗冲性 3 个方面进行综合评价，表明混交林有利于提高土壤的抗侵蚀能力；同时，石漠化治理中生态系统的健康评价，一直是学者们关注的问题（陈圣子　等，2015）。由于区域内山高坡陡、河谷深切，产生了特殊的水土流失问题。自"七五"以来，开展了一系列生态恢复和石漠化治理工作，取得了较好成效。由于水土资源的地域特征，地上与地下相结合、工程与生物相结合的水土流失机制和防控途径研究将得到更广泛重视。

1.4　气候特征

干热河谷地区因受河流深度切割，受到高山峡谷地形和印度洋季风气候的综合作用，产生"焚风效应"，使干湿交替分明，且旱季持续时间在半年以上，气温较高、蒸发量大（秦纪洪　等，2016），形成了特殊的气候环境。由于"焚风效应"，产生了分异明显的垂直气候特征。黔中花江干热河谷总体为干热气候，海拔850m以下为南亚热带干热河谷气候，900m以上为中亚热带河谷气候（廖洪凯　等，2012），因此海拔900～1000m成为降水、霜冻等自然现象的分界线，这为产业布局、修枝整形、病虫害防控等提供了思路启示。

该区年均降水量约1100mm，但季节分配不均，冬春旱及伏旱严重。热量资源丰富，年均气温为18.4℃，年均极端最高与最低温度分别为32.4℃、6.6℃，年总积温达6542.9℃，冬春温暖干旱、夏秋湿热（部分气象数据如表1-2所示）。苏维词等（2005）的研究结果表明，气候要素垂直变化差异大（表1-3），表明了生境的丰富性和复杂性。

表 1-2　气象数据统计（任笔墨，2022，为 2019 年数据）

月份	降水量/mm	陆面蒸发量/mm	可利用降水量/mm	气温/℃	辐射/(W·m^{-2})	相对湿度/%
1 月	17.00	16.49	0.51	12.17	227.26	80.02
2 月	10.40	10.32	0.08	14.79	320.71	70.44
3 月	12.60	12.51	0.09	19.15	373.30	67.19
4 月	33.50	32.84	0.66	26.40	572.70	64.11
5 月	31.20	30.65	0.55	26.20	465.80	67.24
6 月	253.00	125.07	127.93	27.41	582.78	78.13
7 月	156.60	112.47	44.13	27.40	585.91	78.62
8 月	75.60	70.09	5.51	28.70	761.22	73.05
9 月	296.40	105.78	190.62	25.30	587.69	73.80
10 月	101.00	80.77	20.23	23.80	332.78	70.10
11 月	57.60	45.43	12.17	14.30	282.56	68.47
12 月	43.50	36.05	7.45	12.00	247.72	72.34

表 1-3　气候要素垂直变化（苏维词　等，2005）

气候要素	花江桥（谷底）	顶坛（谷坡）	北盘江（谷肩）
太阳辐射/(kJ·cm^{-2})	0.366	0.394	0.429
光照/h	1260	1465	1526
年均气温/℃	20.3	18.5	16.4
年均极端最高气温/℃	35.5	32.9	31.3
年均极端最低气温/℃	8.7	6.7	6.5
年均降水量/mm	800	1154	1438
年均蒸发量/mm	1371	1358	1322
相对湿度/%	82.0	80.5	81.0

从小区域上看,该区的气候特征主要表现在垂直差异较为明显,河谷地区表现为干热,高海拔地区从干热向温凉过渡,平均气温、积温、降水量、空气相对湿度等都有很大差异,这就孕育了丰富的小生境类型,也给产业布局和经营措施制订带来考验。比如,在顶坛花椒培育过程中,不同海拔地段的树形确定、修枝时间、采摘时间等都存在差异。因此,科学认识小气候的变化规律,结合气候参数开展生态产业培育具有重要意义。

1.5 植被特征

喀斯特森林具有物种丰富度高、组成多样、结构稳定等特点,花江干热河谷保存较好的森林也具有类似特征。但是,由于长期的人为干扰,以及人地矛盾较为突出,原生植被遭到破坏,现多以次生植被和人工植被为主,且植被退化后恢复的难度较高。温培才(2018)选取 21 个样方对物种进行了调查,得到草本层有 12 科 17 属 17 种,木本层有 11 科 15 属 15 种,结果显示植物物种组成相对简单,这可能与调查区域植被受到较大的人为作用有关。张仕豪等(2019)研究结果表明,植物生长和发育受土壤含水率、氮元素含量和光照等影响。程雯(2019)在实地调查和前期研究的基础上,系统归纳了花江干热河谷区内的自然和人工植被现状,主要表现在以下三个方面:

第一,因人类活动干扰强烈,植被覆盖率较低,以灌丛、灌草群落为主。但是,封山育林年限达 10 年的植被,多以乔木为优势种,群落为近顶极,且物种多样性高。其中:乔木主要有翅荚香槐、复羽叶栾树、盐肤木、任豆、香椿等;灌木主要有构树、珍珠荚蒾、白刺花、火棘、悬钩子等;草本主要有铁线莲、荩草、井栏边草、五节芒、白茅、皇竹草等。

第二,区内为减少人为干扰,设置大量封山育林区域,仅由自然力促进植被演替而缺少人为优化调控,加之生态环境承载能力偏低,以致植被演替速率缓慢,大多数植被仍处于演替的初期或中期,结构尚存在缺失或缺陷的情形,其生态系统功能还未发挥到较高水准。

第三,区内大面积种植的经济林物种包括顶坛花椒、金银花、枇杷、柚木、核桃、砂仁等,但因配置结构单一,群落稳定性低。调查结果显示,区域种植面积最大的植被顶坛花椒,大多已经进入老化期,其他作物也相继出现生长衰退现象。同时,由于林下长期使用化肥,造成土壤板结、孔隙状况变差,综合肥力质量下降。经济林因采用地表施肥的方法,且林下土地翻耕频率高,容易造成土壤养分大量流失。此外,在对经济林进行修枝后,剪掉的枝条多用作薪炭资源,将其粉碎后还土的做法鲜见,养分无法返还土壤,减少了生态系统的养分归还量,也在一定程度上造成养分流失。

1.6 社会经济现状

2015 年关岭-贞丰花江示范区（为干热河谷核心区内设置的石漠化综合治理示范区）人口密度为 242 人·km^{-2}，总人口 1518 户 12604 人，其中农业人口为 9180 人，劳动力 7598 人，劳动力充足；外出务工人口多，务工收入占家庭总收入的 50.52%，2015 年农民家庭人均纯收入 4521 元。根据 2017 年抽样调查 284 户农户问卷，贞丰-关岭花江示范区平均每户家庭人口 4.34 人，平均每户劳动力为 2.82 人，60 岁以上人口数占比为 7%。调查户家庭耕地以旱地为主，人均旱地面积不足 0.1ha，水田面积极少，只有 8 户有水田共约 1ha，191 户家庭自产粮食不够自给。234 户家庭有务工收入，占家庭总收入的 50.86%，119 户有种植花椒收入，户均 6937 元，2017 年家庭人均纯收入 4896 元。示范区农户户主文化水平普遍较低，小学和初中学历占 80% 以上（任笔墨，2022）。

1.7 值得关注的问题

对花江干热河谷的研究已经取得了丰富成果，并实现了理论、技术和示范的有机衔接。深化对这些成果的整理和运用，能够促进产业生态化和生态产业规模化。未来，以下几个问题值得关注：一是深入探讨干热河谷的产生原因及其基本特征，这是开展资源利用、生态修复和产业培育的前提。二是揭示自然植被和人工植被的演替规律，研发增加植被稳定性的经营调控技术，这是提高生态系统服务功能的关键。三是要统筹地上和地下的关系，比如裂隙和小生境、水土漏失、根系生态学等，虽然这些话题常被提及，并且研究难度很高，但又是重要的科学问题，也能够在较大程度上提高生态系统恢复的质量。四是既要考虑生境质量的整体特征，也要结合其垂直分异规律，这能够为不同尺度的研究奠定基础；对于生态产业经营而言，厘清小生境特征尤其是小气候特征更有意义。五是诸多学者对花江干热河谷的地质、地貌、土壤、水文、植被、气候、社会经济等要素进行了研究，取得了丰富成果，对精准量化区域环境特征起到了显著作用，但是资料还显得较为零散、孤立，缺乏系统整合研究，相较于云南地区的干热河谷研究，还稍显薄弱，这在下一步工作中需要加强。干热河谷是生态脆弱区，也是发展生态产业的"宝地"，具有得天独厚的优势，要充分认识和挖掘这些资源，发展山地垂直立体生态产业，走出特色发展之路。

◉ 参考文献

陈起伟，熊康宁，周梅，等，2018.关岭县不同等级石漠化区土壤侵蚀特征 [J].水土保持研究，25（5）：24-28.

陈圣子，周忠发，闫利会，2015.基于网络 GIS 的喀斯特石漠化治理过程中生态系统健康变化诊断——以贵州花江示范区为例［J］.中国岩溶，34（3）：266-273.

程雯，2019.喀斯特石漠化治理中林灌草群落配置机理与优化调控技术［D］.贵阳：贵州师范大学.

董晓超，2018.喀斯特石漠化生态修复的养分平衡机制与林产业复合经营技术［D］.贵阳：贵州师范大学.

杜寿康，唐国勇，刘云根，等，2022.不同立地环境下金沙江干热河谷各区段植物多样性［J］.浙江农林大学学报，39（4）：742-749.doi：10.11833/j.issn.2095-0756.20210572.

高阿娟，刘子琦，李渊，等，2020.喀斯特峡谷区不同经济林地土壤水分变化特征：以贵州花江示范区为例［J］.中国岩溶，39（6）：863-872.

廖洪凯，龙健，李娟，2012.土地利用方式对喀斯特山区土壤养分及有机碳活性组分的影响［J］.自然资源学报，27（12）：2081-2090.

刘方炎，高成杰，李昆，等，2021.西南干热河谷植物群落稳定性及其评价方法［J］.应用与环境生物学报，27（2）：334-350.

刘志，杨瑞，裴仪岱，2019.喀斯特高原峡谷区顶坛花椒与金银花林地土壤抗侵蚀特征［J］.土壤学报，56（2）：466-474.

欧朝蓉，朱清科，孙永玉，2015.西南干旱河谷景观格局研究进展［J］.西部林业科学，44（6）：137-142.

秦纪洪，黄雪菊，陈蓓，等，2016.干湿交替格局对川西南干热河谷土壤碳氮释放的影响［J］.水土保持学报，30（3）：250-254.

任笔墨，2022.喀斯特石漠化治理中农民合作社生态产业驱动机制与模式研究［D］.贵阳：贵州师范大学.

沈泽昊，2016.中国西南干旱河谷的植物多样性：区系和群落结构的空间分异与成因［J］.生物多样性，24（4）：363-366.

苏维词，杨华，2005.典型喀斯特峡谷石漠化地区生态农业模式探析——以贵州省花江大峡谷顶坛片区为例［J］.中国生态农业学报，13（4）：217-220.

温培才，2018.喀斯特生态系统植物群落及其凋落物 C、N、P 生态化学计量特征及对石漠化演变的响应［D］.贵阳：贵州师范大学.

杨丹丽，喻阳华，钟欣平，2018.干热河谷石漠化不同土地利用类型的土壤质量评价［J］.西南农业学报，31（6）：1234-1240.

杨珊，喻阳华，熊康宁，等，2021.喀斯特石漠化地区土壤养分对泡核桃功能性状的影响［J］.广西植物，doi：10.11931/guihaia.gxzw202104025.

张仕豪，熊康宁，张俞，等，2019.石漠化封山育林区不同坡向群落空间结构与环境因子的关系［J］.四川农业大学学报，37（5）：676-684＋694.

朱华，杜凡，2022.设立云南金沙江干热河谷萨王纳植被自然保护地的建议［J］.生物多样性，30（3）：186-190.

第2章 顶坛花椒产业研究进展

2.1 花椒资源与栽培概述

花椒为芸香科花椒属的灌木或小乔木，最早产于中国（谷丽萍 等，2015），全世界约有花椒属植物 250 种，分布于亚洲、美洲、非洲及大洋洲的热带和亚热带地区，其中亚洲的中国、日本和韩国为主要栽培国家（李宏梁 等，2014），朝鲜、印度、马来西亚、尼泊尔、菲律宾等国家也先后引种栽培。花椒属于药食同源植物，现代药理学研究证明，花椒中的活性成分具有抗氧化、抗肿瘤、抑菌消炎和止痛镇静等作用（吴亮亮，2010），因此花椒不仅可以作为食品，还可以作为药品和保健品，市场认可度高、应用前景广阔，具有极大的开发利用价值。综合表明，花椒由于自身的药食同源性，以及多种功能和用途，在不同国家和地区得以推广，是一种在全球分布较为广泛的植物。厘清花椒在全球的生物地理分布规律，阐明主要性状的地理分异特征，能够为优良种质资源利用奠定基础。

花椒是重要的调料植物，在我国的栽培历史悠久，以西南、西北和华北地区分布较多，其中太行山脉、沂蒙山区、陕北高原南缘、秦巴山区、甘肃南部、川西高原东部、云贵高原等为生产区域，陕西的凤县和韩城、山东济南莱芜区、山西芮城、重庆江津区、四川汉源和金阳、贵州关岭和贞丰等都是集中栽植区域（马尧，2021）。史劲松等学者（2003）系统分析了我国花椒的主要种源有簕榄花椒 [*Zanthoxylum avicennae* (Lam) DC.]、刺花椒（*Z. acanthopodium* DC. 及变种 var. *villosum* Huang）、椿叶花椒（*Z. ailanthoides* Sieb. et Zucc.）、竹叶花椒（*Z. armatum* DC.）（*Z. planispinum* Sieb. et Zucc.）、异叶花椒（*Z. dimorphophyllum*）（*Z. ovalifolium* Wight）、朵花椒（*Z. molle* rehd）、蚬壳花椒（*Z. dissitum* Hemsl）、刺壳花椒（*Z. echinocarpum* Hemsl）、贵州花椒（*Z. esquirolii* Levl）、花椒簕（*Z. scandens* BI.）（*Z. cuspidatum* Champ）、大叶

臭花椒（*Z. myriacanthum* Wall ex Hook F. ）（*Z. rhetsoides* Drake）、岭南花椒（*Z. austrosinense* Huang）（*Z. austrosinense* var. *stenophyllum* Huang）、广西花椒［*Z. kwangsiense*（Hand.-Mazz.）］、川陕花椒（*Z. piasezkii* Maxim. ）、两面针［*Z. nitidum*（Roxb）DC］、日本山椒（*Z. piperitum* DC. ）等，并列举了主产区及品种，见表2-1。近20年，各地又不断推广，种植面积逐年增加。推广力度较大的如云南省，截至2014年，在金沙江干热河谷区以及滇东南岩溶石漠化区推广，昭通市、楚雄州、丽江市、文山州4大花椒主产区种植面积达到1531km^2（谷丽萍　等，2015）。

表2-1　我国花椒的主要产地及品种（史劲松　等，2003）

序号	产地	品种
1	陕西韩城及周边	大红袍等
2	河北涉县、河南林州	黄沙椒、小红袍、大红袍
3	山西芮城	大红袍
4	甘肃陇南武都区、舟曲	五月椒（大红）、六月椒（二红）、八月椒等
5	陕西凤县	凤椒（大红袍）
6	甘肃秦安	秦安一号、大红袍
7	山东济南莱芜区	香椒子、大红袍、小红袍、青皮椒、大花椒
8	重庆江津区	先锋花椒（九叶青花椒）
9	贵州水城、关岭、贞丰	红玛瑙、大红袍等
10	四川汉源、西昌、冕宁、汶川、金川、平武	正路花椒（南路花椒）、清溪椒（贡椒）、富林椒、大红袍（西路花椒）、小路椒、金阳椒、野椒、臭椒、子母椒、娃娃椒等

花椒种植区域依据其树体或者果皮特点，提出了当地独特的花椒名称，并沿袭使用，如大红袍、小红袍、油椒、大红椒、白椒和豆椒等，但多数未通过良种审（认）定或新品种鉴定（马尧，2021）。因此，规范花椒种质资源命名和认定等，具有重要意义。对花椒种质资源开展系统调查，有利于摸清资源品种和类型，也是花椒生产、流通、保护和开发利用等的重要基础工作（龚霞　等，2018）。

2020年，贵州省林业科技推广总站组织编写了《贵州省特色林业产业（竹、油茶、花椒、皂角）栽培管理技术指南》，归纳了贵州主要的3个主栽品种，分别为大红袍、九叶青花椒和顶坛花椒。其中：大红袍为落叶小乔木，小叶5～13片，对生、无柄、卵形至披针形。成熟时果实紫红色，散生微凸起的油点，花期4～5月，果期8～10月。九叶青花椒为落叶灌木或小乔木，小叶7～11枚，卵状长椭圆形，叶缘具细锯齿，齿缝有透明的油点，叶柄两侧具皮刺；果皮有疣状突起，熟时红色至紫红色，但通常在果实青绿色时采收。顶坛花椒叶轴及小叶光滑无刺，茎枝多锐刺，枝具皮刺，红褐色，皮刺基部多宽扁；小叶5～9片，对生，翼叶明显；果实绿色、有光泽，果粒大，表面具疣状突起的腺体。主要栽培区域如表2-2所示。

表2-2　贵州花椒主要栽培区域

地区	主栽品种
遵义市：仁怀市、务川县、道真自治县、习水县、桐梓县、凤冈县	九叶青花椒为主
遵义市：绥阳县、正安县	大红袍、九叶青花椒
铜仁市：德江县、思南县、石阡县	九叶青花椒
毕节市：威宁自治县	大红袍
安顺市：关岭自治县	顶坛花椒、九叶青花椒
黔西南布依族苗族自治州（以下称黔西南州）：贞丰县、望谟县、晴隆县、册亨县	顶坛花椒、九叶青花椒
黔东南苗族侗族自治州：榕江县	九叶青花椒

虽然贵州花椒栽培区域正在逐步扩大，但起步总体较晚，省内花椒栽培的力量正在逐步形成中。受到周边地区如重庆江津区、四川汉源等的影响较大，种苗、技术和专业人员多来源于这些地区。区域内一些优异花椒种质资源正在不断发掘，种植技术也正结合地区生态环境特征进行改进。表2-3列举了贵州花椒在栽培方面的主要技术措施，在病虫害防控方面，以生物防控和药物防控相结合的方式，全省花椒种植主体使用的主要措施较为均一，但在用药类型、时间和剂量上均存在一定差异。

表2-3　贵州花椒栽培主要技术措施

类型	措施	部分代表性单位
种苗	实生苗、嫁接苗	贞丰县丰茂苗圃场、德江县万进花椒种植专业合作社
肥料	有机肥、复合肥	贞丰县顶罎椒业有限公司、德江县万进花椒种植专业合作社
枝条管理	矮化密植，水肥一体化	贞丰县顶罎椒业有限公司、关岭板贵德春花椒合作社

2.2　顶坛花椒产业现状

顶坛花椒是花椒属植物中竹叶椒的一个变种，为贵州北盘江流域等喀斯特石漠化地区独有，生态、经济价值均较高（韦昌盛　等，2016），兼具药用和食用功能。具有"香味浓、麻味纯、品质优"的典型特征，尤其以果皮的香麻味最浓（杨跃寰　等，2010），且是一种附加值较高的经济植物（Wang et al.，2019），为地理标志保护产品和地理标志证明商标，深受百姓欢迎，并在石漠化治理中大面积应用推广。近年来，在顶坛花椒培育技术上进行了诸多有益探索，促进了顶坛花椒增产、稳产、稳质。

2018 年 9 月，中共中央国务院印发《乡村振兴战略规划（2018～2022年）》，提出"统筹山水林田湖草系统治理，优化生态安全屏障体系""大力推进荒漠化、石漠化、水土流失综合治理"，指出通过生态型治理模式加强生态系统服务功能，以产业振兴助推乡村振兴。根据《岩溶地区石漠化综合治理工程"十三五"建设规划》，林草植被恢复、发展草地畜牧业和水土保持是石漠化治理的主要措施，植被建植成为石漠化治理的核心之一，而人工植被的稳定性与可持续经营又是其高效生态经济功能的保障。贵州省委、省政府坚持生态优先、绿色发展，全力推进大生态、大扶贫战略，深入贯彻绿水青山就是金山银山的理论，并将人工林建植作为实施生态文明战略的重要举措之一。以上规划和举措，为发展顶坛花椒提供了政策和机制保障，推动了顶坛花椒产业不断发展。

笔者等人前期在贵州省黔西南州贞丰县、安顺市关岭自治县的北盘江干热河谷区域内，对顶坛花椒的生长状况进行了详细调查。得到的初步结论有：一是顶坛花椒主要分布在热量丰富、排水条件良好的地块，具有喜钙、耐旱和石生等特性，是区域内适宜性较好的生态恢复树种，成为重要的乡土植物资源。二是同属青花椒系列的顶坛花椒，在生态习性上为干热型，不同于重庆江津区九叶青花椒的湿热型，适应机理和栽培管理措施应存在本质区别。三是顶坛花椒耐旱，不耐水淹；但是在极端干旱情况下，亦会导致萎蔫、减产甚至枯死，对水分适应同样具有一定的生态幅。

但是，贵州顶坛花椒已有 40 余年的大规模栽培历史，经过多年的生物学实践检验，发现存在如下突出问题：一是林龄缩短是种群生长衰退的主要表现。部分顶坛花椒林龄由 12～15 年缩短至 5～6 年，通常为生长期 3 年、挂果期 2～3年；生态系统服务价值降低、功能减弱；轮伐周期缩短，缺乏精耕细作。二是培育目标不清导致技术措施缺乏针对性。由于在产业发展过程中，对产品缺乏定位，导致采取的整形修剪、施肥等技术措施没有针对性，也限制了产品品质提升。三是土壤质量退化是衰退的直接诱因。栽培顶坛花椒以来，有机肥施用量小，过度依赖化肥，生物小循环的回补量减少，土壤容重增加、保水蓄水能力减弱、养分亏缺、质量下降，加快了顶坛花椒生长衰退。顶坛花椒目前正发生衰退，影响石漠化治理成果的巩固，然而相关防控技术尚不完全明确。针对上述背景和需求牵引，开展技术攻关和集成，能够实现顶坛花椒产业良性发展。

2.3　顶坛花椒种质资源研究

容丽等（2007）以 15 株顶坛花椒作为样本，对其根深、根幅、根直径、侧根的分布范围、叶重、吸收根的密度及重量等进行实地数据采集与分析，从中得出顶坛花椒根系的生长特征。结果表明，顶坛花椒根系界于散生根系和水平根系之间，根系的水平分布远大于垂直分布，反映了根系的发达性及浅根系特点。根系主要分布在 0～35cm 的土层中，吸收根一般分布在 0～30cm 范围内，且这种分布受到土壤环境影响。这项研究是顶坛花椒优良种质资源较早的成果，为认识其地下生态系统提供了很好的理论和实践基础。

李红等（2020）为了阐明顶坛花椒人工林叶片功能性状的海拔变化趋势，探讨了顶坛花椒对不同海拔生境的适应策略，为顶坛花椒人工林复壮、高产与稳定，以及喀斯特石漠化区生态修复提供了科学依据。测定了叶片厚度、比叶面积、叶全氮含量等 9 个功能性状，揭示了顶坛花椒人工林叶片功能性状的内在关联及其随海拔的分异规律。结果表明，随海拔升高，顶坛花椒比叶面积、叶全磷、叶全钾含量先升高后降低，叶干物质含量、叶全氮含量先降低后逐渐升高，叶片厚度、叶面积及叶片含水率逐渐增大；顶坛花椒叶片功能性状间具有显著的相关性，叶全氮与叶全磷呈显著负相关，与叶片厚度的关系则相反；叶干物质含量与比叶面积、叶片含水率呈显著的抑制效应。

程雯等（2019）等以喀斯特高原峡谷地区的 17 个优势种为例，比较了叶片功能性状的差异，同时构建了功能性状和土壤之间的关系，表明施用有机肥能够提高顶坛花椒的适应能力。结果有助于从区域尺度对比、分析、认识顶坛花椒的优异性状，为其高效栽培奠定了理论基础。

此外，韦昌盛等（2016）认为顶坛花椒植株适应性较强，但是缺乏对其适应旱生环境的功能性状研究。谭代军等（2019）研究指出，顶坛花椒净光合速率、日光合同化量等光合能力对生理状况和自然环境的响应较为敏感，但是土壤状况对光合能力的调控机理尚不完全清楚，需要深化顶坛花椒适应水养亏缺环境的生理生态特性。朱亚艳等（2016）研究了顶坛花椒结实性状的空间变异，但其结果主要用于优良单株筛选。关于顶坛花椒与生境关系的研究，主要集中在土壤性状对林龄的响应方面（张文娟　等，2015；廖洪凯　等，2015），旨在评估人工林生态效应和养分利用策略的动态变化。

表 2-4　顶坛花椒种质资源研究现状

内容	研究现状	不足
功能性状/优异性状	主要关注叶片功能性状，较少关注根系功能性状；研究成果集中，阐明了顶坛花椒适应喀斯特生态系统的策略	对优异性状缺乏筛选，顶坛花椒为何好、好在哪里、如何维持优良性状还不完全清楚
优良基因	未见公开报道	限制了种质资源的创新和利用
种质创制	有部分嫁接方面的探索	新种质资源的适应性、抗性和产量、品质等缺乏研究和验证
种质应用	在干热河谷以外地区有部分推广使用	引种的科学依据还不够充分，优良性状的稳定性尚不明晰

据表 2-4，学者们对顶坛花椒的种质资源进行了一些研究，但主要集中在适应功能性状方面，尤其是对叶片功能性状与土壤环境因子的关注度最高；对优良基因、种质创制、资源应用等方面的研究还较缺乏，这限制了资源的引种、推广和利用。在优良基因和种质创制方面，研究环境适应性、产量、品质形成的分子生物学基础，挖掘关键功能基因，揭示优良性状形成的分子途径，能够为良种创制提供科学依据。

2.4 顶坛花椒培育研究

在土壤肥力质量研究方面，何腾兵等（2000）测定了花椒根际和非根际的土壤理化性质，推断花椒长势上的差异不是根际土壤物理性质引起的，钾亏缺可能引起花椒生长不良。周玮等（2008）通过土壤酶演变规律得知，从土壤生物学的视角，花椒人工林不仅没有造成土壤质量退化，经营得当的条件下，还会在一定程度上改善土壤质量；土壤酶催化土壤中的一切生物化学反应，是指示土壤肥力变化的敏感生物指标，从酶学视角阐明土壤肥力变化特征，是评估土壤质量演变较为科学的方法。周玮等（2010）还研究了顶坛花椒的土壤酶活性与林龄的关系，结果显示蔗糖酶、淀粉酶和蛋白酶活性均随着林龄增加而增加，但是脲酶和磷酸酶变化规律与之不一致。土壤酶是生态系统的重要组成部分，与土壤微生物、养分元素的关系密切，该结果有利于土壤肥力动态调控。但是，文中最大林龄仅为 13 年，这与顶坛花椒的经营历史有关，增大林龄梯度序列，在更长时间尺度上去考察林龄的生态效应，更能揭示林龄与土壤的关系。

廖洪凯等（2012）研究了小生境对花椒林表土团聚体有机碳和活性有机碳的影响，结果显示，石沟和石坑呈明显促进上述有机碳含量增加的作用，石槽和石洞则有所降低。结果可为花椒林碳库保护和农业土壤资源合理利用提供科学依据。

周玮等（2009）以土壤的物理、化学和生物学特性构建评价指标体系，采用隶属度函数，综合评价了花椒峡谷地区的土壤肥力质量，结果表明花椒林仅次于乔木林，优于耕地、荒地和农林套种地，这项结果为喀斯特地区土壤肥力质量改善提供了理论依据，有助于选择较为合理的土地利用类型。喻阳华等（2018）研究了顶坛花椒人工林土壤肥力质量随海拔的分异规律，结果表明高海拔的土壤质量总体更优，提出土壤管理上应同时施用有机肥和矿质元素肥料，提高土壤养分供给能力和利用效率，结果可为花椒林养分管理和可持续经营工作提供借鉴和参考。此外，还有诸多研究对顶坛花椒人工林的土壤质量进行了评价，这些结果有助于开展顶坛花椒生长调控。

在顶坛花椒培育方面，容丽等（2005）依据叶片适应特征，将顶坛花椒划分为旱生或阳生叶类型，这为顶坛花椒科学利用提供了依据。李安定等（2011）研究了顶坛花椒林地在不同覆盖下的生态需水量，阐明了整个林地的需水规律，分析了需水、补水情况及土壤的保墒效能，旨在协调水分供应和植被生长的关系。

通过梳理文献可知，2000 年左右为顶坛花椒研究的一个高峰期，主要围绕林龄、根际和非根际土壤等开展科学研究，得到了诸多有价值的结论，之后研究强度有所下降。在顶坛花椒培育方面，较多研究集中在土壤质量诊断，以及植物生长对土壤参数的影响与响应，对植物生长规律的研究较少，缺乏植物生理、生态、生化等方面的研究，植物生长调控研究鲜见。

2.5　顶坛花椒品质研究

屠玉麟等（2000）选取氨基酸、蛋白质、维生素和微量元素等指标，评价了顶坛花椒的鲜椒、果皮（干样）、椒目仁（干样）、果实（种子与果皮，干样）的品质特征，并与"四川红"干椒作对比，结果表明顶坛花椒是优良花椒品种，可以推广利用，这为顶坛花椒规模化种植和产业化推广提供了直接证据。吴珺婷等（2011a）研究了采摘时间和海拔高度对顶坛花椒籽粒质量及花椒籽粒储藏期间生理代谢和油脂品质的影响，结果表明低海拔地区成熟花椒籽粒品质优于高海拔；常规晾晒加工的花椒籽在贮藏期生理代谢旺盛；充氮气调、生物降氮等会抑制花椒籽脂肪降解。王进等（2015）测得顶坛花椒中羟基-β-山椒素的含量较高，符合其"麻味重"的特点，这对研究顶坛花椒香味、麻味物质具有借鉴意义，也给生物化学性状研究提供了实验方法、结果分析等参考。吴娅莉等（2017）研究指出顶坛花椒果皮具有显著的抗氧化作用，主要活性成分为酰胺类和黄酮类，这为顶坛花椒定向培育和功能产品开发提供了理论依据。敖厚豫等（2020）基于不同植物来源及不同干燥方法的花椒麻味成分组成，采用 HPLC 方法，建立了顶坛花椒基于麻味成分的指纹图谱，为其地理标志保护产品识别和质量控制提供了依据；该项研究考虑到了产地环境，亦即自然地理要素，对顶坛花椒品质评价和掺假鉴定等具有一定贡献。笔者等测定了不同枝条管理方式对花椒果皮品质的影响（见第 6 章），从品质出发，评价经营措施效果，这为基于产量和品质优化调控的顶坛花椒经营提供了新思路。顶坛花椒常见品质指标如表 2-5 所示。

表 2-5　顶坛花椒常见品质指标

序号	指标类型	具体指标
1	基础指标	千粒重、灰分、果实直径、果皮厚度、果皮干物质含量等
2	氨基酸	苏氨酸、缬氨酸、赖氨酸、苯丙氨酸、亮氨酸、异亮氨酸、蛋氨酸、天冬氨酸、谷氨酸、组氨酸、丙氨酸、甘氨酸、脯氨酸、酪氨酸、丝氨酸、精氨酸等游离氨基酸

序号	指标类型	具体指标
3	维生素	维生素 C、维生素 E、β-胡萝卜素等
4	微量元素	铁、锌、硒、碘等
5	香味指标	芳樟醇、柠檬烯、月桂烯、蒎烯等
6	麻味指标	羟基-α-山椒素、羟基-β-山椒素、羟基-γ-山椒素等
7	其他	粗蛋白、粗脂肪等

从现有研究可知，目前对顶坛花椒特征性品质指标（比如香味、麻味等）的测定较为鲜见，顶坛花椒的品质优势还缺乏更多数据支撑；此外，目前对顶坛花椒功能成分的鉴定较少，制约了功能产品开发。今后要加强顶坛花椒品质评价，尤其是功能性成分的评定。

2.6 顶坛花椒产品加工研究

目前，花椒产品加工的公开报道较为鲜见。吴珺婷等（2011b）采用超临界 CO_2 结合夹带剂对顶坛花椒籽油进行萃取，得出了最佳工艺，气相色谱分析显示顶坛花椒籽油富含亚麻酸、棕榈油酸、亚油酸等不饱和脂肪酸。吴珺婷等（2012）还采用水相酶解及有机溶剂萃取工艺生产花椒籽油，探明了得油率最佳的工艺参数，该方法游离油得率最高可达 69.84%，毛油品质较好。也有学者（陆发龙 等，2022）系统研究了花椒油加工贮藏现状，这为顶坛花椒产品加工提供思路。2011 年，贵州大学秦礼康教授依托校地产学研合作项目，联合构建了"贞丰县特色农产品深加工科技创新平台"，开展了花椒籽和果皮品质研究，优选了花椒籽油加工工艺，并探讨了螺旋压榨法、液压法、超临界萃取法、水酶法 4 种油脂生产工艺制备花椒籽毛油的技术可行性；从花椒籽毛油品质差异及设备、成本、投资、效益等综合确定了花椒籽油生产操作规程的理论参数。还采用菌剂处理，有效降解了花椒籽饼粕纤维素成分，实现了固体废物资源化利用。从现有研究来看，对产品加工的文献较少，产品类型也较为单一，主要是花椒油。今后还要加强功能产品类型、工艺参数、产品品质评价等方面的研究。

樊祖洪（2022）还研究了顶坛花椒的品牌效应和生态产品价值实现，指出在政策方面，要积极发挥扶持政策在地理标志产业发展与品牌建设中的引导作用；在管理体系建设方面，采取"政府主导＋龙头企业推进＋合作社参与"的地理标志品牌发展模式；在品牌宣传推广方面，探索线上线下相结合的营销推广策略，拓展品牌推广渠道，积极推进农旅融合发展。这些研究为顶坛花椒产业发展提供了坚实基础，在既有研究基础上不断深化，有利于构建更加完整、稳定的顶坛花椒产业链。

　　综上分析，相关研究还存在以下问题：一是对花椒资源在全球、全国的分布，以及主要的生态习性和品质性状仍缺乏系统研究，不同优异种质资源之间的交流仍较少。二是对顶坛花椒采取什么策略适应喀斯特石漠化地区水分、养分亏缺环境，其生态适应机制是什么，目前还不完全明晰。三是现有顶坛花椒的栽培技术与自身生理生态习性的结合还较少，尤其是物候规律还不清楚；加之喀斯特地区小生境复杂，物候随生境的复杂性也未能充分认识。四是为何在这样的地区能够形成高品质的顶坛花椒，对该问题的认识还显得不足，这限制了品质的稳定维持。五是对顶坛花椒产业培育缺乏系统研究，多只关注某一个要素或单元，系统性、整合性都不够。未来的研究中，对这些问题要予以加强，促进顶坛花椒生态产业振兴。

● 参考文献

敖厚豫，李欣，余天华，等，2020.基于麻味成分的顶坛花椒 HPLC 指纹图谱研究 [J].中国调味品，45
　　(5)：19-26＋32.

程雯，喻阳华，熊康宁，等，2019.喀斯特高原峡谷优势种叶片功能性状分析 [J].广西植物，39 (8)：
　　1039-1049.

樊祖洪，2022.喀斯特地理标志产品品牌建设与市场价值提升策略研究——以顶坛花椒为例 [D].贵阳：贵
　　州师范大学.

龚霞，吴银明，陈政，等，2018.四川地区花椒种质资源调查 [J].四川农业科技 (6)：65-68.

谷丽萍，王锡全，张伏全，等，2015.云南花椒产业发展现状及对策 [J].西部林业科学，44 (5)：
　　142-147.

何腾兵，刘元生，李天智，等，2000.贵州喀斯特峡谷水保经济林植物花椒土壤特性研究 [J].水土保持学
　　报，14 (2)：55-59.

李安定，杨瑞，林昌虎，等，2011.典型喀斯特区不同覆盖下顶坛花椒林地生态需水量研究 [J].南京林业
　　大学学报 (自然科学版)，35 (1)：57-61.

李红，喻阳华，2020.干热河谷石漠化区顶坛花椒叶片功能性状的海拔分异规律 [J].广西植物，40 (6)：
　　782-791.

李宏梁，薛婷，2014.花椒果皮的研究进展 [J].中国调味品，39 (1)：124-128＋135.

廖洪凯，龙健，李娟，等，2015.花椒 (*Zanthoxylum bungeanum*) 种植对喀斯特山区土壤水稳性团聚体分
　　布及有机碳周转的影响 [J].生态学杂志，34 (1)：106-113.

廖洪凯，龙健，李娟，2012.不同小生境对喀斯特山区花椒林表土团聚体有机碳和活性有机碳分布的影响
　　[J].水土保持学报，26 (1)：156-160.

陆发龙，任廷远，黄涛，2022.花椒及花椒油 (树脂) 加工贮藏研究现状 [J].农产品加工，(1)：62-65.

马尧，2021.不同种质资源花椒主要品质性状差异及其影响因素研究 [D].杨凌：西北农林科技大学.

容丽，王世杰，刘宁，等，2005.喀斯特山区先锋植物叶片解剖特征及其生态适应性评价 [J].山地学报，
　　23 (1)：35-42.

容丽，熊康宁，2007.花江喀斯特峡谷适生植物的抗旱特征：顶坛花椒根系与土壤环境 [J].贵州师范大学
　　学报 (自然科学版)，25 (4)：1-7＋34.

史劲松，顾龚平，吴素玲，等，2003.花椒资源与开发利用现状调查 [J].中国野生植物资源，22 (5)：6-8.

谭代军，熊康宁，张俞，等，2019.喀斯特石漠化地区不同退化程度花椒光合日动态及其与环境因子的关系 [J].生态学杂志，38（7）：2057-2064.

屠玉麟，2000.顶坛花椒营养成分及微量元素测试研究 [J].贵州师范大学学报（自然科学版），18（4）：31-36.

王进，李欣，杨龙佳，等，2015.高效液相色谱法测定贵州顶坛花椒中麻味成分羟基-β-山椒素的含量 [J].中国调味品，40（10）：102-105.

韦昌盛，左祖伦，2016.顶坛花椒产业衰退原因分析及对策研究 [J].贵州林业科技，44（1）：60-64.

吴珺婷，秦礼康，金毅，等，2011a.采摘时间、海拔高度及贮藏条件对花椒籽粒生理代谢和贮藏品质的影响 [J].贵州农业科学，39（11）：37-41.

吴珺婷，秦礼康，金毅，等，2011b.超临界 CO_2 及夹带剂萃取顶坛花椒籽油工艺研究 [J].中国油脂，36（4）：16-19.

吴珺婷，秦礼康，金毅，等，2012.水相酶解结合溶剂萃取生产花椒籽油工艺研究 [J].食品与机械，28（2）：126-130.

吴亮亮，2010.花椒黄酮成分提取分离及抗氧化活性研究 [D].南京：南京农业大学.

吴娅莉，王进，李欣，等，2017.贵州顶坛花椒抗氧化活性成分研究 [J].食品科技，42（9）：211-215.

杨跃寰，熊俐，李翔，等，2010.顶坛花椒的研究与开发 [J].中国调味品，35（10）：40-44.

喻阳华，王璐，钟欣平，等，2018.贵州喀斯特山区不同海拔花椒人工林土壤质量评价 [J].生态学报，38（21）：7850-7858.

张文娟，廖洪凯，龙健，等，2015.种植花椒对喀斯特石漠化地区土壤有机碳矿化及活性有机碳的影响 [J].环境科学，36（3）：1053-1059.

周玮，周运超，李进，2009.花江峡谷喀斯特区土壤肥力质量评价 [J].土壤通报，40（3）：518-522.

周玮，周运超，田春，2008.花江喀斯特地区花椒人工林的土壤酶演变 [J].中国岩溶，27（3）：240-245.

周玮，周运超，2010.北盘江喀斯特峡谷区不同植被类型的土壤酶活性 [J].林业科学，46（1）：136-141.

朱亚艳，任世超，徐嘉娟，等，2016.顶坛花椒结实性状表型多样性分析 [J].西北林学院学报，31（6）：140-145.

Wang Y, Zhang L T, Feng Y X, et al, 2019. Insecticidal and repellent efficacy against stored-product insects of oxygenated monoterpenes and 2-dodecanone of the essential oil from *Zanthoxylum planispinum* var. *dintanensis* [J]. Environmental Science and Pollution Research，26（24）：24988-24997.

第3章　人工林培育基础理论

我国人工林面积占全国森林覆盖面积的 1/3 以上，且呈日益渐长的趋势，人工林已成为世界森林资源的重要组成部分，在生态系统恢复和重建以及经济发展中发挥显著作用（郭浩　等，2003），因此人工林的发展一直备受学者们重视和关注。随着人工林的快速发展，一定程度上满足了人类的需求，减缓了原始森林被破坏的速度，对生态环境的保护也起到了重要性作用。然而，目前人工林培育理论相对欠缺，人类过于重视和追求短期生产力和经济效益，使人工林培育偏离了森林生存和发展的内在规律，导致出现低质、低产林现象（郭浩　等，2003）。具体表现在土壤质量退化、病虫害较为严重、生物多样性降低、生态和经济效益低等方面。可见，不合理的人工林培育将会带来不可逆转的生态、经济问题。植物生理学、植物生态学是认识植物生命活动规律以及与环境相互关系的关键，土壤是植物生长发育的主要物质来源（杨佳佳　等，2014），土壤理化性质和结构的改善能够促进植物生长（孟京辉　等，2010；黄龙　等，2021），推动人工林的生长和发育速度。人工林培育过程中，改善土壤理化性质和土壤结构，能够提高土壤养分含量，增强土壤微生物群落多样性和酶活性（韩路　等，2010；黄龙　等，2021）；此外，合理的水肥配施也能够提高林产品产量和品质（喻阳华　等，2019）。因此，阐明人工林培育过程中植物生理生态以及土壤因子特征，对人工林可持续经营和土地肥力保持具有重要现实意义。

3.1　植物生理学理论

3.1.1　光合作用

绿色植物吸收太阳能、裂解水分子、同化 CO_2，制造有机物并释放氧气的过程，称之为光合作用（photosynthesis）。光合作用是影响植物生长发育的重要生理过程，其生理特性能够反映植物对生境的响应，表征植物适应性与抗性特征（Fullana-Pericas et al.，2017）。CO_2 同化能够转换和贮存能量，为植物提供 90％的有机物质，因此也把光合作用称为碳固定（carbon fixation）。植物固定 CO_2 的途径主要有 3 条，不同光合途径的碳分馏程度具有差异（Farquhar et al.，1989），因此能够用植物的稳定碳同位素自然丰度判断植物的光合途径。通常，C_3 途径植物 $\delta^{13}C$ 值为 $-35‰ \sim -20‰$，C_4 途径植物 $\delta^{13}C$ 值为 $-15‰ \sim -7‰$，景天酸代谢途径植物 $\delta^{13}C$ 值为 $-22‰ \sim -10‰$（Vogel，1980），部分植物分类详见 3-1。

表 3-1　部分植物光合途径分类

类别	名称	学名
C_3 植物	小麦	*Triticum aestivum*
	大麦	*Hordeum vulgare*
	水稻	*Oryza sativa*
	大豆	*Glycine max*
	马铃薯	*Solanum tuberosum*
	菜豆	*Phaseolus vulgaris*
	菠菜	*Spinacia oleracea*
C_4 植物	玉米	*Zea mays*
	甘蔗	*Saccharum officinarum*
	高粱	*Sorghum bicolor*
	向日葵	*Helianthus annuus*
	马齿苋	*Portulaca oleracea*
景天酸植物	菠萝	*Ananas comosus*
	芦荟	*Aloe vera*
	仙人掌	*Opuntia dillenii*
	百合	*Lilium brownii* var. *viridulum*
	红豆杉	*Taxus wallichiana* var. *chinensis*

光合作用除了受自身因素影响外，外界环境因素如光照、土壤养分和海拔梯度等也会对其产生影响（张静　等，2020）。如谭会娟等（2005）研究发现，植物对光照强度存在适宜区，弱光光合速率低，强光光合作用受到抑制，产生"午休效应"。干旱地区水分对光合速率的影响最为显著（王晗生　等，1999），一般较低的土壤含水量会降低光合速率，提高植物水分利用效率（薛沛沛　等，2009）。海拔通过影响光、热、水和气等生态因子间接影响植物光合作用（张翠仙　等，2021），导致林产品的产量与品质具有差异。如红富士苹果果实的单果质量和大

小随海拔升高呈下降趋势（孙文泰 等，2013）；对于油菜千粒质量、含油量和产油量，高海拔明显高于低海拔（徐亮 等，2017）。在海拔梯度上不同作物果实的产量与品质各异，这与不同作物种类对环境的响应机制存在差异有关。

光能利用率越高，越有利于植物生长发育。在人工林培育中，可通过如下 3 方面提高植物对光能的利用率：①选择合理的套种模式，提高空闲土地利用空间；②采取合理的种植密度、优化植株的株型，调整叶面积达到最优，最大程度提高光照面积；③选择合适的植物品种培育，采取控制栽种规格和水肥、合理配施肥料等方法。

3.1.2 呼吸作用

大气中 CO_2 浓度不断升高引起全球变暖是当前科学领域研究的重点（于贵瑞 等，2006），其来源主要包括人工源（如化石燃料使用）和自然源（如植物分解、生态系统呼吸）。生态系统所固定的碳主要通过呼吸作用返回到大气中，且生态系统呼吸释放的 CO_2 显著高于燃料燃烧释放的 CO_2（Fernandez et al.，1993）。受亚热带季风气候的影响，我国亚热带季风气候区人工林生态系统呼吸作用随季节变化特征显著（Zhang et al.，2011）。土壤或空气温度均是影响生态系统呼吸的主要因素（Yu et al.，2005）。研究显示，干旱胁迫条件下，土壤含水量也将会成为影响生态系统呼吸的重要因子（Wen et al.，2010），除温度和水分外，叶面积指数（LAI）一定程度上也会对生态系统呼吸产生影响（郑泽海 等，2009）。因此，人工林生态系统培育中，合理调控其呼吸作用，是减少 CO_2 释放的重要途径。

3.1.3 蒸腾作用

蒸腾作用是指植物体内水分以气体状态，经植物体表向大气蒸发散失的过程，其生理意义主要包括：植物水分吸收和运输的主要动力，有利于矿物和有机物的吸收与运输，是植物降温的主要方式。蒸腾是植物耗水的主要方式，是土壤-植物-大气连续体（SPAC）水分运输的关键节点和枢纽（Zhang et al.，2005）。蒸腾速率作为衡量植物水分平衡的重要生理指标，能够表征植物自身水分消耗能力以及对干旱环境的响应。通常，影响蒸腾作用的因素有内部、外界因素两方面，内部因素主要包括气孔频度、气孔下腔容积和叶片内部面积大小等（Herrmann et al.，2002）；外界因素主要包括光照强度、空气温度、湿度、土壤水分以及风速等（罗林涛 等，2013）。不同植物蒸腾速率对影响因素的响应存在差异，如甘蔗（*Saccharum officinarum*）蒸腾速率的主要影响因子是土壤含水率（soil moisture content，SMC）和空气温度（air temperature，Ta），而五节芒（*Miscanthus floridulus*）蒸腾速率的主要影响因子仅有 Ta，灰毛浆果楝（*Cipadessa baccifera*）蒸腾速率的主控因子是 SMC 和土壤容重，青冈（*Quercus* glauca）蒸腾速率的影响因子是 LAI、SMC 和土壤容重（谭娟 等，2017），表明不同树种在同一生长环境中，蒸腾速率的主要决策变量存在差异。因此，人工林建造可通过诱导水、光、热等条件，合理调控植物的生长。

3.1.4 顶端优势

植物构建形态过程中，顶芽长出主茎，腋芽长出侧枝，这种由于植物顶芽生长占据优势而抑制腋芽生长的现象称为顶端优势（apical dominance）（王宝增等，2020）。不同植物顶端优势的明显程度具有差异（见表 3-2）。顶端优势不仅是植物生长发育的一种生存机制，其原理在农业和园艺的生产中也具有重大意义。顶端优势的存在受到生长激素的直接调控，其形成过程十分复杂，涉及了各种信号分子与信号途径，也引起了学者们的关注（Rameau et al.，2015）。

表 3-2 部分植物顶端优势存在差异（王宝增 等，2020）

物种	学名	顶端优势
向日葵	*Helianthus annuus*	尤其明显
玉米	*Zea mays*	尤其明显
高粱	*Sorghum bicolor*	尤其明显
雪松	*Cedrus deodara*	一般明显
桧柏	*Juniperus chinensis*	一般明显
水稻	*Oryza sativa*	不明显
小麦	*Triticum aestivum*	不明显

顶端优势形成对植物生长发育的影响较大，因此，关于如何抑制顶端优势形成受到了学者们重视。李春俭（1995）研究表明，用生长素运输抑制剂处理植株的主茎或者对主茎作环割处理，可刺激处理部位下方腋芽的生长；Turnbull 等（1997）研究表明去除植株的顶端，腋芽的细胞分裂素含量可在短时间内增加。从机理上看，主要从两方面切入：一是抑制主茎生长，二是促进腋芽生长。

3.2 植物生态学理论

3.2.1 生物多样性理论

生物多样性是指生物中的多样化和变异性以及物种生境的生态复杂性，它包括植物、动物和微生物的所有种及其组成的群落和生态系统。生物多样性可以分为遗传多样性、物种多样性和生态系统多样性。目前，物种多样性研究是学者们的关注重点，结果表明，海拔、人为干扰、坡向、坡度以及土壤养分元素都是影响物种多样性的重要因素（梁红柱　等，2022）。如刘旻霞等（2022）研究表明，中海拔地区物种丰富度高于高海拔和低海拔地区，原因是低海拔地区环境条件相对较好，群落中会存在竞争能力强的物种。其次，人为干扰也会导致部分物种缺失；高海拔地区环境条件相对恶劣，环境筛选作用导致物种的丰富度减少；而中海拔地区，环境的水热条件比高海拔适宜更多物种生存，且人为干扰比低海拔少，因此，中海拔地区物种丰富度较高。坡度、坡向与植物群落分布存在很强的相关性（曹杨　等，2005），如梁红柱等（2022）和刘增力等（2004）研究提出，坡度对物种垂直分布的影响达到显著水平，能够增加植被带谱结构组成的复杂性。此外，土壤养分和土壤孔隙度与物种垂直分布也存在一定关联（梁红柱等，2022）。生物多样性受多因素影响，受海拔、土壤养分、人为干扰等协同调控，呈现特有垂直分布特征。在顶坛花椒培育过程中，适宜的套种模式在促进经济效应的同时提高了土地利用率。

3.2.2　生态因子作用规律

Liebig（1984）提出，植物生长取决于处在最小状况的生态因子，称为最小因子定律，该定律不仅适用于土壤养分元素对产量的影响，光和温度等其他生态因子也具有这种限制作用。Odum（1998）对最小因子定律做了补充，该定律只适用于稳定状态，且还需考虑生态因子之间的相互作用。生态因子是指环境中对植物生长、发育、生殖和分布有直接或间接影响的环境因子，按其性质分为生物因子和非生物因子（见表 3-3）。研究植物对生态因子的作用规律有助于理解植物与环境的关系。

表 3-3　生态因子按性质分类

类型	类别	主要因子
非生物因子	气候因子	光、温度、降水、风等
	土壤因子	土壤结构、物理性质、化学性质等
	地形因子	海拔高度、坡度、坡位、地形等
生物因子	植物因子	植物之间的机械作用、共生、寄生、附生等
	动物因子	摄食、传粉、践踏等
	人为因子	垦殖、放牧、采伐等

彭晚霞等（2008）研究表明，光照、气温、CO_2 浓度、蒸腾速率、气孔导度和土壤养分等是影响植物生理生态特性的主导因子。如金志凤等（2008）研究指出，当气温为 32℃、相对湿度为 65％时，最适宜东魁杨梅进行光合作用，有利于杨梅果实产量和品质形成。植物光合作用易受氮、磷胁迫，导致对生境的适应性降低（Qiu et al.，2018）；钙镁含量过高会导致钾吸收作用受抑制，从而影响植物叶片气孔的打开和关闭，造成水分流失（翁小航　等，2021）。可见，土壤

养分的平衡是影响植物光合作用的重要因素。研究发现，多数植物都存在"午休效应"（谭会娟　等，2005；彭晚霞　等，2008），该效应的存在直接影响林产品的产量与品质。因此，在花椒林进入成熟期时，需确保水分供应充足，正午前后采取适当的降温措施，尽可能避免或减少"午休现象"，以充分利用中午的高光强进行光合作用，提高顶坛花椒的光能利用率。

3.2.3　限制因子响应规律

植物的生存与繁殖依赖各种生态因子的综合作用，其中限制植物生长和繁殖的关键性生态因子称为限制因子（Blackman，1905）。限制因子并非恒定不变，任何一种生态因子只要接近或超过植物所能承受的最低限度，就能称为这种植物的限制因子。限制因子作为限制生物生存和发展的关键生态因子，研究其与植物之间的关系，有利于诊断植物生长发育的限制因素。刘思华等（2020）研究提出，大部分地区积温与光温生产潜力、光温潜力产量呈显著负相关，在气候变化条件下，加强高温作用，春玉米光温生产潜力明显下降，说明高温可能是春玉米生产潜力和产量的重要限制因子。郎政伟等（2013）研究认为，温度、空气和风、降水量促进了哀牢山植被多样性的发展，受坡度影响，东西坡降水量的差异对植被分布造成了重大影响；由于哀牢山山脉上部多雾雨，常年多雾造成了太阳辐射较弱，成为该区常绿阔叶林生长的限制因子之一。太阳辐射不仅是影响植物光合作用的重要因子，还能对植物的茎、叶生长产生影响（高进波　等，2011），由于太阳辐射造成的热效应，能够进一步调控植物的生理生态活动、生长发育和地理分布（李麒麟　等，2011），影响区域植物群落的构成。在人工林培育过程中，了解限制其发展的主要因子并及时调整管理经营措施，是人工林可持续经营的重要调控方法。

3.3　土壤学理论

3.3.1　土壤结构

土壤结构作为土壤功能的先决条件，不仅控制着土壤理化性质与过程，还影响着生物活动（Lucas et al.，2019），因此，土壤结构是土壤功能的综合体现。影响土壤结构的因素主要包括培肥、绿肥还田和耕作方式等（周彦莉　等，2022）。杨文飞等（2020）研究提出，持续投入有机肥能够明显改善土壤容重、孔隙度和团聚体，但长期施用有机肥也存在一定环境风险；N肥和有机肥定量配施能够增强土壤团聚体的抗水分侵蚀能力（张露　等，2021）。耕作措施主要通过影响团聚体与大团聚体之间的转化和再分布（Yilmaz et al.，2017），进而影响土壤结构。此外，耕作强度和耕作频率都会对土壤结构产生影响，频繁地翻耕导致土壤结构遭到破坏，降低了土壤中大团聚体的稳定性（Paustian et al.，2000）。如郭孟洁等（2021）和周彦莉等（2022）研究指出，长期连续保护性耕作特别是秸秆覆盖免耕能明显改善土壤结构，且能显著增加表土土壤有机碳的积累，维持土地生产力，保护性耕作是避免短期不良效应的有效措施。因此，改善土壤结构，合理的肥料配施和适宜的翻耕频率对顶坛花椒的培育和可持续经营具有重要意义。

3.3.2　土壤理化性质

土壤理化性质是指由物理因子引起的土壤特性、过程和反应，并能用物理术语和方程描述的性质，主要包括土壤容重、土壤水分、土壤养分、密度和pH值等（贾倩民　等，2014）。不同植被类型、林分密度和林龄是影响土壤理化性质的重要因素（向玫，2022；高孝威　等，2021），Huang等（2016）研究认为混交林土壤有机质的积累量要高于人工纯林，郭超等（2014）得出相似结论，表明混交林土壤养分要高于纯林。李鹏等（2022）研究显示，土壤含水量、孔隙度、有机质、全氮、速效氮和速效磷含量随林分密度的增加呈先升高后降低的变化趋势，说明林分密集不利于提升土壤肥力，因为低密度林分光照相对充足，土壤环境条件好，微生物活性强，土壤养分元素转化速度快，能够较好地被微生物吸收利用。受凋落物影响，花椒林土壤有机质含量、土壤容重以及粒径>2.5mm的团聚体数量在林龄后期均降低，花椒林培育后期土壤肥力降低，需及时施肥补偿土壤养分。

同一土壤剖面中土壤养分含量由土壤表层到底层逐渐降低，且表层土壤养分含量明显高于中层、下层土壤，而中层、下层土壤之间差异不显著（夏汉平等，1997）。土壤理化性质在垂直与水平地带性上受不同环境因子影响，导致其表现出明显的空间异质性（任启文，2019）。如张珊等（2021）等研究表明，土壤含水量随海拔梯度升高而降低，土壤容重随海拔升高呈先降低后升高的趋势，而马剑等（2019）和任启文等（2019）则提出，土壤含水量随海拔升高而增加，土壤容重随海拔升高而减小。可见，土壤含水量和土壤容重随海拔的变化规律在区域范围内具有一定的局限性。此外，土壤养分含量随海拔梯度变化呈现出不同的变化规律。多数研究指出，土壤有机碳、全氮、全钾、全磷、碱解氮、铵态氮、硝态氮含量随海拔高度增加呈先升高后降低的趋势（林惠瑛　等，2021），但也有部分研究显示土壤养分随海拔变化规律与上述不相一致（刘雅洁　等，2021）。同一区域土壤理化性质随海拔改变呈现出来的变化规律差异性受到植被类型、气候、成土过程等因素影响，因此，在研究土壤理化性质的变化规律时应该综合考量其影响因子。

3.3.3 土壤微生物

土壤微生物是生态系统的重要组成部分（时鹏 等，2010），是系统中生物地球化学循环的主要驱动力，在土壤有机质分解、养分循环和有机碳代谢等方面占有重要地位。基于土壤微生物研究可揭示生态系统的稳定性和可持续性（Zhang et al.，2012），从而了解土壤微生物在不同人工林群落下的差异，探索引起微生物差异的主要因素，阐明微生物对不同环境特征的响应规律。

海拔可通过调节森林生境、土壤理化性质和植被类型等间接影响土壤微生物（Shigyo et al.，2019），亦能通过调控植物凋落物分解速率和根系分泌物等影响土壤微生物多样性（Smith et al.，2015）。如周煜杰等（2021）研究表明，土壤微生物的丰富度和多样性在区域空间尺度上有着明显的海拔格局，主要包括下降、递增、单峰、"U"形和无显著这5种模式，细菌和真菌丰富度和多样性均以下降为主（表3-4、表3-5）。土壤pH是土壤细菌群落海拔分布贡献最大的因子（谷晓楠 等，2017），在土壤微生物群落构建中具有重要影响（Cho et al.，2019），特定的植被与环境条件能够形成独特的pH特征，使得土壤微生物群落发生改变。研究发现，土壤微生物生物量碳、氮、磷含量随海拔上升而呈下降趋势（赵盼盼 等，2019），原因是，首先，低海拔地区较高的土壤温度可促进根系生长，增加根系分泌物；其次，高温促进微生物繁殖，使微生物分解有机质作用加强，增加了微生物生物量（赵盼盼 等，2019）。因此，土壤微生物的空间变化是土壤性质和生境条件空间异质性共同作用的结果。

表3-4 部分地区土壤细菌群落随海拔变化趋势（周煜杰 等，2021）

研究区	海拔/m	指标类型	变化趋势
长白山	1598～2243	丰富度	单峰
长白山	700～1100	丰富度	下降
长白山	2000～2500	丰富度	下降
雪峰山	700～1920	丰富度	下降
色季拉山	3700～4100	丰富度	单峰
猫儿山	1138～2042	丰富度	下降
坦桑尼亚乞力马扎罗山	767～4190	丰富度	"U"形
韩国汉拿山	700～1300	丰富度	下降
长白山	530～2200	丰富度及多样性	无显著差异
荷兰山	1345～3020	功能多样性	递增
武夷山	200～2100	功能多样性	递增
凤阳山	900～1700	多样性	无显著差异
当雄草原站	4300～5100	多样性	单峰

续表

研究区	海拔/m	指标类型	变化趋势
神农架	1725～2767	多样性	单峰
长白山	500～2200	多样性	β 多样性递增，PD 指数无趋势
庐山	820～1250	多样性	单峰
南美洲安第斯山脉	200-3400	多样性	无显著差异
加拿大落基山	2460～3380	多样性	下降
色拉季山	3106～4479	多样性	下降
峨眉山	775～3010	微生物量	下降
戴云山	1300～1600	微生物量	下降
大秃顶子山	800～1700	微生物量	下降
武夷山	200～2158	微生物量	递增

表 3-5　部分地区土壤真菌群落随海拔变化趋势（周煜杰　等，2021）

研究区	海拔/m	指标类型	变化趋势
日本富士山	1100～2250	丰富度	单峰
南美洲安第斯山脉	400～3000	丰富度	无明显趋势
坦桑尼亚乞力马扎罗山	767～4190	丰富度	下降
意大利阿尔卑斯山	545～2000	丰富度	下降
日本北村山	740～2940	丰富度	递增
色季拉山	1990～4650	多样性	下降
色季拉山	3106～4479	多样性	下降
太白山	1050～2250	多样性	下降
长白山	632～1154	多样性	无明显趋势
马来西亚京那巴鲁山	425～4000	多样性	下降
长白山	2000～2500	多样性	递增
庐山	820～1250	多样性	无趋势
神农架	1000～2800	多样性	下降

　　研究显示，土壤微生物数量、生物量均会随着土壤深度的增加而减小（刘宝　等，2019），原因是，首先，各层土壤有机质、水分含量具有差异（陈祝春　等，1987）；其次，土壤养分含量随土壤深度增加而降低，微生物生长繁殖受到限制，导致深层微生物生物量较低（肖瑞晗　等，2020）。此外，不同植被类型、林分结构配置下土壤微生物具有差异。总体上，土壤微生物数量表现为林地＞灌丛＞裸地（田琴　等，2017），天然林＞人工林＞沙地（戴雅婷　等，2016）；土壤微

生物生物量表现为植被覆盖地＞裸地，阔叶树种＞针叶树种，天然林＞人工林（Wang et al.，2006；戴雅婷 等，2016）。

3.3.4 土壤酶学

土壤酶可通过催化复杂碳、氮、磷有机化合物的矿化和水解等一系列生物化学过程，促进土壤有机物的降解（Burns et al.，2013），同时也是森林监测、森林土壤肥力评估的敏感性指标（Badiane et al.，2001；王鹏飞 等，2017）。研究显示，土壤酶活性的时空变化受到植被类型、土壤性质和气候条件等因素共同调控（王玉琴 等，2019），如马剑等（2019）研究提出，区域小气候、植被群落和土壤理化性质等环境因子的变化，会显著影响土壤酶活性，姚兰等（2019）认为森林植被类型能够直接或间接地改变土壤酶活性的有机碳/氮组分及含量。可见，土壤酶活性在空间上能够对影响因素的变化做出响应。

土壤酶化学计量比能够反映土壤微生物对养分的需求与土壤养分限制之间的生物地球化学循环平衡模式（张星星 等，2018）。在全球尺度上，土壤 C/N、C/P、N/P 酶活性平均值依次为 1.41、0.62 和 0.44（Sinsabaugh et al.，2009）；区域尺度上，土壤酶活性受到土壤养分和植被类型的影响，其实际值会发生偏离。当土壤酶化学计量比偏离全球平均值时，表示存在一定程度的养分限制（万红云 等，2021），根据资源配置理论，存在养分限制时，微生物能够通过产生胞外酶的方式获取限制性养分（Mooshammer et al.，2014）。如陈倩妹等（2019）研究川西山针叶林土壤提出，土壤 C/P、N/P 酶活性比明显高于全球尺度的土壤酶化学计量比，表明土壤碳、氮元素含量相对匮乏。由此可见，研究区域尺度上土壤酶活性化学计量比，对揭示土壤养分限制条件具有重要意义。

3.3.5 水肥耦合

水肥耦合是指水分和肥料之间或水分与肥料中的营养元素之间的互作效应对植物生长、生理、生化、生态特性的综合影响（Guttieri et al.，2005），是作物获得较高产量和品质的保证（王铁良 等，2012），目前，水肥耦合措施在作物种植和人工林发展中已得到推广。合理的水肥耦合措施能够提高养分利用效率和人工林生态系统服务价值（石培君 等，2018），为水肥管理提供理论依据，有利于揭示养分特性和植物适应性的策略。在顶坛花椒培育过程中，适宜的水肥配置决定了花椒果实的产量和品质。

叶功富等（1996）研究指出，水肥是制约海木麻黄防护林生长发育和成林效果的主要因素，水肥不协调导致了"三低"林分出现；王景燕等（2016）研究认为，土壤含水量介于 35.9%～46.7% 可提高汉源花椒的叶片净光合和水分利用效率，且二者随施肥量的增加而增大，适宜的土壤水分含量和肥料用量能够延长汉源花椒叶片净光合速率达到峰值的时间，对提高叶片光合生产能力和资源利用效率以及植株生长具有明显的促进作用。由此可见，水肥耦合是人工林生长发育和植物群落衰退的重要防控措施，是作物高产稳产的基础保障。此外，由于水肥耦合对养分质量、生物数量等存在明显影响（喻阳华 等，2019），合理的灌溉频次有利于植物对水、氮等的吸收，如刘卉等（2014）在研究水肥耦合对油茶林土壤全氮和产量的影响中提出，每株油茶全年施尿素390g，钙、镁、磷肥705g，氯化钾450g，灌水29.5kg时，其产量能够达到3162.4g·株$^{-1}$的峰值。综上表明，合理的水肥方案是人工林可持续经营的重要措施。

3.4 花芽分化基础理论

林木花芽分化是林木顶端分生组织由营养生长向生殖生长转化的过程，即枝条上的生长点由分生出的营养芽分化出花芽的过程；是开花结实的关键阶段之一，其状况直接影响种实的产量和品质；揭示花芽分化的规律，进而科学调控林木花芽分化，是优质高产的重要基础（Goethe，2009；陈晨 等，2020）。花芽分化包括生理分化期和形态分化期，生理分化是形态分化的基础（罗帅 等，2019）。顶坛花椒培育过程中，花芽分化的数量和质量，决定了次年的经济效益。

影响花芽分化的因素包括内源激素、树体营养、碳水化合物、环境条件等内外因子（曲波 等，2010）。陈晨 等（2020）详细归纳了这些物质，其中植物激素包括赤霉素和生长素等，以赤霉素最为重要；树体营养包括碳水化合物、蛋白质、脂肪和矿质养分等，充足的碳水化合物有利于花芽分化；环境条件包括水分、温度和光照等。并非水分越充分越有利于花芽分化，适度的干旱促进花芽分化。花芽生理分化期花芽内源激素的含量水平决定花芽能否进行形态分化，形态分化期花芽内源激素含量影响花芽形态建成（彭向永，2017）。

何文广等（2018）研究了山鸡椒花芽分化的5个时期，依次为未分化期、花序原基分化期、苞片原基分化期、花芽原基分化期、花器官分化期，花芽分化过程中，叶片可溶性糖含量不断升高，可溶性蛋白则下降明显，碳氮比升高且总体维持在较高水平。在生产过程中，对花芽分化的不同时期进行识别，并采取合理的调控措施，是产量形成的基础。温度和光照等信号物质的不同排列组合，会影响花芽分化。

王桢等（2021）研究表明，温度能显著影响西红花花芽分化时间的起始和长短，内源激素及其计量比也会调控西红花顶芽从营养生长向生殖生长转变。高温高湿对番茄花芽分化的抑制作用可能与内源激素含量变化、营养物质减少有关，高于一定温度时，花芽分化期温度越高越不利（黄琴琴 等，2021）。同时，夜间温度的高低决定八仙花花芽分化完全与否，会影响开花质量（赵玉芬 等，2007）。北京地区红颜草莓在定植前进行4～6周的夜间低温处理，有利于花芽分化和开花结果提前，使草莓提早上市（韩佩汝 等，2019）。杜立岩等（2021）研究认为，内源激素的变化是影响花芽分化的重要因素，各种激素在花芽分化的不同时期以不同含量的变化来调控成花。调查过程中亦发现，极端温度会制约花芽分化，因此要注重温度调节。董晓晓等（2020）研究表明，随着花芽分化进行，琉璃贯珠、玉面桃花、红丽丽 3 个牡丹品种叶片中，可溶性糖呈现先升高后降低的趋势，而淀粉质量分数在前期保持平稳，8 月初开始逐渐下降，表明营养物质影响花芽分化过程。从现有成果来看，对花芽分化的影响因素研究，多集中在温度、内源激素和营养物质，对光照、水分等环境物质的调控研究较为鲜见。

结合他人研究成果可知，树体内有机物质的积累，对于花芽分化较为重要。有机物质形成和转化的重要基础，是光合作用，而叶片是光合的主要场所。因此，在秋冬季采取保叶措施，是促进花芽分化的重要途径。顶坛花椒培育过程中，若冬季叶片大量掉落，会刺激枝条重新萌发新叶，从而消耗更多营养物质，且新叶不具有较强的光合能力，以营养生长为主，因而秋冬季采取保叶措施尤为关键。

在经营措施上，氮肥施用、枝条木质化程度、植物生长调节剂的使用等，均会影响花芽分化；措施不当会抑制花芽分化。因此，在生产上采取科学的管理措施，是提高产量的重要因素。首先，要让枝条充分木质化，这与水肥管理和枝条生长时间密切相关；其次，要慎重使用氮肥，花芽分化期内不能施用氮肥；最后，能量物质积累充分，是营养物质的重要基础。此外，生长调节剂的使用，也会影响花芽分化，不过应控制用量。但是，对经营措施如何影响花芽分化的公开报道较少，今后应加强研究，以期较好地指导生产实践。

下一步，还要深入剖析花芽分化的不同时期，以及内因和外因如何影响花芽分化，与重要开花调控基因的表达调节有何关联，其阈值是多少；还要阐明病虫害、自然灾害等对花芽分化的影响机制，便于开展预防措施。

3.5 根系作用原理

3.5.1 根系及分类

根是高等植物在长期适应陆地环境过程中，发展起来的一种向地生长的重要营养器官；根系是所有根的统称，从胚中长出的根称为主根，随生长发育进行，主根上长出侧根并继续分支，这样不断生长就形成植物的根系（蔡昆争，2011）。根系和叶片是植物获取资源最重要的器官，根系性状能够阐明其生态适应策略。赵广帅等（2020）研究表明，干旱环境的植物具有更高的比根长和根系养分含量，以此提高对水分和养分的吸收能力，并呈现出地上、地下同时投入的策略。

因此，根系是重要的机械支撑和养分吸收器官，也是对外界环境变化的感应器。

依据根的发生部位，分为定根和不定根，定根包括主根和侧根；依据根系的组成特点，又分为直根系和须根系，直根系由明显发达的主根及其各级侧根组成，须根系主要由不定根及其侧根所组成（金银根，2010）。蔡昆争（2011）总结了根系的特殊类型，包括肉质根、块根、气生根、呼吸根、不定根、支柱根、寄生根等。

3.5.2　根系的功能

根系具有复杂而丰富的功能特征，并且与地上部分具有很好的耦合作用，主要包括：①锚定和支撑功能，为植物生长提供机械作用力，尤其是一些主根发达的植物，具有抗风、抗倒等特定功能。②资源获取和传输功能，根系从环境介质中吸收水分、养分等，并输送至树干等部位。③产品功能，甘薯、木薯等作为产品，一些药材的根系还具有很高的药用价值。④生态指示功能，根系对外界环境变化能够做出快速响应和调整，比如改变结构性状和养分性状等，具有较好的指示作用。⑤调节功能，比如一些根系具有固氮作用等，根系还影响土壤容重和孔隙度，能够辅助土壤团粒结构培育，死根腐烂分解后成为养分回归土壤。此外，根系还具有信息传递、资源竞争等功能。在人工林培育中，为根系提供良好的生长环境，是加强林分功能的重要措施。

3.5.3　根系的调控作用

根系的调控作用包括被动和主动两种。土壤水分、养分、光照、温度、经营措施、除草剂使用等，均会对根系生长、生理、生态特性产生被动影响，这些因素对根系生长、形态、结构等产生显著作用。因此在林分培育过程中，要注重对根系生长环境的调控，为其功能发挥创造适宜的条件。

根系在调控土壤功能和养分代谢过程中具有重要作用（Chapin et al.，2009；Cheng et al.，2014），植物除了通过细根向土壤输送碳和养分外，还可通过根系向周围土壤释放根系分泌物（梁儒彪　等，2015）。根系分泌物是指在特定环境条件下，活的植物通过根系不同部位释放到根际环境中的有机物质的总称，广义的根系分泌物包括渗出物、分泌物、排泄物（吴林坤　等，2014）。根系分泌物作为根系-土壤界面物质能量交换和信息传递的重要载体物质，是构成根际微生态系统活力和功能特征的内在驱动要素（尹华军　等，2018），还作为植物响应外界胁迫的重要途径，是构成植物不同根际微生态特征的关键因素，也是根际对话的主要调控者（吴林坤　等，2014）。此外，根系分泌物还与病虫害的发生有内在联系（董艳　等，2015）。因此，根系分泌物是调控养分矿化、信息产生和启动等多种过程的重要物质，具有重要的生态学效应。

3.5.4　根系研究的部分关键词

根系作为地下生态系统，对植物生长影响较大，由于受到取样限制，研究总体较叶片和枝条偏少。据此，借助国家自然科学基金管理信息系统，收集了关于"根系生态学"的关键词，具体包括：根系动态、根系周转、根系寿命、根系分解、根系死亡、根系取食、根系呼吸、根系分泌物、根系沉积、根系功能性状、根构型、根分支、根模块、根化学、根系化学计量、根系生物量、吸收根、运输根、根毛、根级、根系直径、细根、粗根、微根窗、根窗、氮沉降、菌根真菌等；还收集了关于"根际生态过程"的关键词，包括根系生物量、吸收根、根系深度、根冠比、根系构型、根系周转、根系寿命、根际、菌根真菌、固氮根瘤菌、植物-土壤反馈、植物-土壤互作、根际效应、根际酶活性、根际微生物、养分利用效率、土壤水分、微根管、根系非结构性碳水化合物、激发效应、化感作用、信号分子、根系分泌物、地上-地下耦联、土壤生物、植物修复、养分捕获、土壤有机质分解、土壤有机质形成、续埋效应、微生物残体、微生物碳泵、氮矿化、硝化、反硝化、淋溶、磷矿化、养分挖掘、养分竞争、胞外酶活性、温室气体排放、碳利用效率等，以期为开展根系研究提供参考。

顶坛花椒作为喀斯特地区大面积推广的树种，其根系状况与生境特征的关系密切，反过来又制约根系生长，形成较强的耦合效应。总体来看，喀斯特地区水养亏缺、小生境复杂，地上和地下系统的连通性较强，因此加强根系生长、作用和功能的研究尤为必要，是深入认识生态学过程的关键。由于受到取样便利性的限制，以及破坏性取样带来一定的生态环境问题，根系相关研究总体较少，这不利于对喀斯特生态系统的理解，下一步研究中应当得到加强。

◉ 参考文献

蔡昆争，2011.作物根系生理生态学［M］.北京：化学工业出版社.

曹杨，上官铁梁，张金屯，等，2005.山西五台山蓝花棘豆群落的数量分类和排序［J］.植物资源与环境学报，14（3）：1-6.

陈晨，喻方圆，2020.林木花芽分化研究进展［J］.林业科学，56（9）：119-129.

陈倩姝，王泽西，刘洋，等，2019.川西亚高山针叶林土壤酶及其化学计量比对模拟氮沉降的响应［J］.应用与环境生物学报，25（4）：791-800.

陈祝春，李定淑，1987.固沙植物根际微生物对沙土发育和流沙固定的影响［J］.生态学杂志，6（2）：6-12.

戴雅婷，侯向阳，闫志坚，等，2017.库布齐沙地两种植被恢复类型根际土壤微生物和土壤化学性质比较研究［J］.生态学报，36（20）：6353-6364.

董晓晓，别沛婷，袁涛，2020.3个牡丹品种花芽分化过程形态及叶片碳水化合物质量分数变化［J］.东北林业大学学报，48（7）：34-39.

董艳,董坤,汤利,等,2015.蚕豆根系分泌物中氨基酸含量与枯萎病的关系 [J].土壤学报,52 (4):919-925.

杜立岩,郑娜,李静静,等,2021.樱花品种"十月樱"花芽分化期内源激素含量变化 [J].森林与环境学报,41 (1):51-59.

高进波,张一平,巩合德,等,2011.哀牢山亚热带常绿阔叶林林区太阳辐射特征 [J].山地学报,27 (1):33-40.

高孝威,苏和,白艳,等,2021.不同林龄华北落叶松人工林林下植被与土壤理化特性变化特征 [J].内蒙古林业科技,47 (2):10-14.

谷晓楠,贺红士,陶岩,等,2017.长白山土壤微生物群落结构及酶活性随海拔的分布特征与影响因子 [J].生态学报,37 (24):8374-8384.

郭超,周志勇,康峰峰,等,2014.太岳山森林碳储量随树种组成的变化规律 [J].生态学杂志,33 (8):2012-2018.

郭浩,步兆东,陈国山,等,2003.人工林培育技术与景观生态学 [J].世界林业研究,16 (1):6-9.

郭孟洁,李建业,李健宇,等,2021.实施16年保护性耕作下黑土壤结构功能变化特征 [J].农业工程学报,37 (22):108-117.

韩路,王海珍,彭杰,等,2010.塔里木荒漠河岸林植物群落演替下的土壤理化性质研究 [J].生态环境学报,19 (12):2808-2814.

韩佩汝,张正伟,郑静,等,2019.低温对草莓花芽分化的影响 [J].中国农业大学学报,24 (1):30-39.

何文广,汪阳东,陈益存,等,2018.山鸡椒雌花花芽分化形态特征及碳氮营养变化 [J].林业科学研究,31 (6):154-160.

黄龙,包维楷,李芳兰,等,2021.土壤结构河植被对土壤微生物群落的影响 [J].应用与环境生物学报,27 (6):1725-1731.

黄琴琴,杨再强,刘显男,等,2021.苗期高温高湿影响番茄花芽分化进程的机理探讨 [J].中国农业气象,42 (1):56-68.

贾倩民,陈彦云,杨阳,等,2014.不同人工草地对干旱区弃耕地土壤理化性质及微生物数量的影响 [J].水土保持学报,28 (1):178-182.

金银根,2010.植物学 [M].2版.北京:科学出版社.

金志凤,李永秀,景元书,等,2008.杨梅光合作用与生理生态因子的关系 [J].果树学报,25 (5):751-754.

郎政伟,巩合德,2013.气候因子对哀牢山常绿阔叶林的限制作用研究 [J].绿色科技,4:3-5.

李春俭,1995.植物激素在顶端优势中的作用 [J].植物生理学通讯,31 (6):401-406.

李麟辉,张一平,谭正洪,等,2011.哀牢山亚热带常绿阔叶林与林外草地太阳辐射比较 [J].生态学杂志,30 (7):1435-1440.

李鹏,陈璇,杨章旗,等,2022.不同密度马尾松人工林枯落物输入对土壤理化性质的影响 [J].水土保持学报,36 (2):368-377.

梁红柱,刘丽丽,高会,等,2022.太行山东坡中段植物多样性垂直分布格局及其驱动因素 [J].中国生态农业学报,doi:10.12357/cjea.20210863.

梁儒彪,梁进,乔明锋,等,2015.模拟根系分泌物 C∶N 化学计量特征对川西亚高山森林土壤碳动态和微生物群落结构的影响 [J].植物生态学报,39 (5):466-476.

林惠瑛,元晓春,周嘉聪,等,2021.海拔梯度变化对武夷山黄山松林土壤磷组分和有效性的影响 [J].生态学报,41 (14):5611-5621.

刘宝,吴文峰,林思祖,等,2019.中亚热带4种林分类型土壤微生物生物量碳氮特征及季节变化 [J].应用生态学报,30 (6):1901-1910.

刘卉，郭晓敏，涂淑萍，等，2014.水肥耦合对油茶林地土壤全氮和产量的影响研究 [J].土壤通报，45
　　（4）：897-902.

刘旻霞，张国娟，李亮，等，2022.甘南高寒草甸海拔梯度上功能多样性与生态系统多功能的关系 [J].应
　　用生态学报，33（5）：1291-1299.

刘思华，李晶，黄晚华，等，2020.湖南省春玉米光温生产潜力和产量及限制因子分析 [J].中国气象，41
　　（2）：94-101.

刘雅洁，王亮，樊伟，等，2021.海拔对杉木人工林土壤活性有机碳组分的影响 [J].西北农林科技大学学
　　报（自然科学版），49（8）：59-69.

刘增力，郑成洋，方精云，2004.河北小五台山主要植被类型的分布与地形的关系：基于遥感信息的分析
　　[J].生物多样性，12（1）：146-154.

罗林涛，程杰，王欢元，等，2013.玉米种植模式下砒砂岩与沙复配土氮素淋失特征 [J].水体保持学报，
　　27（4）：59-66.

罗帅，钟秋平，葛晓宁，等，2019.不同氮磷钾施肥配比对油茶花芽分化的影响 [J].林业科学，32（2）：
　　131-138.

马剑，刘贤德，金铭，等，2019.祁连山青海云杉林土壤理化性质和酶活性海拔分布特征 [J].水土保持学
　　报，33（2）：207-213.

孟京辉，陆元昌，刘刚，等，2010.不同演替阶段的热带天然林土壤化学性质对比 [J].林业科学研究，23
　　（5）：791-795.

彭晚霞，王克林，宋同清，等，2008.施肥结构对茶树（Camellia sinensis（L.）Kuntze）光合作用及其生
　　态生理因子日变化的影响 [J].生态学报，28（1）：84-91.

彭向永，2017.雌、雄蒿柳花芽分化机制及性别决定基因挖掘 [D].北京：中国林业科学研究院.

曲波，张微，陈旭辉，等，2010.植物花芽分化研究进展 [J].中国农学通报，26（24）：109-114.

任启文，王鑫，李联地，等，2019.小五台山不同海拔土壤理化性质垂直变化规律 [J].水土保持学报，33
　　（1）：241-247.

石培君，刘洪光，何新林，等，2018.水肥耦合对滴灌矮化密植大枣生理变化及产量影响 [J].核农学报，
　　32（1）：177-187.

时鹏，高强，王淑平，等，2010.玉米连作及其施肥对土壤微生物群落功能多样性的影响 [J].生态学报，
　　30（22）：6173-6182.

孙文泰，尹晓宁，刘兴禄，等，2013.不同海拔对"红富士"苹果果实品质的影响 [J].北方园艺，6：
　　12-15.

谭会娟，周海燕，李欣荣，等，2005.珍稀濒危植物半日花光合作用日动态变化的初步研究 [J].中国沙
　　漠，25（2）：262-267.

谭娟，王敏，郭晋川，等，2017.凯斯特峰丛洼地4种典型植物蒸腾作用及其影响因素 [J].水土保持通
　　报，37（6）：16-21.

田琴，牛春梅，谷口武士，等，2017.黄土丘陵区植被类型与土壤微生物区系及生物量的关系 [J].生态学
　　报，37（20）：6847-6854.

万红云，陈林，庞龙丹，等，2021.贺兰山不同海拔土壤酶活性及其化学计量特征 [J].应用生态学报，32
　　（9）：3045-3052.

王宝增，安康，2020.植物顶端优势调控研究概述 [J].生物学教学，45（3）：3.

王晗生，刘国彬，1999.植被结构及其防止土壤侵蚀作用分析 [J].干旱区资源与环境，13（2）：
　　1481-1490.

王景燕，龚伟，包秀兰，等，2016.水肥耦合对汉源花椒幼苗叶片光合作用的影响 [J].生态学报，36
　　（5）：1321-1330.

王鹏飞, 贾璐婷, 杜俊杰, 等, 2017. 黄土丘陵沟壑区欧李栽植对土壤质量改良作用的评价 [J]. 草业学报, 26 (3): 65-74.

王铁良, 周罕琳, 李波, 等, 2012. 水肥耦合对树莓光合特性和果实品质的影响 [J]. 水土保持学报, 26 (6): 286-290.

王薪琪, 韩轶, 王传宽, 2017. 帽儿山不同林龄落叶阔叶林土壤微生物生物量及其季节动态 [J]. 植物生态学报, 41 (6): 597-609.

王玉琴, 尹亚丽, 李世雄, 2019. 不同退化程度高寒草甸土壤理化性质及酶活性分析 [J]. 生态环境学报, 28 (6): 1108-1116.

王桢, 李心, 李青竹, 等, 2021. 不同温度调控下西红花花芽分化进程及内源激素动态变化 [J]. 西北农林科技大学学报 (自然科学版), 49 (4): 102-112.

翁小航, 李慧, 周永斌, 等, 2021. 氮钙协同对杨树生长、光合特性及叶绿素荧光的影响 [J]. 沈阳农业大学学报, 52 (3): 356-361.

吴林坤, 林向民, 林文雄, 2014. 根系分泌物介导下植物-土壤-微生物互作关系研究进展与展望 [J]. 植物生态学报, 38 (3): 298-310.

夏汉平, 余清发, 张德强, 1997. 鼎湖山 3 种不同林型下的土壤酸度和养分含量差异及其季节动态变化特性 [J]. 生态学报, 17 (6): 83-91.

向玫, 2022. 不同林分密度对杉木人工林生长及土壤理化性质的影响 [J]. 安徽林业科技, 48 (1): 25-27.

肖瑞晗, 满秀玲, 丁令智, 2020. 坡位对寒温天然樟子松林土壤微生物生物量碳氮的影响 [J]. 北京林业大学学报, 42 (2): 31-39.

徐亮, 2017. 不同海拔条件下春油菜光合生理和产油量的响应 [J]. 江苏农业科学, 45 (5): 92-94.

薛沛沛, 王克勤, 耿养会, 2009. 金山江干热河谷不同土壤水分对台湾青枣生理生态特性的影响 [J]. 水土保持研究, 16 (5): 186-189.

杨佳佳, 张向茹, 马露莎, 等, 2014. 黄土高原刺槐林不同组分生态化学计量关系研究 [J]. 土壤学报, 51 (1): 133-142.

杨文飞, 杜小凤, 顾大路, 等, 2020. 长期施肥对根系及土壤生态环境、养分和结构的影响综述 [J]. 江西农业学报, 32 (12): 37-44.

姚兰, 张焕朝, 胡立煌, 等, 2019. 黄山不同海拔植被带土壤活性有机碳、氮及其与酶活性的关系 [J]. 浙江农林大学学报, 36 (6): 1069-1076.

叶功富, 张水松, 1996. 沿海木麻黄防护林更新改造技术的试验研究 [J], 防护林科技, 1: 1-12.

尹华军, 张子良, 刘庆, 2018. 森林根系分泌物生态学研究: 问题与展望 [J]. 植物生态学报, 42 (11): 1055-1070.

于贵瑞, 孙晓敏, 2006. 陆地生态系统通量观测的原理与方法 [M]. 北京: 高等教育出版社.

喻阳华, 王颖, 钟欣平, 2019. 人工林水肥耦合研究现状及展望 [J]. 世界林业研究, 32 (2): 35-39.

张翠仙, 陈于福, 尼章光, 等, 2021. 不同海拔对帕拉英达杧果光合特性及果实品质的影响 [J]. 果树学报, 38 (5): 749-759.

张静, 李素慧, 宋海燕, 等, 2020. 模拟喀斯特不同土壤生境下黑麦草对水分胁迫的生长和光合生理响应 [J]. 生态学报, 40 (4): 1240-1248.

张露, 孟婷婷, 胡雅, 等, 2021. 不同培肥方式对沙质土地区残次林地土壤团聚体组成及稳定性的影响 [J]. 干旱区研究, 38 (4): 973-979.

张珊, 田晓娟, 顾振东, 等, 2021. 甘肃亚高山不同海拔梯度云杉人工林土壤理化性质研究 [J]. 56 (6): 111-118.

张星星, 杨柳明, 陈忠, 等, 2018. 中亚热带不同母质和森林类型土壤生态酶化学计量特征 [J]. 生态学报, 38 (16): 5828-5836.

赵广帅，刘珉，石培礼，2020.羌塘高原降水梯度植物叶片、根系性状变异和生态适应对策［J］.生态学报，40（1）：295-309.

赵盼盼，周嘉聪，林开淼，等，2019.不同海拔对福建戴云山黄山松林土壤微生物生物量和土壤酶活性的影响［J］.生态学报，39（8）：2676-2686.

赵玉芬，储博彦，曾春凤，等，2007.GA₃对盆栽八仙花促成栽培生长的影响研究［J］.北方园艺，1：109-110.

郑泽梅，于贵瑞，温学发，等，2009.温度和生物因子对农田生态系统呼吸的影响——以华北平原冬小麦夏玉米复种农田生态系统为例［J］.自然资源，31（4）：656-662.

周彦莉，吴海梅，周彦栋，等，2022.短期秸秆不同还田方式对土壤结构和水分影响［J］.干旱区研究，39（2）：502-509.

周煜杰，贾夏，赵永华，等，2021.基于文献计量的土壤微生物海拔分布规律研究［J］.生态与农村环境学报，2021，37（10）：1281-1291.

Badiane N N Y，Chotte J L，Pate E，et al，2001. Use of soil enzyme activities to monitor soil quality in natural and improved fallows in semiarid tropical regions［J］. Applied Soil Ecology，18（3）：229-238.

Blackman F F，1905. Optima and limiting factors［J］. Annals of Botany，19（2）：281-295.

Burns R G，Deforest J L，Marxsen J，et al，2013. Soil enzymes in a changing environment：Current knowledge and future directions［J］. Soil Biology and Biochemistry，58：216-234.

Chapin F S，McFarland J，David McGuire A，et al，2009. The changing global carbon cycle：Linking plant-soil carbon dynamics to global consequences［J］. Journal of Ecology，97：840-850.

Cheng W X，Parton W J，Gonzalez-Meler M A，et al，2014. Sybthesis and modeling perspectives of rhizosphere priming［J］. New Phytologist，201：31-44.

Cho H，Tripathi B M，Moroenyane I，et al，2019. Soil pH rather than elevation determines bacterial phylogenetic community assembly on Mt. Norikura［J］. FEMS Microbiology Ecology，95（3）：216.

Farquhar G D，Ehlerlinger J R，Hubick K T，1989. Carbon isotope discrination and photosynthesis［J］. Annual Review of Plnat Physiology and Plant Molecular Biology，40：503-537.

Fernandez I J，Son Y，Kraske C R，et al，1993. Soil carbon dioxide characteristics under different forest types and after harvest［J］. Soil Science Society of America Journal，57：1115-1121.

Fullana-Pericas M，Conesa M A，Soler S，et al，2017. Variations of leaf morphology，photosynthetic traits and water-use efficiency in western-Mediterranean tomato landraces［J］. Photosynthetica，55（1）：121-133.

Goethe V J M，2009. Metamorphosis of plants［J］. MIT Press edition.

Guttieri M J，Mclean R，Stark J C，et al，2005. Managing irrigation and nitrogen fertility of hard spring wheats for optimum bread and noodle quality［J］. Crop Science，45（5）：2049-2059.

Herrmann A，Witter E，2002. Source of C and N contributing to the flush in mineralization upon freeze-thaw cycles in soil［J］. Soil Biology Biochemistry，34（10）：1495-1505.

Huang X M，Lius R，Wang H. et al，2014. Changes of soil microbial biomass carbon and community composition through mixing nitrogen-fixing species with Eucalyptus urophylla in subtropical China［J］. Soil Biology & Biochemistry，73：42-48.

Liebig J，1840. Chemistry in its application to agriculture and physiology［M］. London：Taylor and Walton.

Liu M H，Sui X，Hu Y B，et al，2019. Microbial community structure and the relationship with soil carbon and nitrogen in an original Korean pine forest of Changbai Mountain，China［J］. BMC Microbiology，19（1）：280-287

Lucas M，Schlüter S，Vogel H J，et al，2019. Soil structure formation along an agricultural chronosequence

[J]. Geoderma，350：61-72.

Magnusson R I，Tietema A，Cornelissen J H，et al，2016. Tamm review：Sequestration of carbon from coarse woody debris in forest soils [J]. Forest Ecology and Management，377：1-15.

Mooshammer M，Wanek W，Zechmeister-Boltenstern S，et al，2014. Stoichiometric imbalances between terrestrial decomposer communities and their resources：Mechanisms and implications of microbial adaptations to their resources [J]. Frontiers in Microbiology，5（22）：22.

Odum E P，1983. Basic ecology [M]. Philadephia：Saunders College Publishing.

Paustian K，Six J，Elliott E T，et al，2000. Management options for reducing CO_2 emissions from agricultural soils [J]. Biogeochemistry，48（1）：147-163.

Qiu K Y，Xie Y Z，Xu D M，et al，2018. Photosynthesis-related properties are affected by desertification reversal and associated with soil N and P availability [J]. Brazilian Journal of Botany，41（2）：329-336.

Rameau C，Bertheloot J，Leduc N，et al，2015. Multiple pathways regulate shoot branching [J]. Frontiers in Plant Science，5：741-756.

Shigyo N，Umeki K，Hirao T，2019. Seasonal dynamics of soil fungal and bacterial communities in cool-temperate montane forests [J]. Frontiers in Microbiology，10（1）：1944-1957.

Sinsabaugh R L，Hill B H，Follstad Shah JJ，2009. Ecoenzymatic stoichiometry of microbial organic nutrient acquisition in soil and sediment [J]. Nature，462：795-798.

Smith A P，Marín-Spiotta E，Balser T，2015. Successional and seasonal variations in soil and litter microbial community structure and function during tropical postagricultural forest regeneration：a multiyear study [J]. Global Change Biology，21（9）：3532-3547.

Turnbull C，Raymond M，Dodd I，et al，1997. Rapid increases in cytikinin concentration in lateral buds of chickpea（*Cicerarietinum* L.）during release of apical dominance [J]. Planta，202（3）：271-276.

Vogel J C，1980. Fractionation of the carbon isotopes during photosynthesis [M]. Architectural Institute of Japan.

Wen X F，Wang H M，Wang J L，et al，2010. Ecosystem carbon exchanges of a subtropical evergreen coniferous plantation sub-jected to seasonal drought，2003—2007 [J]. Biogeosciences，7（1）：357-369.

Yilmaz E，Snmez M，2017. The role of organic/bio-fertilizer amendment on aggregate stability and organic carbon content in different aggregate scales [J]. Soil and Tillage Research，168：118-124.

Yu G R，Wen X F，Li Q K，et al，2005. Seasonal patterns and environmental control of ecosystem respiration in subtropical and temperate forests in China [J]. Science in China Series D：Earth Sciences，48：93-105.

Zhang W J，Wang H M，Yang F T，et al，2011. Underestimated effects of low temperature during early growing season on carbon sequestration of a subtropical coniferous plantation [J]. Biogeosciences，8：1667-1678.

Zhang X，Zhao X，Zhang M，2012. Functional diversity changes of microbial communities along a soil aquifer for reclaimed water recharge [J]. FEMS Microbiology Ecology，10：9-18.

Zhang Z S，Li R，Wang X P，2005. Evaporation and transpiration in revegetated desert area [J]. Acta Ecologica Sinica，25（10）：2484-2490.

Zheng L，Chen H，Wang Y Q，et al，2020. Responses of soil microbial resource limitation to multiple fertilization strategies [J]. Soil and Tillage Research，196：104474.

第4章 不同林龄顶坛花椒人工林的生态效应

贵州省处于世界喀斯特最复杂、类型最齐全、分布面积最大的东亚岩溶区域中心，是中国碳酸盐岩分布面积最广、喀斯特发育最强烈的省份之一（李龙波等，2017），因受到人类不合理社会经济活动的破坏和自然气候的冲击，导致该区生态系统出现了不同程度的石漠化（袁颖红 等，2007；孙静红 等，2007）。顶坛花椒（*Zanthoxylum planispinum* var. *dintanensis*）是竹叶椒（*Zanthoxylum armatum*）的一个变种（Appelhans et al.，2018），贞丰-关岭花江片区自1992年起大规模种植顶坛花椒，形成了独具特色的人工林，在石漠化区退化生态系统恢复过程中发挥了重要作用，被认为是喀斯特石漠化山区植被恢复的先锋树种（龙健 等，2012）。随着生长年限增加，近年来，顶坛花椒出现了生长减缓、生命周期短、产量下降以及植株枯死等生长衰退趋势（喻阳华 等，2019），这些限制了顶坛花椒产业规模的发展。因此，研究不同林龄顶坛花椒人工林生态效应，对顶坛花椒人工林可持续发展具有重要现实意义。

本章选择贵州省安顺市关岭自治县花江镇坝山村为研究区，该区属珠江上游的北盘江流域，中心坐标为$105°40'28.33''\sim105°41'30.09''E$，$35°37'57.41''\sim35°40'16''N$，海拔$370\sim1473m$；主要为亚热带湿润季风气候，年均降水量1100mm，集中在$5\sim10$月，约占全年降水的83%，全年无霜期337天；年总积温达6542.9℃，年均温18.4℃，极端最高、最低温依次为32.4℃、6.6℃，为典型的喀斯特石漠化区，属河谷地形；石漠化类型以中度和强度为主，基岩裸露率在50%~80%之间，碳酸盐岩类岩石占78.45%（Zou et al.，2019）；地表破碎，土壤贫瘠，土壤以石灰土为主；发育有完整的石缝、石坑、石沟、土面和石槽等小生境。治理前，区域内主要以天然次生林为主。自1992年开展石漠化综合治理以来，通过封山育林和种植顶坛花椒人工林，以及推广核桃（*Carya cathay-ensis*）、金银花（*Lonicera japonica*）和火龙果（*Hylocereus undatus*）等经济作物，生态环境显著改善，水土流失得到控制，目前形成了较为稳定的人工林生态系统。

4.1　光合作用

光合作用是影响植物生长发育的重要生理过程，光合生理特性在一定程度上能够体现植物对生境的响应，表征植物适应性和抗性（Fullana-Pericas et al.，2017）。光照强度、水分、温度、CO_2 浓度和土壤养分等均是影响光合作用的重要因素（张静　等，2020）。其中，土壤养分是影响植物光合生理特性的关键生态因子。已有研究表明，土壤水肥变化会影响亚热带人工林幼树叶片光合速率和生物量分配格局（许文斌　等，2021）。不同荒漠化逆转阶段常见植物的光合作用易受氮（N）和磷（P）胁迫，减弱植物对生境的适应性（Qiu et al.，2018）。在缺磷环境下，刺槐通过上调碳酸酐酶活力来提升 HCO_3^- 利用能，改善气孔导度，以保持较好的光合能力（杭红涛　等，2019）。氮和钙（Ca）浓度较低时会减少杨树（*Populus euramericana*）光合色素及光合产物累积（翁小航　等，2021）。钙和镁（Mg）等含量过高导致钾（K）的吸收作用受到抑制，影响气孔的打开和关闭，造成水分流失（Mendes et al.，2013）。因此，土壤养分供应不平衡会影响植物的生理活动，导致植物的生理特性对土壤养分呈现不同的响应特征。

林龄是影响生态系统结构和功能的重要因素（Fan et al.，2015），反映植物发育状况及对营养物质的吸收与利用能力。林龄变化过程调控着植物与环境的关系（Yu et al.，2021），从而改变林分结构、生境和群落组成。开展土壤养分与光合生理特性研究，可以阐明土壤养分元素与光合参数之间的关联性，揭示个体生长及生态系统结构和功能变化规律。一方面，随着林龄变化，土壤养分具有差异性，如刺槐（*Robinia pseudoacacia*）林土壤养分随林龄变化，速效氮（available nitrogen，AN）含量降低，速效磷（available phosphorus，AP）含量增长不显著（赵丹阳　等，2021）；巨尾桉（*Eucalyptus urophylla*）林对土壤养分的需求随林龄逐渐增加，而养分含量随林龄增加而减少（王纪杰　等，2016）。另一方面，植物光合特性也受林龄影响。例如，柠条（*Caragana korshinskii*）的植物水势和光合能力随林龄增长而下降，其可能减缓植株生长速率（鲍婧婷等，2016）；常绿林的净光合速率随林龄增长而降低，而落叶林的净光合速率随林龄的增长而升高（Xu et al.，2020）；温带针阔混交林不同林龄物种气孔特征在物种和植物功能群之间差异显著，表征植物功能群适应环境的不同策略（Li et al.，2021）。由此可见，土壤和光合是理解生态功能多样性的关键（Hniličková et al.，2016），其交互效应在一定程度上能指示养分供应潜力和生产力水平（Xu et al.，2020）。

因此，选取 5～7 年生、10～12 年生、20～22 年生和 28～32 年生 4 个林龄级的顶坛花椒人工林为对象，通过光合特性分析，阐明顶坛花椒人工林光合特性随林龄的变化规律，探究叶片光合参数之间的耦联关系，揭示不同林龄顶坛花椒林土壤养分对光合能力的驱动效应，以期为顶坛花椒人工林栽培管理提供理论依据。

4.1.1 研究方法

（1）样地设置 于 2021 年 6 月顶坛花椒旺盛生长期，在研究区内选取土壤类型、海拔、立地条件等相似的顶坛花椒人工林，根据种植年限，选取幼龄林（5～7 年生）、中龄林（10～12 年生）、成熟林（20～22 年生）、老龄林（28～32 年生）4 个林龄级顶坛花椒人工林设置典型样地（表 4-1）。在每个林龄中设置 3 个 10m×10m 的标准样方，累计 12 块样方，每块样方之间的缓冲距离>5m。该区不同林龄顶坛花椒人工林经营方式相同，均采取整形修枝、水肥协同供应等技术进行管理，以此保证不同林龄顶坛花椒林外部环境一致，使试验设计不受外部条件影响。花椒种植采用"见缝插针"的方式，其密度、平均树高和平均冠幅分别为 500～1200 株·ha^{-1}、3～4m 和 3m×3m～4m×4m。随林龄增长，植被覆盖率呈现递减趋势。

表 4-1 样地概况

样地	林龄/a	平均树高/m	密度/(株·ha^{-1})	平均冠幅/m	植被覆率/%	产量/(株·kg^{-1})
YD1	5～7	3.0	1200	3.0×3.0	100	6～7
YD2	10～12	3.5	1200	3.5×3.5	100	7～8
YD3	20～22	3.5	1000	3.5×3.5	90	4～5
YD4	28～32	4.0	500	4.0×4.0	70	1～1.5

（2）土壤概况 由表 4-2 可知，前期在每个标准样方内，按照"S"形布点法选 5 个采样点，去除凋落物及砂石杂质后，采集 0～20cm 土层样品，获得约 500g 混合样品；带回实验室自然风干、研磨后，分别过 0.15mm、2.00mm 筛，将筛好的土样保存于密封袋中，并做标记，放置阴凉处备用。土壤有机碳（soil organic carbon，SOC）含量采用重铬酸钾-外加热法测定；全磷（total phosphorus，TP）和速效磷（available phosphorus，AP）含量分别采用高氯酸-硫酸消煮-钼锑抗比色-紫外分光光度法和盐酸-氟化铵提取-钼锑抗比色法测定；全氮（total nitrogen，TN）和速效氮（available nitrogen，AN）含量分别采用半微量凯氏定氮法和碱解扩散法测定；全钾（total potassium，TK）和速效钾（available potassium，AK）含量分别采用氢氧化钠熔融-火焰光度计法和乙酸铵溶液浸提-火焰光度计法测定（鲍士旦，2000）。全钙（total calcium，TCa）、全镁（total magnesium，TMg）和全铁（total iron，TFe）含量依据 DZ/T 0258—2014《多目标区域地球化学调查规范（1∶250000）》测定（中国地质调查局，2014）。

表 4-2　不同林龄级顶坛花椒土壤养分指标统计

林龄/a	全氮/(g·kg⁻¹)	全磷/(g·kg⁻¹)	全钾/(g·kg⁻¹)	全铁/(g·kg⁻¹)	全钙/(g·kg⁻¹)
5～7	2.62±0.34a	0.43±0.11b	14.65±0.49a	62.25±7.14a	8.30±2.69ab
10～12	2.50±0.30a	0.80±0.20ab	14.35±0.21a	56.25±0.07ab	12.75±6.33a
20～22	2.00±0.52a	1.11±0.24a	10.55±0.07b	47.95±4.17b	2.50±1.20b
28～32	2.12±0.43a	0.77±0.18ab	14.80±0.14a	60.80±1.84a	3.90±1.27ab

林龄/a	全镁/(g·kg⁻¹)	速效氮/(mg·kg⁻¹)	速效磷/(mg·kg⁻¹)	速效钾/(mg·kg⁻¹)	有机碳/(mg·kg⁻¹)
5～7	7.10±2.26a	175.00±14.14a	32.70±5.80a	253.00±72.13a	23.65±4.31a
10～12	6.45±1.06a	162.00±5.66a	20.20±5.37a	245.00±4.24a	15.30±0.85b
20～22	3.45±0.78a	222.50±110.71a	36.65±9.55a	222.00±24.04a	15.05±2.47b
28～32	4.15±1.06a	145.00±29.70a	33.65±7.28a	149.50±64.35a	16.50±2.26ab

注：表中不同字母表示不同林龄之间存在显著性差异（$P<0.05$），下同。

（3）指标测定及方法

① 光合参数测定。试验于 2021 年 5 月 1～5 日的晴天进行，使用 Li-6800（LI-COR lnc Nebraska，USA）光合仪测定花椒叶片光合特性。在各个林龄中选取生长发育良好的 3 株植株，各选取 3 片健康、成熟的叶片测定光合参数。设定叶室温度为 27℃，外界 CO_2 浓度为 $400\mu mol·mol^{-1}$，相对湿度为 55%，红蓝光源光强（$\mu mol·m^{-2}·s^{-1}$）设置为 2000、1800、1600、1400、1200、1000、800、600、400、200、100、80、60、40、20、0。待设定参数稳定后测定不同林龄顶坛花椒林的净光合速率（net photosynthetic rate，P_n）、蒸腾速率（transpiration rate，T_r）、胞间 CO_2 浓度（intercellular CO_2 concentration，C_i）和气孔导度（stomatal conductance，G_s）；使用叶子飘双曲线修正模型拟合光响应曲线及其他参数，得出光响应曲线的光饱和点（light saturation point，LSP）、光补偿点（light compensation point，LCP）、暗呼吸速率（dark breathing rate，R_d）、表观量子效率（apparent quantum efficiency，AQY）、最大净光合速率（maximum net photosynthetic rate，$P_{n,max}$）和相关系数（R^2）等，利用公式计算水分利用效率（water use efficiency，WUE）$=P_n/T_r$。

② 叶绿素测定。在各林龄中选取生长发育良好的花椒 3 株，各选取 2 片健康、成熟的叶片，共计 24 片。使用手持式叶绿素仪（TYS-4N，北京中科维禾科技发展有限公司）测定叶绿素 SPAD 值（chlorophyll SPAD value），测定时尽量避开叶脉部分，重复测定 3 次，结果取平均值。

（4）数据分析　数据经 Excel 2016 软件初步整理后，得出土壤养分数据以及光合参数的数值，借助 SPSS 22.0 软件的单因素方差分析（one-factor analysis of variance，one-factor ANOVA）方法检验光合参数在不同林龄顶坛花椒林之间的显著性差异，数值用平均值±标准差表示；运用皮尔逊（Pearson）相关系数法检验叶片光合特性的相关性；土壤养分采集于 2020 年 7 月，该时段是顶坛花椒采摘后新一季生长的起始时间，其养分水平代表花芽分化前期的土壤肥力状况，可作为评估生长、产量和品质形成的重要基础；光合生理测定时间为次年 5 月，为旺盛生长期，运用 Canoco 4.5 软件的冗余分析（redundancy analysis，RDA）方法分析土壤养分和光合特性之间的关系，可以厘清土壤养分条件对光合能力的影响。使用 Origin 8.6 软件制图。

4.1.2　不同林龄顶坛花椒人工林光合特性

（1）叶绿素　5～7 年、10～12 年、20～22 年和 28～32 年 4 个林龄级顶坛花椒人工林叶绿素 SPAD 值依次为 40.58、37.95、40.62、39.68，其值虽随林龄增加呈波动趋势，但变幅较小，未达显著差异（$P>0.05$）。

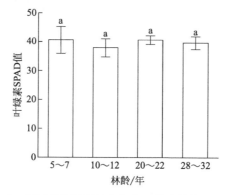

图 4-1　不同林龄级顶坛花椒人工林叶绿素 SPAD 值
图中不同字母表示林龄之间存在显著性差异（$P<0.05$），下同

（2）叶片光合参数　由图 4-2 可知，4 个林龄级顶坛花椒人工林的 P_n、G_s 和 T_r 均随着光合有效辐射（photosynthetically active radiation，PAR）持续升高后趋于平稳，10～12 年生花椒的 P_n（$11.16\mu mol \cdot m^{-2} \cdot s^{-1}$）、$G_s$（$107.21\mu mol \cdot m^{-2} \cdot s^{-1}$）和 T_r（$2.11\mu mol \cdot m^{-2} \cdot s^{-1}$）最高；WUE 前期呈线性增长达到饱和点后趋于平稳，5～7 年生花椒的 WUE 最高，28～32 年的最低；虽然 10～12 年生花椒是中龄林，但 WUE 却略低于成熟林；C_i 曲线则与其他曲线相反，随着 PAR 升高其曲线持续下降后呈波动状态，但波动幅度较小，其 28～32 年生花椒的 C_i（$271.25\mu mol \cdot mol^{-1}$）最高，是最低值（5～7 年的为 $193.11\mu mol \cdot mol^{-1}$）的 1.4 倍。

通过双曲线修正模型拟合可得出光响应曲线相关光合参数（表 4-3），模型的决定系数（R^2）均在 0.900 以上，表明该模型可以很好地拟合 4 个林龄级顶坛花椒人工林的光响应过程。AQY 随林龄增加而升高，均未呈显著差异；$P_{n,max}$ 在 $12.70～19.00\mu mol \cdot m^{-2} \cdot s^{-1}$ 之间，在 4 个林龄级之间差异不显著；LSP 以 10～12 年生的最高，20～22 年生的最低，二者均与 5～7 年生、28～32 年生的

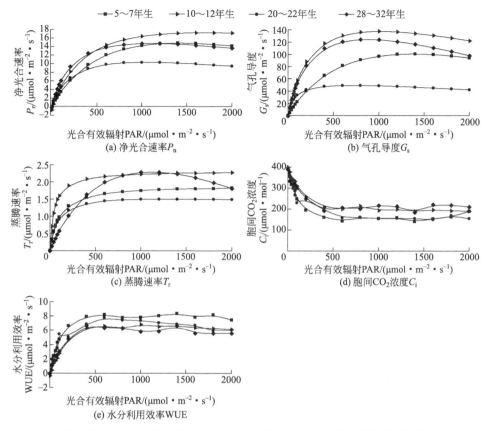

图4-2 不同林龄级顶坛花椒叶片 P_n、T_r、G_s、C_i 和 WUE 响应曲线

存在显著差异；LCP 以 10～12 年生的 $(11.48\pm0.74)\mu mol \cdot m^{-2} \cdot s^{-1}$ 为最高，与其他 3 个林龄级呈显著差异，但 5～7 年生、20～22 年生和 28～32 年生的之间无显著差异；R_d 在 $0.12\sim0.74\mu mol \cdot m^{-2} \cdot s^{-1}$ 之间，5～7 年生、20～22 年生和 28～32 年生的之间差异不显著，但均与 10～12 年生的呈显著差异，表明林龄对光响应曲线相关参数具有显著影响，但均未随林龄增加而呈规律性变化。

表4-3 不同林龄级顶坛花椒叶片光响应参数

林龄/a	表观量子效率 AQY/($\mu mol \cdot m^{-2} \cdot s^{-1}$)	最大净光合速率 $P_{n,max}$/($\mu mol \cdot m^{-2} \cdot s^{-1}$)	光饱和点 LSP/($\mu mol \cdot m^{-2} \cdot s^{-1}$)	光补偿点 LCP/($\mu mol \cdot m^{-2} \cdot s^{-1}$)	暗呼吸速率 R_d/($\mu mol \cdot m^{-2} \cdot s^{-1}$)	相关系数 R^2
5～7	0.059 ± 0.027a	12.70 ± 3.10a	1213.37 ± 297.42ab	1.49 ± 2.10b	0.12 ± 0.16b	0.990
10～12	0.067 ± 0.005a	19.00 ± 2.41a	1656.61 ± 77.28b	11.48 ± 0.74a	0.74 ± 0.23a	0.999
20～22	0.073 ± 0.011a	13.20 ± 4.03a	959.99 ± 121.67b	1.75 ± 2.21b	0.14 ± 0.18b	0.999
28～32	0.085 ± 0.007a	13.27 ± 2.09a	1252.60 ± 217.81ab	1.37 ± 0.83b	0.12 ± 0.08b	0.998

P_n、G_s 和 T_r 等是评价植被生长发育、物质生产及水分消耗状况的主要光合生理特性因子（付忠 等，2016），黔西南 10～12 年生花椒的 P_n、G_s 和 T_r 显著高于其他林龄级的，而 WUE、C_i 和 SPAD 值却略低于其他 3 个林龄级。原因是幼龄林扎根浅，生理代谢速率较低，光合能力较弱；中龄林为旺盛生长期，蒸腾与光合作用较强；成熟林采取保守生长策略以适应干热河谷环境，导致光合能力降低；老龄林则可能是应对环境胁迫的能力较强，对 G_s、C_i 和 T_r 产生较强的调控作用（马文涛 等，2020），从而影响植物的光合特性，这或许也是植物抵御衰退的一种机制。

WUE 体现光合同化物的水分流失率和抗旱性（郑威 等，2017），黔西南幼龄林和成熟林的 WUE 更高，原因是幼龄林和成熟林通过调节气孔形态降低蒸腾速率（Xiong et al.，2017），选择"节流"策略来适应干旱胁迫（张仕豪 等，2019）；中龄林具有较高的 P_n、G_s 和 T_r，对水分消耗能力较强；老龄林可能是由于叶片衰老而产生光抑制现象，减弱植物对水分的吸收利用能力。叶绿素是光合作用的重要物质基础，叶绿素含量越多表明植物耐阴能力越强（Sim et al.，2021），20～22 年生花椒的叶绿素 SPAD 值高于其他 3 个龄级，暗示其耐阴能力比其他林龄级的强，但是总体光合能力较差，这可能是成熟林土壤中的水分含量优于其他林龄级，形成了相对较高的叶绿素 SPAD 值，但其采取保守生长策略以延缓植物生长，导致光合作用总体较差的缘故。

AQY 表征植物吸收和转换自然光的能力，值越高表明植物叶片的光能利用能力越强（杨再强 等，2016）。在本研究中，AQY 虽无显著差异，但数值上呈现出随林龄增加而升高的趋势，说明在同一生境下高林龄级光能利用效率比低林龄级强，原因可能是顶坛花椒在适应环境过程中逐渐形成适于自身生长发育的生理生态特性（刘慧民 等，2012），高林龄级对低光量子胁迫的耐性强于低林龄级。一般来说，LSP 越高，植物对有机质的积累量越多；LCP 越低，植物利用弱光的能力越强（刘慧民 等，2012）。本研究中，10～12 年生的 LSP 最高，28～32 年生的 LCP 最低，表明中龄林的物质积累量高于其他林龄级，老龄林对弱光的利用能力强于其他林龄级，分析原因为，中龄林在较低光强下进行最大效率光合作用的能力较强，植物有机物积累量多；老龄林根系发达，郁闭度低，受植物生理因素影响，在弱光环境下的生存能力较其他 3 个林龄级强。R_d 较低的植物对光合产物损耗更低（刘海燕 等，2021），研究结果显示，10～12 年生花椒的 R_d 最高，对光合产物消耗量较多，这可能是因为 10～12 年生花椒处于生命最旺盛的阶段，消耗大量的光合产物以满足生存生长的能量需求。综上，不同生长年限顶坛花椒人工林光合作用随林龄增加未呈规律性变化，虽属同一生境，但各龄级在资源利用方式和光合适应策略上有着显著差异，而这种差异可能利于植物充分利用环境资源。

4.1.3　不同林龄顶坛花椒光合特性之间的相关性

对不同林龄级顶坛花椒人工林光合特性指标值进行 Pearson 相关性分析表明（表 4-4），P_n 与 T_r、C_i、$P_{n,max}$ 和 G_s 的相关系数达到了极显著水平（$P < 0.01$），与 LCP、R_d 的相关性达到了显著水平（$P < 0.05$），表明 $P_{n,max}$ 很大程度上依赖于 P_n、G_s 等光合参数；LCP 与 R_d 的正相关性大于其与 P_n、G_s 的相关性，表明 R_d 对 LCP 变化最敏感；R_d 与 P_n 和 G_s 之间存在显著正相关性，反映了 R_d 与 P_n 和 G_s 之间相互促进；G_s、C_i 和 T_r 与 P_n 的相关系数达到了极显著水平（$P < 0.01$），表明 G_s、C_i 和 T_r 与 P_n 的关系密切；G_s 与 C_i 之间呈极显著增强效应，表明 G_s 与 C_i 间存在一定协调性；WUE 与 C_i 呈反向作用效应，暗示了 WUE 的增加抑制了 C_i 的形成；T_r 与 G_s、C_i 之间呈正相关性，与 WUE 呈负相关性，T_r 越高，WUE 就越低，表明二者之间存在权衡关系。

表 4-4　不同林龄级顶坛花椒人工林叶片光合特性之间的相关性

因子	表观量子效率 AQY	最大净光合速率 $P_{n,max}$	光饱和点 LSP	光补偿点 LCP	暗呼吸速率 R_d	净光合速率 P_n	蒸腾速率 T_r	气孔导度 G_s	胞间 CO_2 浓度 C_i	水分利用效率 WUE
最大净光合速率 $P_{n,max}$	−0.193									
光饱和点 LSP	−0.431	0.565								
光补偿点 LCP	−0.014	0.793*	0.630							
暗呼吸速率 R_d	0.048	0.781*	0.592	0.996**						
净光合速率 P_n	−0.034	0.985**	0.523	0.787*	0.783*					
蒸腾速率 T_r	0.238	0.819*	0.293	0.563	0.561	0.890**				
气孔导度 G_s	−0.027	0.946**	0.635	0.816*	0.799*	0.971**	0.889**			
胞间 CO_2 浓度 C_i	0.050	0.821*	0.468	0.581	0.570	0.863**	0.940**	0.876**		
水分利用效率 WUE	−0.201	−0.618	−0.357	−0.390	−0.387	−0.682	−0.860**	−0.705	−0.944**	
叶绿素 SPAD 值	−0.241	−0.426	−0.280	−0.606	−0.580	−0.453	−0.419	−0.542	−0.276	0.198

注：* 表示显著相关（$P < 0.05$）；** 表示极显著相关（$P < 0.01$），下同。

4.1.4　不同林龄花椒土壤养分与光合特性的关系

将土壤养分因子作为解释变量，叶片光合生理参数作为土壤养分的响应变量，通过 RDA 分析，前两轴解释之和为 77.8%，说明其可以很好地解释土壤养分与光合特性的关系（图 4-3）。叶片的 T_r 和 C_i 与土壤 TK、TCa 和 TP 显著正相关，叶片 P_n、G_s 与土壤 TMg、TN 等全量养分之间存在显著正相关性，但均与 AP、AN 和 AK 等速效养分之间呈负相关性，说明全量养分与光合作用主要呈协同关系，而速效养分则以权衡关系为主；土壤 AP、AN、AK、TFe、

SOC 与叶片的 WUE、叶绿素 SPAD 值之间的相关性较强,暗示其通过影响植物体内的能量代谢过程来调控生长发育速率;土壤 TCa、TMg 与叶片的 LSP、$P_{n,max}$ 和 R_d 为正相关关系,说明喀斯特地区特征元素 Ca 与 Mg 对光合速率影响较强;土壤 TP 与叶片的 LCP、AQY 存在显著增强效应,而土壤 AP、AN 和 AK 的影响则相反,暗示全量养分对 LSP、$P_{n,max}$ 和 AQY 等光响应曲线相关参数影响较大,而速效养分的影响偏低。综上结果表明,土壤养分因子与光合参数之间的相关性很强。

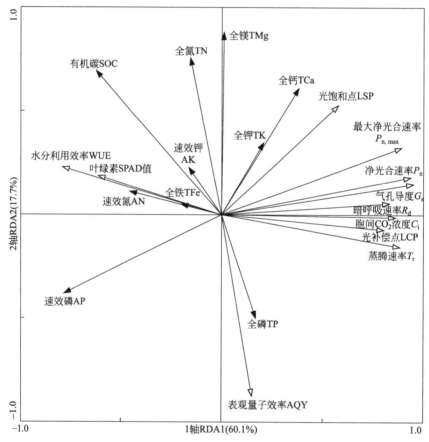

图 4-3 土壤养分与光合特性关系的冗余分析排序
图中箭头连线越长,表明土壤养分对叶片光合特性的影响越大,反之越小;
箭头与箭头连线夹角指示两者间的正负相关性,锐角为正相关,钝角为负相关

土壤养分含量影响植物的生长发育、代谢及生理过程(Li et al.,2016)。本节土壤 TCa、TMg、TN、TP 和 TK 等全量养分对 P_n、G_s、T_r 和 C_i 等光合参数呈显著正向影响,而土壤 AP、AN 和 AK 等速效养分对这些光合参数的影响则为负向,表明土壤养分显著影响植物的光合能力,原因是喀斯特地区生境富

Ca、Mg，喜 Ca 植物的顶坛花椒对环境产生偏好，这也是顶坛花椒适应高钙环境的机制之一。其中：Ca 用于细胞壁等器官形成，影响叶绿素含量、蒸腾作用和光合速率等（刘亚令　等，2006）；Mg 可活化二磷酸核酮糖羧化酶，使 CO_2 浓度稳定，增强植物光合能力（刘亚令　等，2006）。此外，N 限制会降低植物光合器官的敏感性，导致叶面积减少和叶绿素合成受阻，抑制光合产物形成；P 和 K 亏缺会减少植物的呼吸作用和碳代谢能力，降低光利用效率和电子传递速率；速效养分对光合特性的影响偏小，其主要是影响植物根系对养分的吸收利用能力，而对光合速率和净光合作用的影响表现为间接效应。本研究中 WUE 和 SPAD 值均受土壤 AP、AN、AK、TFe 和 SOC 影响最大，分析原因为：C、N、Fe 等养分元素是影响植物 WUE 和叶绿素含量的主要因子（Pogrzeba et al.，2017），结构性元素 C 亏缺会降低干物质积累，减少光合产物形成，影响植株发育；Fe 和 Mg 是叶绿素的组成元素，影响植物的呼吸作用和叶绿素合成速率，进而显著影响光合作用。因此，在顶坛花椒人工林经营过程中，应提高土壤缓效养分供应能力，以增强植物的光合潜力。

4.1.5　顶坛花椒人工林管理措施及光合特性

近年来植株因受土壤养分元素限制，呈现出生长能力减弱、产量下降甚至枯死等生长衰退现象。为减缓养分亏缺造成的生长抑制，可通过调控土壤养分来提高顶坛花椒光合能力，延缓生长衰退。首先，通过施用有机肥来提高土壤缓效养分供应潜力，有机肥作为全效肥料，含有丰富的大量与微量元素，可增加土壤养分含量，稳定提供植物生长所必需的营养物质，改善植物营养结构，增强光合作用能力，延缓叶片衰老。其次，应保持较高的土壤微生物活性（秦仕忆　等，2019），特别是有效微生物活力，其可改善土壤结构及养分循环，增强顶坛花椒获取营养的能力。最后，顶坛花椒的生长发育还易受 N、P、K 等元素的共同制约，可采取有机肥与化肥配施，增强土壤保肥、保水能力，满足植物生长发育能量需求的同时，提高林分生长速率、P_n 和 T_r 等光合能力，延长光合功能期。

不同林龄顶坛花椒人工林光合特性具有显著差异，但未随林龄增加呈规律性变化；4 个林龄级中，10～12 年生花椒的光合生理特性对光强响应最敏感，总体光合能力最强，由于对环境资源利用策略不同，其水分利用率和叶绿素相对含量略低于 5～7 年生和 10～22 年生的，对弱光的利用能力略低于 28～32 年生的。叶片光合参数之间的相关性较强，除 WUE 与 T_r 和 C_i 存在权衡关系以外，其他光合参数之间均为协同关系。土壤养分与光合特性之间存在显著相关性，全量养分对 P_n、G_s、T_r 和 C_i 等光合参数的驱动作用较强，速效养分则是对 WUE 和叶绿素的影响较大，因此，应通过土壤养分供应调控，增强土壤肥力以提高顶坛花椒光合能力，从而延长生命周期。

4.2　碳氮同位素自然丰度

不同层次森林的 C、N 及同位素组成受植物与环境双重作用的影响，其同位素在时间和空间上的分异，以及与环境的关系能够揭示植物养分元素来源，可表征陆地生态系统 C、N 循环（Zhou et al.，2014；Liu et al.，2016）。生态化学计量学可研究多种元素的平衡与循环规律（Fan et al.，2015），通过分析多重元素在生态系统中的交互作用，阐明生态系统 C、N 循环过程以及同位素的分馏原理（Collins et al.，2008；Wang et al.，2015）。探讨引起森林不同组分 δ^{13}C、δ^{15}N 差异的主导因子，分析人工林养分元素分配格局与限制状况，为阐释喀斯特生态系统 C、N 循环和同位素分馏机理提供理论支撑。

近年来，关于人工林 δ^{13}C、δ^{15}N 随林龄的变化特征多受学者们关注。譬如，王亮等（2019）研究表明杉木（*Cunninghamia lanceolata*）幼龄林叶片 δ^{13}C、δ^{15}N 低于成熟林，与榆树（*Ulmus pumila*）和樟子松（*Pinus sylvestris* var. *mongolica*）人工林研究结果一致（Tanaka-Oda et al.，2010；Song et al.，2015），与中间锦鸡儿（*Caragana intermedia*）叶片 δ^{13}C 的结果相反（Liu et al.，2012）；郑璐嘉等（2015）研究显示杉木叶片 δ^{13}C、δ^{15}N 随林龄变化规律各异，3 年生和 8 年生林分叶片 δ^{13}C 值相对较低，而 3 年生叶片的 δ^{15}N 显著高于其他所有林分。综上说明不同人工林的 δ^{13}C、δ^{15}N 随生长发育呈动态变化，树种、林龄和环境因子影响了植物资源利用策略。土壤作为陆地生态系统的重要组成部分，其生态化学计量特征受林龄、森林组成结构和林内生境等影响（Lucas-Borja et al.，2016），土壤化学计量、微生物代谢等通过调控植物养分吸收模式与森林生态效应，间接影响 C、N 同位素分馏（Zhou et al.，2014；Deng et al.，2016；Wang et al.，2019）。王亮等（2019）研究发现土壤 N 限制减轻与 P 限制加剧，能够促进植物 N 同位素分馏；Zhao 等（2019）研究表明，土壤高 C/N 可促进微生物分解，从而影响 δ^{13}C；Lorenz 等（2020）研究发现微生物可通过凋落物质量、养分利用效率与限制状况调整资源利用策略。综上可知，土壤化学计量、微生物以及 δ^{13}C、δ^{15}N 间联系紧密。然而，目前关于森林 δ^{13}C、δ^{15}N 随林龄的变化特征，以及土壤化学计量与森林 δ^{13}C、δ^{15}N 之间的关系尚无确切定论，仍需深入研究。

目前关于顶坛花椒人工林的研究，集中在林分培育、衰老退化、产量与品质提升等方面，鲜有以稳定同位素技术为工具，分析林分 δ^{13}C、δ^{15}N 随林龄的变化规律，剖析人工林 δ^{13}C、δ^{15}N 与土壤化学计量的关系。林龄和土壤 C、N 可利用性与微生物等可能是影响 δ^{13}C、δ^{15}N 自然丰度组成的关键因素。假设：②植物新鲜与衰老组织之间 δ^{13}C、δ^{15}N 值差异显著；②土壤 δ^{13}C、δ^{15}N 与土壤

C/N 呈负相关。该节研究了叶片、凋落物和土壤 C、N 及稳定同位素随林龄的变化规律，探讨指标间的内在关联，揭示土壤化学计量对 δ^{13}C、δ^{15}N 分馏的驱动机理，以求能进一步了解喀斯特生态系统 C、N 循环过程，为阐明人工林养分调配现状、制定施肥措施、优化林分结构、诊断退化机制奠定科学依据。

4.2.1　研究方法

（1）样地设置　与 4.1.1 内容相同。

（2）样品采集与处理　2020 年 8 月，每个样地选择具有代表性、发育良好的 5 株顶坛花椒，选取中部冠层叶片，代表整个冠层叶片（Zeng et al.，2005；Yan et al.，2015），沿植株冠层中部的东南西北 4 个方位摘取无病虫害、成熟叶 30 片，混匀装入尼龙袋。在样地内沿对角线均匀设置 3 个 1m×1m 小样方，采集未分解、半分解和全分解层的凋落物均匀混合成样。每个样地按照"S"形设置 5 个样点（距离树基部 30～50cm，人为施肥通常在距树干 10～30cm 范围内，取样时需尽量避免这一区域，减少人为干扰带来的影响），混合成 1 个土样，采集 0～20cm 土壤（不足 20cm 的以实际深度为准），采用"四分法"保留鲜重约 0.5kg。采集样品各 12 份，均匀混合后带回实验室。叶片、凋落物在 105℃杀青 30min 后，于 60℃烘干至恒重，粉碎、混匀、备用；土壤剔除可见的石砾、根系和动植物残体，取部分鲜土 4℃下保存尽快测定微生物数量与生物量，剩余土壤自然风干后，研磨至 95% 样品通过 0.15mm 筛待测。

（3）样品测定　人工林叶片、凋落物和土壤 C、N、δ^{13}C、δ^{15}N 采用元素分析仪-稳定性同位素质谱仪联机（Vario ISOTOPE Cube-Isoprime，Elementar 公司）测定，在自然资源部第三海洋研究实验室完成实验，同位素比值采用千分比单位（‰），用 δ 表示。

土壤有机碳（SOC）、全氮（TN）分别采用重铬酸钾氧化外加热法、凯氏定氮法测定（鲍士旦，2000）。土壤微生物生物量碳（MBC）、微生物生物量氮（MBN）采用氯仿熏蒸法，MBC 采用氯仿熏蒸-K_2SO_4 浸提-TOC 分析仪测定，MBN 采用氯仿熏蒸-K_2SO_4 浸提-过硫酸钾氧化法测定。土壤细菌、真菌和放线菌分别采用牛肉蛋白胨培养方法、马铃薯葡萄糖琼脂培养基和高氏 1 号培养基法测定（中国科学院南京土壤研究所微生物室，1985），细菌、放线菌采用稀释平板计数法计数，真菌采用倒皿法计数。

（4）数据统计与分析　数据用 Microsoft Excel 2010、SPSS 20.0 进行前期数据整理与分析。对参数进行正态性检验，除叶片 N 含量外，其余均是正态分布。对叶片 N 含量进行 Kruskal-Wallis 检验，其他参数采用单因素方差分析（one-factor ANOVA）和最小显著差异法（least significant difference，LSD）进行检验，显著、极显著水平为 $P=0.05$、0.01，图表数据用平均值±标准差表示。采用 Pearson 相关分析法检验各指标间的相关性，使用 Origin 8.6 软件制图。采用

Canoco 5 软件分析顶坛花椒人工林 $\delta^{13}C$、$\delta^{15}N$ 与土壤化学计量的关系，通过 R 语言 corrplot 包对人工林各指标绘制相关性热图。

4.2.2 不同林龄顶坛花椒人工林 C、N 及稳定同位素特征

人工林叶片 C、$\delta^{13}C$ 在 4 个林龄间均无显著差异，说明植物水分利用效率未随林龄发生显著改变；叶片 N 为 $24.95 \sim 34.75 g \cdot kg^{-1}$，随林龄增加呈先降低后上升趋势，$\delta^{15}N$ 为 $0.86‰ \sim 3.20‰$，随林龄增加先增大后减小，表明不同林分叶片对 N 的利用率各异。凋落物 C、N 依次为 $349.65 \sim 413.35 g \cdot kg^{-1}$、$18.05 \sim 31.2 g \cdot kg^{-1}$，均表现出 5～7 年、10～12 年显著高于 20～22 年、28～32 年，说明幼叶的凋落物更易于分解；凋落物 $\delta^{13}C$ 为 $-27.67‰ \sim -25.96‰$，在 4 个林龄间均未见显著差异，$\delta^{15}N$ 以 10～12 年的 $4.15‰ \pm 0.92‰$ 最高，随林龄增加先升高后降低。土壤 C 为 $9.1 \sim 16 g \cdot kg^{-1}$，随林龄增加呈降低趋势；土壤 N、$\delta^{13}C$ 和 $\delta^{15}N$ 在 4 个林龄间均无显著差异，表明随林龄变化土壤养分格局发生改变的可能性较小（图 4-4）。

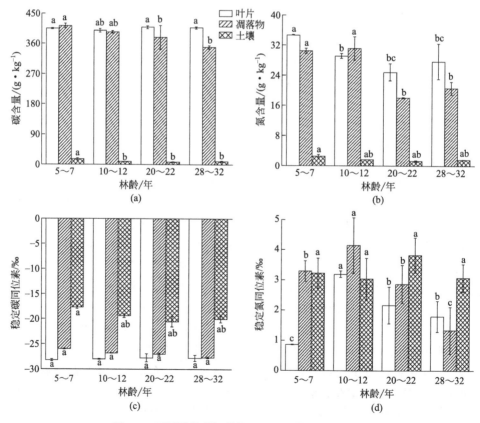

图 4-4 不同林龄顶坛花椒 C、N 及其同位素特征

植物叶片 δ^{13}C 值越大，指示其长时间尺度上的水分利用效率越高（Chen et al.，2011）。该节结果显示叶片 δ^{13}C 在 4 个龄级间无显著差异，表明植物水分利用效率随林龄增加无显著变化，这是植物对资源获取和利用之间权衡的结果（Heberling et al.，2012），喀斯特生境脆弱，植物需要提高对生长资源的竞争能力，间接导致不同林龄的水分利用效率未达显著水平。此外，此研究结果与植物新鲜与衰老组织间 δ^{13}C 值差异显著的假设不符，与 Kieckbusch 等（2004）研究结果一致，与 Lee 等（2000）结果相反。因此，关于叶片衰老过程中 δ^{13}C 的变化及其生理生态学意义仍需进一步研究。受"冠层效应"影响，越接近森林地表，植物叶片 δ^{13}C 值越小，贫化现象越明显（Martinelli et al.，1998）。顶坛花椒冠层高度较小，且需进行枝叶修剪，导致"冠层效应"较弱，因此以冠层中部叶片代表整个冠层叶片。今后研究中，应根据树冠高度分上、中、下 3 层取样，深入了解 δ^{13}C 的分馏机理。叶片 δ^{15}N 值在 10～12 年显著高于其他 3 个龄级，说明该林分生长和生物量积累速率相对较高，究其原因是 10～12 年为顶坛花椒的旺盛挂果时期，需更多 N 素合成光合产物，根系会输送更多的 N 素到叶片，植株从土壤获得的 N 素较多，以适应其高新陈代谢的策略。叶片 δ^{15}N 值随生长年限先增大后减小，与 Wang 等（2019）研究随叶龄增加 δ^{15}N 降低的结果不符，说明不同树种随林龄改变 δ^{15}N 变化各异，原因是不同生活型植物的光合型具有差异，导致 N 同位素分馏速率与程度存在差异，进而造成 δ^{15}N 不同。

土壤、凋落物 δ^{13}C 随林龄增加均无显著差异，分析原因为：土壤有机 C 主要来源于凋落物（Peri et al.，2012），凋落物的 C 输入、输出以及土壤 C 分解共同决定了土壤 δ^{13}C 特征。Balesdent 等（1993）研究发现土壤 δ^{13}C 与凋落物 δ^{13}C 呈正相关，但未达显著水平，该节结果与之一致，说明凋落物分解过程中忽略 δ^{13}C 分馏的情况下，土壤也不能完全继承凋落物的 δ^{13}C，因为凋落物的分解速率能够决定 C 流向，富含新鲜有机质的 C 更易于被微生物降解，因此土壤 δ^{13}C 值是新老 C 混合作用的结果，具有同位素混合效应（Högberg et al.，1996；Liao et al.，2006；Huang et al.，2011）。Buchmann 等（1997）和 Farquhar 等（1989）研究均表明，土壤 δ^{13}C 的变幅一般在 1.0‰～3.0‰，高于 3.0‰ 则说明输入到土壤中的有机质可能是 C_3 和 C_4 植物的混合。该节土壤 δ^{13}C 平均变幅约为 7.46‰，说明该区植被发生过很大变化，因为该区转变为花椒林前是针阔混交林，土壤有机质同时受顶坛花椒和针阔混交林的 δ^{13}C 共同影响，这也符合农业种植转型的结果。该节土壤 δ^{15}N 随林龄变化特征与福建地区杉木林土壤 δ^{15}N 的变化规律不一致，原因是花椒林下植物种类较少，不同林龄阶段顶坛花椒凋落物回归量与蓄积量差异较小，且人工林受人为活动干扰程度也较强。诸多研究显示，土壤 δ^{13}C、δ^{15}N 随剖面加深而增大（Mariotti et al.，1980；Ehleringer et al.，2000）。然而，该研究区域位于土层浅薄的喀斯特地区，该节并未对土样进行分层取样，这限制了对喀斯特土壤剖面 C、N 循环的理解。因此，今后可根据实际情况采不同深度的样品，对于土壤浅薄的喀斯特地区尽量细分，如 0～2cm、2～5cm、5～10cm 等，这更能揭示土壤 C、N 循环、δ^{13}C、δ^{15}N 分馏效应在空间上的变化机制。

4.2.3 顶坛花椒人工林 C、N 及稳定同位素间的关系

由图 4-5 可知，叶片 C、凋落物 δ^{13}C 与其他指标相关性均不显著。叶片 N 与土壤 δ^{13}C 和土壤 C、土壤 N 依次呈极显著（$P<0.01$，下同）、显著正相关（$P<0.05$，下同），说明植物叶片与土壤之间联系紧密。凋落物层与土壤 δ^{13}C 呈正相关，与 δ^{15}N 则相反，仅有凋落物 N 与土壤 δ^{13}C 呈显著正相关，剩余指标均未见显著相关，说明凋落物与土壤之间具有促进或抑制效应。叶片 δ^{13}C 与凋落物 δ^{15}N、土壤 δ^{15}N 间呈显著正相关、负相关，表明叶片-凋落物-土壤三者间存在着耦合关系。

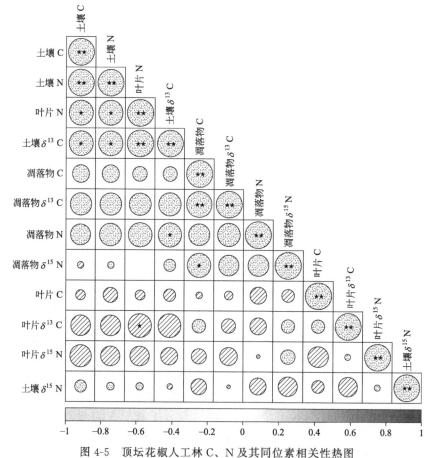

图 4-5　顶坛花椒人工林 C、N 及其同位素相关性热图

＊ 表示显著相关（$P<0.05$）；＊＊表示极显著相关（$P<0.01$），圆圈大小表示相关性的强弱，
◎ 颜色越深表示正相关越大，⊘ 颜色越深表示负相关越大，空格表示相关性极小下同

本研究显示，顶坛花椒叶片 $\delta^{13}C$ 与 N 含量呈负相关，与 Tsialtas 等（2001）的结果一致，与 Zhang 等（2015）的结果则相反，说明不同环境植物获取土壤 N 素水平存在差异，且获取能力差异可影响植物叶片 $\delta^{13}C$ 值。原因是叶 N 可调节其气孔密度，较高的叶 N 含量促进 CO_2 吸收，植物光合作用速率增大，叶胞内外 CO_2 浓度比（C_i/C_a）降低，$\delta^{13}C$ 增大（Macfarlane et al.，2007；Diefendorf et al.，2010）。本研究区为土壤贫瘠的喀斯特地区，需施肥补给植物养分，现代农业主要强调补给 N、P 等元素，将导致更多 N 素被摄入叶片，使叶片气孔密度增大，C_i/C_a 升高，$\delta^{13}C$ 降低。该节研究同时显示，叶片 $\delta^{13}C$ 与凋落物 $\delta^{15}N$、土壤 $\delta^{15}N$ 之间分别呈显著正、负相关，说明叶片、凋落物和土壤三者间存在耦合关系，原因是森林生态系统 C、N 循环过程贯穿了植物-凋落物-土壤整个连续体，且 C、N 循环耦合密切，固 C 潜力很大程度上受土壤供 N 能力限制（Li et al.，2012；Zechmeister-Boltenstern et al.，2015），森林生态系统 C、N 循环受环境因子调控，使连续体间的联系独特；此外，养分重吸收与植物养分利用均会导致同位素分馏发生。但由于影响分馏因子较多，且计量指标较为有限，未能揭示其继承性较弱的原因，尚需深入研究。

4.2.4　土壤化学计量对人工林 C、N 及稳定同位素的影响

对不同林龄人工林部分组分与土壤计量进行 RDA 分析（MBC/MBN 影响太小，可忽略不计），土壤化学计量在第 1 轴、第 2 轴的解释量依次为 90.75% 和 4.82%，累计解释组分信息量为 95.57%（表 4-5）。由此可知前 2 轴能够较好地反映人工林部分组分和土壤计量的关系。

表 4-5　人工林各组分含量的解释变量冗余

排序轴	RDA1	RDA2	RDA3	RDA4
人工林各组分特征解释量/%	90.75	4.82	1.79	0.54
人工林各组分特征与土壤计量的相关性	0.9937	0.9975	0.8307	0.9781
人工林组分特征累计解释量/%	90.75	95.57	97.35	97.89
人工林各组分特征-土壤计量关系累计解释量/%	92.65	97.57	99.36	99.34

通过人工林各组分与土壤计量的冗余分析二维图（图 4-6），MBC、BAC/FUN、TN、凋落物 N、土壤 $\delta^{13}C$、叶片 N、凋落物 $\delta^{13}C$ 和 SOC/TN、MBC、叶片 $\delta^{13}C$、叶片 C 之间均呈正相关，BAC/FUN、TN 与叶片 $\delta^{13}C$、叶片 C 和 MBN 与凋落物 N、土壤 $\delta^{13}C$、叶片 N 之间均为负相关，其中 MBC 与凋落物 $\delta^{15}N$ 和 BAC/FUN 与土壤 $\delta^{13}C$ 的夹角较小，表现出较强的正相关；SOC 与叶片 $\delta^{15}N$ 表现出负相关，与其他土壤计量关系均未表现出显著的相关性。由表 4-6 可见，理化变量对人工林各组分解释的重要性排序为 MBC＞BAC/FUN＞SOC/TN＞MBN＞SOC＞TN，但影响均未达到显著水平。

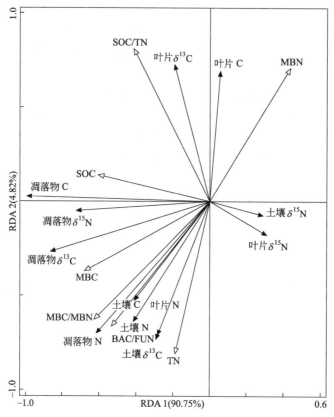

图 4-6　人工林 C、N、δ^{13}C、δ^{15}N 与土壤化学计量的 RDA 分析

表 4-6　土壤化学计量的重要排序

指标	重要性排序	土壤计量所占解释量/%	F	P
MBC	1	44.1	4.7	0.072
BAC/FUN	2	17.6	3.0	0.144
SOC/TN	3	15.1	1.8	0.234
MBN	4	8.6	4.2	0.218
SOC	5	6.7	1.2	0.368
TN	6	5.8	1.1	0.416

注：BAC，细菌；FUN，真菌；F，pseudo-F；P，相关性。

　　土壤化学计量能够连接生态系统各组分的化学循环，反映元素的流动规律（Yang et al.，2018），可通过土壤元素、微生物化学计量耦合关系的变化，间接调控森林 C、N 同位素分馏，是评估生态系统元素循环、衡量内稳定状态的重要指标（Mooshammer et al.，2014）。土壤元素含量能够影响稳定同位素技术在土壤 C、N 周转过程中的应用与测试结果。Stevenson 等（2010）研究表明土壤 C/N 与 $\delta^{15}N$ 呈显著负相关，原因是不同土壤 C/N 的微生物活性各异，导致其矿化过程中 ^{15}N 分馏的速率和程度存在差异，通常，在高土壤 C/N 中，微生物生长受 N 限制，土壤矿化过程 ^{15}N 分馏减弱；而在低土壤 C/N 条件下，微生物生长受 C 限制，土壤矿化过程 N 分馏加强（Collins et al.，2008）。本节土壤 C/N 与土壤 $\delta^{15}N$ 呈负相关，但相关性不显著，与 Stevenson 等（2010）研究不完全相同，分析原因为，人工林地表凋落物的种类与数量相对较少，且人为干扰剧烈，加之顶坛花椒分泌高浓度的化感物质，抑制了部分微生物活性，导致凋落物降解归还的养分量降低。研究还发现土壤 C/N 与 $\delta^{13}C$ 呈负相关，是因为土壤 C/N 高的 C 分解速率较慢，C 同位素分馏程度较低（Xu et al.，2012；Zhao et al.，2019），$\delta^{13}C$ 值偏小。Wang 等（2015）研究得出相似的结论，但 Peri 等（2012）在研究巴塔哥尼亚南部原始森林时发现，土壤 C/N 不会对土壤 $\delta^{13}C$ 产生影响，原因可能是不同研究区气候条件、凋落物种类和数量各异，进而植物采取不同的资源利用与适应策略。土壤 C、N 是植物生存必需的元素，用土壤 C/N 判断土壤 $\delta^{13}C$、$\delta^{15}N$ 组成特征有一定的科学性，但并非是唯一判断标准，未来应开展与其他土壤因子耦联研究，以便于对土壤质量与养分状况进行综合评价。

土壤微生物生物量作为有机质中最活跃的部分（Arunachalam et al.，1999），能够通过有机质分解和微生物活动与 $\delta^{13}C$、$\delta^{15}N$ 建立很好的联系（Nel et al.，2018）。本节土壤 MBC 与土壤 $\delta^{13}C$ 呈正相关，这与微生物分解有机质过程发生的同位素分馏有关（Billings et al.，2006），微生物分解有机质过程中 ^{12}C 优先被降解以 CO_2 的形式释放，较重的 ^{13}C 更多地进入到土壤微生物生物量 C 中（de Rouw et al.，2015），最终返回到土壤有机质，促使土壤 ^{13}C 富集。相关研究表明，土壤 $\delta^{13}C$ 值与有机 C 呈正相关（Wynn et al.，2008），土壤有机 C 分解速率越快，更多的 $^{12}CO_2$ 将从土壤系统中释放，土壤 $\delta^{13}C$ 值越大（Wynn et al.，2007）。该节中土壤 $\delta^{13}C$ 与有机 C 无显著相关（图 4-6），与他人结果不同，说明该区土壤有机 C 对 $\delta^{13}C$ 组成没有显著影响，原因是首先，为提高花椒林的经济效应，冬夏季需对其进行整形修剪，凋落物的回归量减少，养分补给相对降低；其次，喀斯特独特的土壤二元结构，存在特殊的地上、地下水土流失方式，导致水土流失加剧。综上表明，凋落物与微生物是影响土壤养分的重要来源，应加强原位保护，以提高土壤质量。

不同林龄顶坛花椒人工林 $\delta^{13}C$、$\delta^{15}N$ 自然丰度具有差异，随花椒林生长年限增加，土壤 $\delta^{13}C$ 值逐渐降低，叶片、凋落物 $\delta^{15}N$ 值先增大后减小，剩余指标未呈规律性变化，总体土壤表现出同位素富集效应。人工林指标之间仅有叶片 $\delta^{13}C$ 和土壤 $\delta^{15}N$ 存在权衡关系，其他指标参数间均是协同关系。土壤化学计量与顶坛花椒人工林之间存在一定相关性，土壤 MBC 和 BAC/FUN 对人工林 C、

N 及其同位素驱动作用相对较强。今后，应注重凋落物和土壤微生物的原位保护，提高顶坛花椒土壤养分质量，从而延缓生长衰退。

4.3　元素化学计量

生态化学计量学是研究生态系统 C、N、P 等多种化学元素平衡关系的一个新兴领域，为研究植物-凋落物-土壤相互作用的养分平衡制约关系提供了新思路和新方法（Sterner et al.，2002）。C、N、P 是土壤养分循环的核心元素与生源要素，生物生长过程中不断积累这些元素并调节其相对比例（Elser et al.，2010）。生态化学计量学通过分析多重元素的交互作用，能够为 C、N、P 等生态学过程和生物地球化学循环提供新途径（Elser et al.，2000a）。目前，C/N/P 化学计量学特征广泛应用于植物群落稳定性（Tessier et al.，2003）、生长限制性元素判断（Tjoelker et al.，2005）、养分重吸收（Zhou et al.，2016）等多方面研究，取得了丰富的成果。

林龄是影响生态系统结构、功能和效应的重要因素（Fan et al.，2015），林龄变化过程动态调控着植物与环境的关系。在人工林生态系统中，林龄改变了群落结构、物种组成和林内小生境，进而影响土壤养分分配格局（Lucas-Borja et al.，2016）。开展生态化学计量关系研究，可以阐明其内稳性特征，对揭示个体生长及生态系统结构、功能和稳定性变化规律具有重要意义。随林龄变化，森林生态系统的化学计量特征具有差异性，如水杉（*Metasequoia glyptostroboides*）的化学计量随林龄和器官而变化（Wang et al.，2019），幼龄林多受 N 限制、成熟林则受 P 限制；2～5 年与之后的梭梭（*Haloxylon ammodendron*）林叶片生态化学计量特征变化规律不一致，可以较好地反映其适应性和生长衰退（Zhang et al.，2016）；秦岭落叶松（*Larix gmelinii*）叶片中 N、P、K、Ca、Mg、Fe、Al 等营养元素则不随林龄而变化（Chang et al.，2017）。说明随着林龄增加，不同植物养分利用策略存在差异（Chen et al.，2018）。不同林龄杉木人工林土壤有机碳未呈显著差异（Chen et al.，2013），但随油茶（*Camellia oleifera*）人工林林龄增加，土壤 C、N、P 转化酶计量值增大（乔航　等，2019）、P 限制增强（邓成华　等，2019），说明林龄与土壤属性之间存在显著的互作关系。综合表明，不同地区不同生态系统的养分循环特征表现出显著差异，其中林龄是导致植物与土壤生态化学计量变化的因素之一，但森林生态化学计量特征随林龄的变化规律尚无确切定论，还需深入研究。

基于此，本节选择 4 个林龄级（5 年、10 年、20 年、30 年）的顶坛花椒人工林为对象，研究叶片、凋落物和土壤含量与化学计量，阐明顶坛花椒人工林生态化学计量随林龄的变化规律，探讨不同发育阶段顶坛花椒人工林的土壤养分限制状况，为综合评价顶坛花椒人工林养分循环速率和利用效率提供科学依据。

4.3.1　研究方法

（1）样地选择　与 4.1.1 内容相同。

（2）样品采集　由于研究对象是以顶坛花椒为单优种的群落，仅采集顶坛花椒叶片。各样地内，基于测定结果筛选 5 株代表植株，用枝剪在各株树冠中部的东、南、西、北 4 个方向各取样枝 1 条，获取叶片样品约 300g。在各样地的中心位置，设置 1 个 1m×1m 的取样框，对未分解层、半分解层和全分解层进行混合取样。叶片和凋落物经 105℃杀青 10min 后，放入 60℃的烘箱中烘至恒质量，用植物粉碎机粉碎，过 100 目筛后保存。

在各样地内，依据"S"形布点法，去除凋落物后，采集 0～20cm 土层样品，5～7 样点组成 1 个混合样。由于顶坛花椒根系较浅，通常距树干 10～30cm 施肥，取样时避开这一区域，减少人为干扰。土壤样品剔除根系、石砾及动植物残体后，常温保存带回实验室，自然风干后研磨、过筛备用。

（3）样品测定　叶片、凋落物和土壤有机碳（OC）采用重铬酸钾外加热法测定，全氮（TN）采用高氯酸-硫酸消煮后用半微量凯氏定氮法测定，全磷（TP）采用高氯酸-硫酸消煮-钼锑抗比色-紫外分光光度法测定。

（4）数据统计与分析　叶片、凋落物和土壤 OC、TN、TP 为质量含量，生态化学计量为质量比。采用 Excel 2010 软件进行数据整理；利用 SPSS 22.0 软件进行单因素方差分析（one-factor ANOVA），并采用最小显著差异法（LSD）作多重比较（$\alpha=0.05$），数据表达形式为平均值±标准差；最后对叶片、凋落物、土壤的 C、N、P 及化学计量进行 Pearson 相关性分析。使用 OriginPro 8.5.1 软件制图。

4.3.2　不同林龄顶坛花椒人工林 C、N、P 含量

叶片 OC 随林龄逐渐增加，其中 5 年、10 年、20 年间和 10 年、20 年、30 年间均未呈显著差异；叶片 TN 为 20.95～23.65g·kg^{-1}，在 4 个林龄级间差异不显著；叶片 TP 为 1.18～1.72g·kg^{-1}，在 5 年、10 年、20 年之间差异不显著，但均与 30 呈显著差异。凋落物 OC 以 30 年 [(336.14±31.34)g·kg^{-1}] 最高、10 年 [(229.87±12.57)g·kg^{-1}] 最低，但 4 个林龄级之间均无显著差异；凋落物 TN 以 20 年 [(25.50±4.67)g·kg^{-1}] 为最高，与其他 3 个林龄级呈显著差异，但 5 年、10 年和 30 年之间差异不显著；凋落物 TP 为 0.53～1.73g·kg^{-1}，5 年与 10 年之间差异不显著，与 20 年、30 年之间差异均显著。土壤 OC、TN、TP 依次为 78.39～98.35g·kg^{-1}、1.30～1.66g·kg^{-1}、0.13～0.22g·kg^{-1}，土壤 OC、TN 和 TP 在 4 个林龄级之间均无显著差异，表明土壤养分未随林龄发生显著变化（图 4-7）。

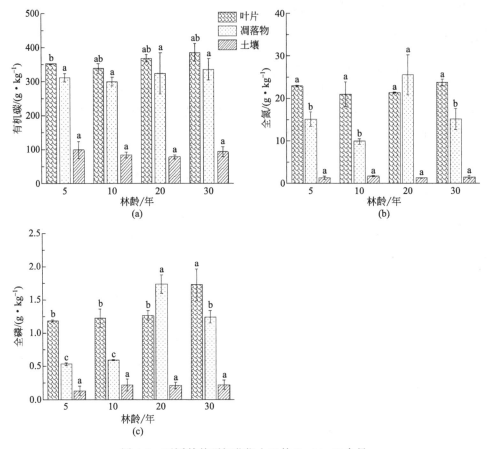

图 4-7　不同林龄顶坛花椒人工林 C、N、P 含量

　　C 是构成植物体干物质的主要元素，N 和 P 是生物体蛋白质和遗传物质的基本组成元素，结构性元素 C 和功能限制性 N、P 元素之间关系密切、互相调控，影响着植物的生长发育（Güsewell，2004）。植物叶片 N、P 含量高，指示其光合与生长速率快，C 含量高的生态学暗示则相反（王凯博　等，2011）。本节结果显示黔西南 30 年的顶坛花椒人工林叶片 C 含量显著高于其他 3 个林龄级，表明该林分生长速率下降，可能将更多养分投入到对外界不利环境的防御，这可能是该龄级林分对生长衰退的一种适应策略。顶坛花椒叶片 C 含量显著低于全球 492 种陆生植物（平均 464g·kg^{-1}），说明顶坛花椒叶片有机化合物含量较低；叶片 N 略高于全国植物（平均 20.2g·kg^{-1}）和全球植物（平均 20.6g·kg^{-1}），P 低于全球植物（平均 2.0g·kg^{-1}），但 30 年林龄高于全国植物（平均 1.46g·kg^{-1}）（Elser et al.，2000b；Han et al.，2005），表明顶坛花椒的整体生长速率高于全国和全球平均水平，原因可能是喀斯特地区生境脆弱，植物对生长所需资源的竞争能力强，将更多养分投入到器官构建。现场调查结果显示，30 年的顶

坛花椒林呈现生长衰退趋势，但叶片 C、N、P 仍然较其他林龄级高，表明其采取了防御策略，优先形成自身有机体。由于喀斯特石漠化环境限制，以及花椒人工林生长发育阶段的变化，顶坛花椒表现出枝条死亡、产量减少、品质下降等一系列生长衰退现象，植物生长以防御为主，但与"快速投资-收益型物种"的经济谱策略不一致（Wright et al.，2005），因而未来需要深入研究林龄与植物功能性状的关系，揭示植物生长发育过程中的自调控机制。

凋落物是养分回归土壤的重要途径，是联系植物和土壤的载体，其分解速率决定养分归还量。与全球 401 种木本植物 N、P 平均含量 10.9g·kg^{-1}、0.85g·kg^{-1} 相比（Kang et al.，2010），10 年人工林的凋落物 N [(9.84±0.65)g·kg^{-1}] 和 5 年、10 年人工林的凋落物 P（0.53g·kg^{-1}、0.59g·kg^{-1}）较之要低，总体说明随着林龄增加，顶坛花椒人工林对养分的利用效率提高，这可能是因为随着生长发育和果实采摘，环境条件变得愈加恶劣，植物通过提高养分利用效率的策略来增强对极端条件的适应能力，这也在一定程度上印证了顶坛花椒的生长衰退现象。

土壤为植物生长提供机械支撑和养分来源，其 C、N、P 含量能够在一定程度上反映养分供应水平。全国土壤 C、N、P 的平均值分别为 11.2g·kg^{-1}、1.1g·kg^{-1}、0.7g·kg^{-1}（任书杰　等，2007），该区 C、N 含量均高于全国平均值，但 P 显著低于全国水平；同时，P 也显著低于全球平均水平（2.8g·kg^{-1}），说明顶坛花椒人工林土壤贮存 P 的能力不强，表明该区土壤存在一定程度的 P 亏缺，这与喀斯特石漠化地区地球化学背景、岩溶作用强烈和水土流失严重有关。本节的研究结果还表明，顶坛花椒人工林土壤 C、N、P 含量未随林龄显著变化，表明随着林龄增长，土壤养分未显著增加，这与黄土高原子午岭地区人工油松林养分随林龄的变化规律不一致（汪宗飞　等，2018），原因是人为调节措施阻止了人工林由简单向复杂演替，导致物种组成较为单一，林下植被多样性未见显著增加，也与长期连栽导致根系分泌有机酸的能力下降有关。

4.3.3　不同林龄顶坛花椒人工林生态化学计量特征

叶片 C/N 为 15.41～17.28，在 4 个林龄级间均未呈现显著差异；叶片 C/P、N/P 分别为 225.63～299.81、13.85～19.45，在 5 年、10 年、20 年之间均无显著差异，其中 C/P 和 N/P 与 30 年呈显著差异。凋落物 C/N 为 12.71～30.49，5 年与 10 年之间、10 年与 20 年之间、20 年与 30 年之间均无显著差异；凋落物 C/P 为 186.52～592.96，以 5 年最高、20 年最低，4 个林龄级间均为显著差异；凋落物 N/P 以 5 年（28.72±2.07）最高、30 年（12.23±1.09）最低，5 年与 10 年、30 年，10 年与 30 年之间均表现出显著差异。土壤 C/N 以 5 年（85.39±33.51）最高、10 年（50.39±0.66）最低，土壤 C/P、N/P 依次为 375.42～807.36、6.22～9.62，二者均以 5 年最高、20 年最低，但 C/N、C/P、N/P 在 4 个林龄级之间均无显著差异（图 4-8）。

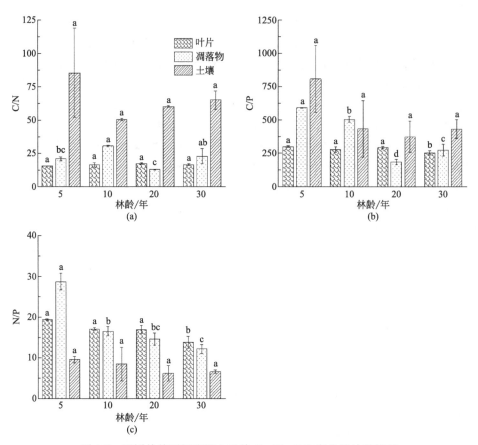

图 4-8　不同林龄顶坛花椒人工林 C、N、P 生态化学计量特征

　　叶片 C、N、P 比值的变化体现了植物生活史过程中生长与防御策略之间的权衡，一定程度上可以揭示土壤养分供给状况。本节研究表明，顶坛花椒叶片 C/N 较全球平均值（22.5）低，N/P 则高于全球水平（12.7），除 30 年的顶坛花椒人工林外，C/P 亦高于全球水平（232）（Elser et al.，2003），说明顶坛花椒生长较全球植物更容易受到 P 限制，这与喀斯特地区其他植物生长规律一致，原因为贵州喀斯特高原峡谷区环境容量有限，可供植物根系提取的 P 元素受限，同时由于该区水土流失严重，有效 P 易随降水流失，导致 P 元素亏缺；由于缺乏适宜的土壤和母岩环境，亦降低了根系分泌有机酸等的能力，使根系对养分的提取和吸收能力减弱，因而保护该区域的土壤层和凋落物层具有显著意义。植物叶片的 N/P 可以判断植物生长受何种营养元素限制，N/P<14 主要受到 N 限制，>16 则易受 P 限制，介于 14～16 主要受 N、P 共同限制（Koerselman et al.，1996），5 年、10 年、20 年的顶坛花椒叶片 N/P 值>16，而 30 年的则<14，表明随着顶坛花椒的生长发育，养分限制类型由 P 限制转变为 N 限制；同时，随着林龄增加，叶片 N/P 逐渐下降，说明植物受 P 限制的情况有所缓解，因此在顶坛花椒

人工林培育过程中，随生长推移，应重视施用 N 肥，以改善土壤养分供给状况。随着顶坛花椒生长发育，其光合能力下降，补充 N、Mo、B 等元素，能够提高光合作用效率，延缓植株衰老，提高人工生态系统的稳定性，这为人工林可持续经营管理提供了参考依据。由于叶片是植物的光合器官，因此用叶片化学计量关系来判断养分限制状况有一定的合理性和代表性，但并非唯一判断标准，今后应拓展至其他植物器官的研究，便于进行综合性评价。

他人研究表明，黄土高原油松（*Pinus tabuliformis*）林分叶片 C、N、P 及其比值均未随林龄序列发生显著变化（Chen et al.，2018），而青藏高原凝毛杜鹃（*Rhododendron agglutinatum*）叶片 C/N 和 C/P 随林龄增长而增大，这些结果与本节的结论亦不完全一致，说明植物类型、生态区域、经营模式等会导致叶片生态化学计量发生变化，这受到土壤养分可利用状况、土壤和叶片水分含量、植物功能属性、叶片寿命等因素综合影响（Lin et al.，2019），尤其是表层土壤的影响较为关键（Chen et al.，2016）。本节中，30 年顶坛花椒人工林叶片 C/P 与 N/P 与其他 3 个林龄级呈显著差异，这可能与 P 限制有关；同时，随着顶坛花椒生长发育，林分郁闭度降低、地表裸露度增加、植物吸收能力减弱，生境胁迫和生长、生理状态变化导致植物体内养分浓度改变，从而引起计量关系发生变化。但是，土壤剖面养分 C、N、P 及其组分的变化如何影响叶片生态化学计量特征，尚需深入研究。

全球尺度的凋落物 C/N、C/P 值分别为 66.2 与 3144（Elser et al.，2003），均显著高于本节的结果，表明顶坛花椒人工林凋落物分解速率较全球水平要高，这是喀斯特地区植物尤其是人工林适应脆弱生境的策略，通过提高凋落物分解速率以实现养分蓄存，同时减少因水土漏失带走养分的不利影响。通常，凋落物 C/N 越高，说明 N 含量越低，越不利于微生物降解有机物质（马文济 等，2014），表明 10 年的顶坛花椒人工林微生物对有机质的分解更不利，可能是小生境和差异化的人工培育措施限制了生物的活动；同时，顶坛花椒会分泌高浓度的化感物质，进而抑制土壤微生物活性，不同林龄顶坛花椒人工林分泌能力理应存在差异，是否 10 年的顶坛花椒人工林分泌化感物质对微生物活性的影响效应最大，尚缺乏理论支撑，具体影响机制还需要深入研究。一般认为，N/P 是影响凋落物分解和养分归还速率的重要因素之一，较低的 N/P 使凋落物更易分解（潘复静 等，2011）。本研究中，随林龄增加，凋落物 N/P 值逐渐降低，表明分解能力逐渐提高，这可能是由于植物通过增强养分补给能力以抵御生长衰退。凋落物 N/P＞25 表示其分解缓慢，有利于养分存储（潘复静 等，2011），结果表明 5 年的顶坛花椒林最有利于养分蓄存。顶坛花椒人工林由于果实采摘带走了部分营养，这势必造成不同林龄土壤可利用养分的差异，生态系统具有较强的自调控机制，从而改变养分权衡与协同策略。但是，本节研究结果同时显示，土壤 C、N、P 含量及其生态化学计量特征均未随林龄发生显著变化，因此驱动不同林龄凋落物分解的机制，以及该机制与养分重吸收效率之间的关系等，都值得深入研究。

土壤生态化学计量是评价土壤有机质组成与质量优劣的重要参数之一，能够表征土壤养分限制与平衡状态。土壤 C/N 值高，暗示其分解速率低，有机质的矿化作用慢。本研究区土壤 C/N 为 50.39～85.39，显著高于全球均值（14.3）（Cleveland et al.，2007）和全国均值（10～12），但在 4 个林龄级之间差异不显著，表明顶坛花椒人工林土壤矿化较慢，养分转化潜力低，且未随生长发育阶段而发生显著变化。原因可能与该区域土壤板结、团粒结构破坏、微生物活性降低等因素有关。植物生长需要疏松的土壤，而这又容易导致水土流失，因此人工林经营过程中需要综合权衡土壤管理策略。土壤 C/P 可以衡量微生物矿化土壤有机物质释放 P 或从环境中吸收固持 P 的能力，本节结果显著高于全国均值（61）和全球均值（186），表明土壤矿化释放的 P 较少，不利于 P 素的蓄存，可供吸收的磷酸盐含量较低，这与该区土壤 P 亏缺的结果一致，原因是顶坛花椒培育过程中使用化肥、除草剂、生长调节剂等制约了土壤微生物矿化有机质的能力，表明应加强对顶坛花椒产业的有机化管理，延缓其生长衰退。土壤 N/P 可以反映土壤中 N、P 元素的限制或饱和状态，指示植物生长过程中的养分供应能力。本节结果表明，顶坛花椒人工林土壤 N/P 高于全国均值（5.2）（汪宗飞　等，2018），这与该区土壤 P 素亏缺有关。今后应加强不同林龄根系分泌物对林木生长发育及生态系统物质循环与能量流动调控机制的研究，旨在提高土壤有效养分供应能力。

本节的研究结果与黄土高原柠条（*Caragana korshinskii*）土壤 C、N 随林龄增加而显著增加的结果不一致（Zeng et al.，2017），亦与华北落叶松（*Larix gmelinii* var. *principis-rupprechtii*）土壤 P 随林龄增加而降低的结论不同，原因与土壤水分、植物根系浸提、细根养分吸收等差异有关。顶坛花椒人工林土壤 C、N、P 含量与化学计量未随林龄而变化，可能与该区域土壤养分、水分亏缺有关，进而影响植物根系对养分的提取和利用。研究显示，淹水条件下土壤生态化学计量会发生改变（Li et al.，2020），据此推测长期干旱环境可能是土壤元素计量关系未呈显著差异的影响因素之一。但是，凋落物和叶片生态化学计量特征随林龄发生变化，表明随着生长发育，顶坛花椒植株对养分的吸收和周转速率存在差异。土壤水分与养分之间具有密切关联，因此仍需探究不同林龄顶坛花椒人工林土壤水分的动态变化规律及其对养分循环的调控效应。

4.3.4　连续体 C、N、P 含量和化学计量比之间的关系

叶片 OC 与 TP、凋落物 TN 与 TP、叶片 N/P 与凋落物 N/P 呈极显著正相关（$P<0.01$，下同）；凋落物 C/P 与 N/P、土壤 C/N 与 C/P 之间为显著正相关（$P<0.05$，下同）；叶片 TP 与 C/P、N/P，凋落物 TN 与 C/N，凋落物 TP 与 C/P，土壤 TP 与 C/P 之间为极显著负相关，且叶片 TP 与 C/P 之间的抑制效应最大；叶片 OC 与 N/P、凋落物 TP 与 C/N、土壤 TN 与 C/N、土壤 TP 与 C/N 之间为显著负相关（表 4-7）。

表 4-7　叶片、凋落物、土壤 C、N、P 含量及其化学计量比之间的相关性

指标	LfC	LfN	LfP	LtC	LtN	Lt P	SC	SN	SP	LfCN	LfCP	LfNP	LtCN	LtCP	LtNP	SCN	SCP
LfN	0.63	1															
LfP	0.87**	0.65	1														
Lt C	0.49	0.41	0.44	1													
Lt N	0.28	-0.06	-0.11	0.41	1												
Lt P	0.55	-0.04	0.29	0.39	0.84**	1											
SC	-0.20	0.09	-0.10	0.05	-0.09	-0.28	1										
SN	-0.36	-0.31	-0.17	-0.09	-0.15	-0.13	0.68	1									
SP	0.17	0.13	0.24	-0.15	0.11	0.34	0.03	0.49	1								
LfCN	0.20	-0.63	0.05	-0.04	0.35	0.59	-0.32	0.02	0.01	1							
LfCP	-0.71	-0.60	-0.96**	-0.32	0.28	-0.17	0.07	0.04	-0.35	0.05	1						
LfNP	-0.72*	-0.25	-0.89**	-0.28	0.08	-0.44	0.21	0.01	-0.34	-0.42	0.88**	1					
LtCN	-0.29	-0.03	0.13	-0.15	-0.92**	-0.73*	-0.05	0.17	-0.13	-0.24	-0.29	-0.15	1				
LtCP	-0.59	0.04	-0.43	-0.28	-0.68	-0.97**	0.29	0.07	-0.44	-0.64	0.34	0.62	0.60	1			
LtNP	-0.46	0.11	-0.59	-0.17	-0.13	-0.63	0.44	-0.03	-0.48	-0.61	0.62	0.86**	-0.02	0.78*	1		
SCN	0.12	0.38	-0.01	-0.01	-0.02	-0.22	-0.16	-0.80*	-0.71*	-0.36	-0.10	0.27	-0.13	0.31	0.48	1	
SCP	-0.30	0.02	-0.33	-0.04	-0.22	-0.53	0.17	-0.43	-0.92**	-0.32	0.38	0.51	0.12	0.62	0.70	0.82*	1
SNP	-0.59	-0.47	-0.49	-0.07	-0.33	-0.57	0.47	0.26	-0.70	-0.01	0.48	0.44	0.35	0.61	0.53	0.14	0.68

注：LfC 为叶片有机碳、LfN 为叶片全氮、LfP 为叶片全磷，LtC 为叶片碳，LtN 为凋落物全氮，LtC 为凋落物有机碳，LtP 为凋落物全磷，LfCN 为叶片 C/N，LfCP 为叶片 C/P，LfNP 为叶片 N/P，LtCN 为凋落物 C/N，LtCP 为凋落物 C/P，LtNP 为凋落物 N/P，SC 为土壤有机碳，SN 为土壤全氮，SP 为土壤全磷，SCN 为土壤 C/N，SCP 为土壤 C/P，SNP 为土壤 N/P。

本研究中，叶片与凋落物 C、N、P 的变化规律并未完全一致，相关性分析结果亦显示叶片和凋落物的 C、N、P 之间无显著相关关系，且影响程度均较低，说明相互之间没有较强的增强或抑制效应，表明凋落物养分并非完全秉承植物叶片特性，原因可能是随着时间推移，新、旧凋落物，以及未分解层、半分解层和全分解层凋落物发生混合，加之不同样地小生境的水分、岩石裸露率等异质性较高，影响了凋落物的分解速率与程度。此外，人工林培育时，施肥、松土、除草等会影响土壤养分含量水平，与天然林的养分循环相比更为开放，使连续体之间养分的关联程度降低，因此继承性较弱。在顶坛花椒人工林培育过程中，可引入豆科类固 N 植物和溶 P 性强的植物，构建林-灌、林-草、林-禽等模式，提高地被草本层的生物量和养分固持能力，改善土壤 N、P 等养分状况。

顶坛花椒土壤与叶片、凋落物 C、N、P 之间的相关性较弱，表明各连续体之间没有较强的继承性，这可能与植物吸收利用和养分重吸收机制有关。调查显示 20～30 年的顶坛花椒发生生长衰退，果实产量和品质均降低，表明土壤发生一定程度的退化，但由于本节分析的化学计量指标较为有限，未能深入揭示衰退原因。今后应结合水肥耦合效应（Wang et al.，2018），拓展元素和生态化学计量指标（Liu et al.，2014），深入探讨土壤生态化学计量与顶坛花椒生长衰退的内在关联。

本节通过对顶坛花椒人工林叶片、凋落物和土壤 C、N、P 含量及其化学计量进行研究，阐述指标随龄级的变化特征，结果表明，随着顶坛花椒林龄增加，叶片 C、P 逐渐增加，N 未呈显著变化，其生长由 P 限制转变为 N 限制。凋落物 C 随林龄差异不显著，N、P 均以 20 年的林分最高，该区凋落物呈现较快的分解速率，并随林龄而增加。土壤 C、N、P 含量及化学计量均未随林龄发生显著变化，但均存在一定程度的 P 亏缺。顶坛花椒人工林叶片、凋落物和土壤连续体之间 C、N、P 的相关性较弱，未表现出显著的养分继承性。今后应拓展生态化学计量指标，并加强顶坛花椒养分来源调控和吸收利用等机制的研究。

4.4 土壤微生物化学计量特征

土壤微生物是土壤的重要组成部分，成为连接土壤与植物的桥梁（Devi et al.，2006；Leff et al.，2015），其生物量（SMB）能够指示生态系统功能的变化，被用来评价土壤质量和反映微生物群落状态的变化（He et al.，2003）。生态化学计量学是研究生态系统能量与多重化学元素平衡的科学，是探索不同生态系统组成之间相互联系与内在机制的重要方法，被广泛应用于微生物驱动生态过程的研究（Buchkowski et al.，2015；Zhu et al.，2021）。土壤微生物化学计量较元素化学计量能更好地表征土壤养分需求程度和资源利用策略，指示植物 N、

P 供给的限制状况 (Cleveland et al.，2007；李万年　等，2016)。林龄能够改变物种组成、群落结构和林内小气候生境 (Zhong et al.，2020)，由林龄引起的林分和土壤环境变化能够间接影响土壤微生物参与养分循环 (杨凯　等，2009；范媛媛　等，2019)。相关研究表明，同种植物不同林龄的土壤微生物群落、SMB 具有差异 (Adair et al.，2013；Zhu et al.，2021)；牛小云等 (2015) 研究显示，土壤微生物群落细菌与真菌拷贝数之比随落叶松 (*Larix kaempferi*) 林龄增加呈降低趋势；Zhang 等 (2018) 等研究发现，随油松 (*Pinus tabuliformis*) 林龄增加，土壤 SMB 逐渐升高；而 Taylor 等 (2007) 研究表明，随红云杉 (*Picea rubens*) 林龄增加，SMB 变化不显著，导致该结果的原因与林分类型、林龄跨度和环境条件有关。目前关于林龄与土壤微生物化学计量关系的研究多集中在森林演替、植被恢复和不同林型等方面 (刘宝　等，2019；胡宗达　等，2021；Xiao et al.，2021)，对同种植物不同林龄土壤微生物化学计量特征研究较少，土壤性质与微生物化学计量的关联尚不够完全明确。因此，本节研究土壤微生物化学计量随林龄的变化特征，探明土壤微生物化学计量间的互作效应，以及对土壤因子的响应，有利于剖析土壤微生物化学计量与林龄的内在关系，以期为顶坛花椒人工林土壤质量评价、可持续经营管理等提供科学支撑。

基于此，以 5～7 年、10～12 年、20～22 年和 28～32 年顶坛花椒人工林的表层土壤 (0～20cm) 为对象，测定土壤微生物浓度、SMB，旨在回答以下 3 个科学问题：①阐明土壤微生物浓度、SMB 及其化学计量比随林龄的变化规律；②厘清土壤微生物浓度、SMB 及其化学计量比之间的互作效应；③揭示土壤主要化学性质对其微生物化学计量变化的影响效应。旨在全面掌握土壤质量状况，为顶坛花椒人工林高效经营和管理措施制订提供科学依据。

4.4.1　研究方法

(1) 土壤采集与处理　样地设置与 4.1.1 相同。2020 年 7 月，在每个样地内，距离树干基部 30～50cm 范围内 (通常施肥范围的 10～30cm 区域)，按照 "S" 形选取 5 个样点，采集 0～20cm 土壤制成混合样，"四分法" 保留鲜重约 500g，4 个龄级共采集土样 12 份。将土样放置在无菌袋内，立即带回实验室。

所有样品人工去除石块、根系和动植物残体后，过 2mm 筛。筛出的样品分成 2 份，其中 1 份放入冰箱于 4℃下保存，于 7 日内完成土壤微生物浓度、SMB 测定。另外 1 份自然风干后，研钵粉碎通过 0.25mm 筛，用于测定土壤化学性质。

(2) 测试指标与方法

①土壤微生物浓度测定。细菌采用牛肉膏蛋白胨琼脂培养基，在 30℃ 培养箱中培养 24h 后计数；采用马丁-孟加拉红培养基，在 25℃ 培养箱中培养 72h 后计数；放线菌采用高氏 1 号琼脂培养基，在 28℃ 培养箱中培养 96h 后计数，采用

马丁-孟加拉红培养基，在25℃培养箱中培养72h后计数；细菌、放线菌采用平板计数法计数，真菌采用倒皿法计数（林先贵，2010；李雪萍 等，2017）。

②土壤微生物生物量测定。土样先用氯仿熏蒸法进行处理，然后用0.5mol/L K_2SO_4 溶液提取液，依次采用重铬酸钾硫酸外加热法测定微生物生物量碳（MBC）、凯氏定氮法测定微生物生物量氮（MBN）；用0.5mol/L $NaHCO_3$ 溶液提取液，采用钼蓝比色法测定微生物生物量磷（MBP），计算公式参照文献（王理德 等，2016）。

③土壤化学性质测定。土壤有机碳（SOC）采用重铬酸钾外加热法；全氮（TN）采用凯氏定氮法；全磷（TP）采用硫酸高氯酸氧化法；全钾（TK）采用氢氟酸-硝酸-高氯酸消解-火焰光度计法；速效氮（AN）采用碱解扩散法；速效磷（AP）采用氟化铵-盐酸浸提-钼锑抗比色-紫外分光光度法；速效钾（AK）采用中性乙酸铵溶液浸提-火焰光度计法；pH采用电极电位法（鲍士旦，2000），结果见表4-8。

表4-8 不同林龄顶坛花椒的土壤化学性质

样地	pH	SOC /(g·kg^{-1})	TN /(g·kg^{-1})	TP /(g·kg^{-1})	TK /(g·kg^{-1})	AN /(mg·kg^{-1})	AP /(mg·kg^{-1})	AK /(mg·kg^{-1})
YD1	7.97± 0.25a	23.65± 4.31a	2.62± 0.34a	0.43± 0.11a	14.65± 0.50a	175.00± 14.14a	32.70± 5.80a	253.00± 72.12a
YD2	7.57± 0.25ab	15.30± 0.85a	2.50± 0.30a	0.80± 0.20a	14.35± 0.21a	162.00± 5.66a	20.20± 5.37a	245.00± 4.24a
YD3	6.53± 0.33b	15.05± 2.47a	2.00± 0.52a	1.11± 0.24a	10.55± 0.07a	222.50± 109.01a	36.65± 9.55a	222.00± 24.04a
YD4	7.32± 0.25ab	16.5± 2.26a	2.12± 0.43a	0.77± 0.18a	14.80± 0.14a	145.00± 29.70a	33.65± 7.28a	149.50± 64.35a

注：不同字母表示林龄间差异显著（$P<0.05$）。下同。

（3）统计分析 采用Microsoft Excel 2010、SPSS 20.0进行数据整理与统计分析。数据正态分布检验采用Kolmogorov-Smirnov法。满足正态分布时，采用单因素方差分析（one-factor AVOVE）和最小显著差异法（least significant difference，LSD）；不满足的，采用Dunnett's T3法。土壤微生物因子间采用Pearson相关性分析，用Origin 8.6制图。运用R语言corrplot包绘制土壤参数相关热性图，运用Canoco 5.0进行土壤微生物化学计量与化学性质的冗余分析；数据表达形式均为平均值±标准差，显著与极显著水平为$P=0.05$、0.01。

4.4.2 不同林龄土壤微生物浓度与生物量

土壤细菌、真菌和放线菌浓度分别为$3.3×10^5 \sim 7.9×10^5$ CFU·g^{-1}、$2.10×10^3 \sim 4.15×10^3$ CFU·g^{-1} 和$2.20×10^5 \sim 3.95×10^5$ CFU·g^{-1}，表现为细菌＞

放线菌＞真菌；土壤 MBC、MBN 和 MBP 依次为 322.5～386.0mg·kg^{-1}、13.05～26.15mg·kg^{-1} 和 52.60～334.50mg·kg^{-1}，为 MBC＞MBP＞MBN。土壤真菌浓度随顶坛花椒林龄增加逐渐增大，细菌、放线菌浓度无显著差异（P＞0.05，下同），但数值上呈降低趋势；土壤 MBC 随顶坛花椒林龄增加未见显著差异；MBN 则先升高后降低，在 YD3 达到最高；MBP 以 YD4 显著低于其他 3 个样地（P＜0.05，下同）。除土壤真菌浓度、MBN、MBP 外，细菌和放线菌浓度，以及 MBC 随林龄增加均未发生显著变化，表明林龄对同种植物土壤微生物浓度和 SMB 的影响规律不完全一致（图 4-9）。

土壤微生物能够表征土壤生态系统的稳定性，是最具潜力的敏感性生物指标之一（Cao et al.，2010；Xu et al.，2010），研究土壤微生物群落的化学计量特征，能较好地阐明土壤养分与质量动态变化规律（Wu et al.，2015；赵辉　等，2020）。该节显示，顶坛花椒人工林土壤细菌、真菌与放线菌具有差异，但总体上表现为细菌＞放线菌＞真菌，原因是喀斯特地区土壤多为中性、碱性；同时样品采于夏季，植物生长自身分泌的糖和淀粉为细菌提供食物来源（Krajick et al.，2006），有利于细菌生长繁殖，但不利于真菌生长，从而导致细菌浓度显著高于真菌。各个龄级之间土壤微生物浓度均表现为细菌＞放线菌＞真菌，与总体微生物浓度变化趋势一致，与王理德等（2016）研究结果相符，可能是林龄、土壤因子与小生境气候等能够改变局部土壤微生物群落。但整体上波动程度很小，优势菌群仍是细菌，原因是石漠化过程常伴随着强烈的水土流失，带走部分养分，导致土壤贫瘠（刘方　等，2005；He et al.，2009），土壤微生物获取资源途径与总量受限，将更多的养分投入群落构建，维持微生物群落的稳定生长；也与微生物自身具有一定的内稳性有关（Li et al.，2012；Song et al.，2019）。

土壤微生物 SMB 是土壤矿质养分和有机质转化和循环的动力，在植物营养和土壤肥力中作用显著。本节中，土壤 MBC、MBN（352.3mg·kg^{-1}、18.7mg·kg^{-1}）显著低于全球平均水平（680.4mg·kg^{-1}、105.0mg·kg^{-1}），究其原因是，受长期施肥、翻耕和短轮伐期等人为活动影响，人工林土壤扰动频繁，进而影响土壤微生物类群结构，不利于微生物生长与繁殖；土壤 MBP（246.7mg·kg^{-1}）显著高于全球平均水平（40.3mg·kg^{-1}），说明生态系统受 P 限制的可能性较低，与喀斯特地区整体 P 亏缺的背景不一致，这可能与 P 肥施用有关，也可能受研究尺度制约，但具体原因尚需深入探明。不同生长阶段林分结构、土壤底物、微生物群落结构和凋落物回归量等存在差异，导致土壤 SMB 各异。该节土壤 MBC 在 4 个龄级间差异不显著，说明土壤 MBC 较为稳定，林龄对土壤 MBC 转化和迁移影响很小。土壤 MBN 随林龄增长先逐渐升高后降低［图 4-9（e）］，与王雪梅等（2017）结果相反，原因可能是受气候、土壤、降水以及地表植被类型等因素的综合影响。28～32 年的土壤 MBP 显著低于其他 3 个龄级［图 4-9（f）］，说明长期施肥、使用除草剂等抑制了微生物的活性与生长

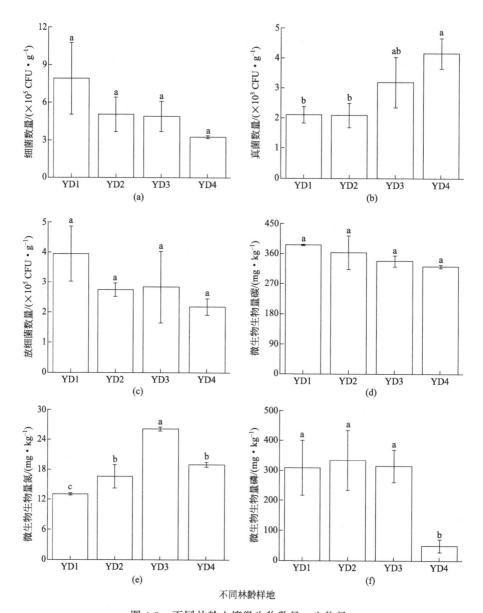

图 4-9　不同林龄土壤微生物数量、生物量

样地 YD1、YD2、YD3、YD4 分别对应林龄 5～7 年、10～12 年、20～22 年、28～32 年，下同

繁殖，在不同龄级间土壤 TP 含量无显著差异（表 4-8），低微生物活性对土壤 P 活化效率小，进而影响土壤 MBP。

4.4.3　不同林龄土壤微生物浓度与生物量化学计量特征

土壤细菌/真菌、真菌/放线菌变幅分别为 0.80～3.70、0.54～1.89，随顶坛花椒林龄增长，土壤细菌/真菌逐渐降低，真菌/放线菌则逐渐升高；土壤细菌/放线菌为 1.38～2.39，随林龄增长无显著差异，数值上 YD1 和 YD3 略高于 YD2 和 YD4。土壤 MBC/MBN 变化为 12.90～29.58，在 4 个龄级间差异显著，其中 YD1 最高，YD3 最低；土壤 MBC/MBP、MBN/MBP 依次为 1.09～6.64、0.04～0.39，均以 YD4 为最高，与其他 3 个样地存在显著差异，随林龄变化趋势一致，表明土壤 MBC、MBN 较稳定（图 4-10）。

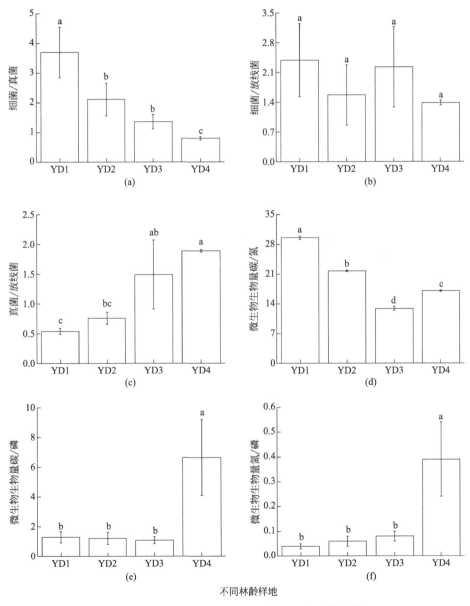

图 4-10　不同林龄土壤微生物浓度、生物量计量特征

细菌、真菌与放线菌是土壤微生物"三大菌"，占有一定的生态位，可促进土壤生态系统 C、N 周转与能量循环，以及酶和有机酸等产生（Imberger et al.，2001），定量微生物的化学计量特征，能够指示土壤质量。Ramos 等（2003）研究表明土壤真菌/放线菌（FUN/ACT）升高是土壤质量退化的标志，顶坛花椒生长初期 FUN/ACT 显著低于后期 [图 4-10（c）]，说明其土壤质量随林龄增长而降低。究其原因，首先，生长前期挂果旺盛，产量更高，植株生长需大量养分，人工施肥补给土壤养分以维持植株正常生长，生长后期挂果量大幅降低，开始进入衰老期，人为施肥停止，且有部分养分被果实带走，管理更为粗放；其次，长期使用化肥导致土壤板结，影响土壤活性，凋落物分解归还的那一部分养分仅能维持植物存活，从而导致土壤质量降低。土壤细菌/真菌（BAC/FUN）能够表征木质素、纤维素的含量，通常呈正相关关系（Imberger et al.，2001）。随林龄增加，该节土壤 BAC/FUN 呈降低趋势，说明木质素和纤维素含量逐渐减小，原因可能是不同微生物类群的代谢方式和对底物的需求存在差异（Mitchell et al.，2013；Wang et al.，2013），生长后期土壤质量下降，细菌群落生长受到抑制，真菌数量有明显上升趋势 [图 4-9（a）、图 4-9（b）]。然而，本节未测定土壤中木质素、纤维素的含量，今后还需深入探讨。Boyle 等（2008）研究表明，BAC/FUN 可表征土壤生态系统的稳定性。该区 BAC/FUN 随林龄增加逐渐减小，理论上顶坛花椒人工林土壤生态系统一定程度上朝稳定方向发展，但与林分衰退、土壤质量降低的事实不符，表明不同指标之间存在权衡关系，具体原因仍需深入研究。

土壤微生物生物量 C/N/P 化学计量是微生物活动方向和凋落物分解过程养分释放与否的决定性因素（Heuck et al.，2015），影响土壤养分的有效性。全球土壤 MBC/MBP、MBC/MBN 与 MBN/MBP 依次为 59.5、3～24 和 1～55（Cleveland et al.，2007），该区仅有 MBC/MBN（12.90～29.58）在全球数据范围内，MBC/MBP（1.09～6.64）、MBN/MBP（0.04～0.39）均低于全球范围，说明该区土壤养分相对亏缺，原因是顶坛花椒为经济植物，果实采摘带有部分养分，加之该区强烈的岩溶作用导致养分大量流失。土壤 MBC/MBN 可作为微生物群落变化的指标，一般 MBC/MBN 为 3～5 时，细菌为优势菌落，其值为 4～15 时，真菌为优势菌群（Paul et al.，1996；Zhou et al.，2015）。本研究中，土壤 MBC/MBN 在 4 个龄级间差异显著，仅有 20～22 年人工林土壤 MBC/MBN（12.90±0.45）在该范围内，其他均高于该值域，与土壤 MBC/MBN 越高，真菌生物量越多的结论不符 [图 4-9（b），图 4-10（d）]，说明顶坛花椒林龄改变后，土壤微生物群落结构发生了局部转变，但优势菌群未改变，这佐证了该区微生物将更多养分投入到群落构建的观点。推测与前人结论不符的原因是，不同研究尺度、土壤因子和人为干扰程度等均会影响土壤微生物群落结构及活性，但最重要的具体潜在驱动因素仍有待分析。

4.4.4　土壤微生物浓度、生物量及其化学计量之间的相关性

土壤 BAC 与 BAC/FUN、BAC/ACT 为极显著正相关（0.858、0.919），MBP 与 MBC/MBP、MBN/MBP 表现出显著负相关（－0.810、－0.787），BAC/FUN 与 FUN/ACT、MBC/MBN 呈显著负相关、极显著正相关（－0.787、0.857）。土壤 ACT 与 BAC/FUN 是显著正相关关系（0.801），暗示 ACT 与 BAC/FUN 之间可以相互促进；土壤 MBN 与 MBC/MBN 呈极显著反向效应（－0.927），表明 MBC/MBN 受到 MBN 的抑制；MBC/MBP 与 MBN/MBP 之间呈极显著增强效应（0.991），说明两者间存在一定的协调性；土壤 FUN/ACT 与 MBC 的负相关性（－0.828）大于 FUN/ACT 与 MBC/MBN 的负相关性（－0.780），表明 MBC 对 FUN/ACT 的反向作用更强。土壤微生物浓度与 SMB 之间均无显著相关性，土壤 FUN 与其他指标均无相关关系，说明土壤 FUN 稳定性相对较强，且土壤微生物浓度和 SMB 之间的相关性小于其化学计量比（表 4-9，图 4-11）。

表 4-9　土壤微生物浓度、生物量及其化学计量比之间相关系数

指标	BAC	FUN	ACT	MBC	MBN	MBP	BAC/FUN	BAC/ACT	FUN/ACT	MBC/MBN	MNC/MBP
FUN	0.054	1									
ACT	0.651	0.208	1								
MBC	0.265	－0.480	0.570	1							
MBN	－0.426	0.474	－0.415	－0.448	1						
MBP	0.583	－0.157	0.396	0.165	0.02	1					
BAC/FUN	0.858**	－0.261	0.801*	0.633	－0.693	0.520	1				
BAC/ACT	0.919**	0.261	0.463	－0.010	－0.060	0.621	0.613	1			
FUN/ACT	－0.394	0.518	－0.704	－0.828*	0.592	－0.473	－0.787*	－0.104	1		
MBC/MBN	0.551	－0.484	0.612	0.705	－0.927**	0.112	0.857**	0.188	－0.780*	1	
MBC/MBP	－0.475	0.388	－0.391	－0.489	－0.004	－0.810*	－0.569	－0.461	0.630	－0.253	1
MBN/MBP	－0.512	0.471	－0.422	－0.561	0.119	－0.787*	－0.645	－0.451	0.703	－0.372	0.991**

该区土壤微生物浓度、SMB 化学计量间均不存在相关性，除土壤 FUN 外，微生物浓度、SMB 化学计量及两者之间均有着一定的相关性（表 4-9），这与微

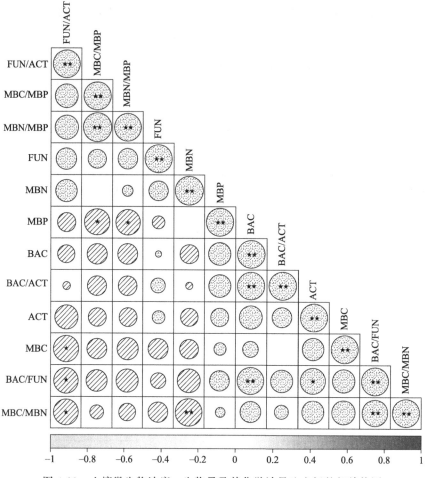

图 4-11　土壤微生物浓度、生物量及其化学计量比之间的相关热图

生物的内稳定性有关。洪丕征等（2016）研究发现，红椎（*Castanopsis hystrix*）和格木（*Erythrophleum fordii*）人工林幼龄期土壤 FUN 与 MBC 呈显著正相关、BAC/FUN 与 MBC/MBN 无显著相关关系，本节结果与之相反，表明植被类型、林龄等会影响微生物群落结构，以同步响应土壤状况。

4.4.5　土壤化学性质对土壤微生物化学计量的影响

对顶坛花椒人工林土壤微生物化学计量（实心箭头）与土壤化学性质（空心箭头）进行冗余分析，结果显示，土壤主要化学性质对化学计量的解释率为99.78%（表 4-10），AK、TK、SOC、pH、AP 对土壤微生物化学计量的影响相对较大，其中 AK 呈显著相关（表 4-11）。土壤 AK 与 MBP、MBC、BAC/FUN、ACT、BAC 和 MBC/MBN 呈正相关，与 FUN/ACT、MBN/MBP、MBC/MBP

呈负相关；pH、SOC、TK 与 MBC、MBC/MBN 呈正相关，与 MBN 则呈负相关；TP 与 MBN 呈正相关，与 MBC、MBC/MBN 呈负相关。其他土壤化学性质与土壤微生物化学计量的相关性较弱（图 4-12）。

表 4-10　RDA 分析的特征值、贡献率及累计贡献率

指标	RDA1	RDA2	RDA3	RDA4
特征值	22.59	1.07	43.87	4.08
贡献率/%	95.29	4.49	0.002	0.00002
累计贡献率/%	95.29	9.98	0.99	0.99

表 4-11　部分土壤化学性质重要性测序和显著性检验

指标	贡献率/%	F	P
AK	63.4	10.4	0.01
pH	7.1	2.6	0.19
TK	9.2	2.2	0.22
SOC	9.7	1.8	0.23
AP	5.0	0.9	0.38

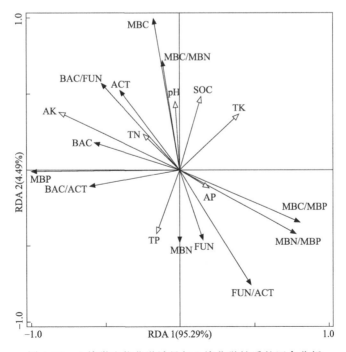

图 4-12　土壤微生物化学计量与土壤化学性质的冗余分析

该区 YD1 的土壤 pH 更高，其细菌浓度较高、真菌浓度较低，而 YD3 反之（表 4-8，图 4-9（a）、（b）），且 RDA 分析显示 pH 与细菌正相关、与真菌负相关（图 4-12），说明 pH 一定程度上能够影响微生物群落结构，这一结论已被证实（Högberg et al.，2007；Fenández-Calvino et al.，2010；Cao et al.，2010）。土壤 SOC、TK 与 MBC 正相关，与 MBN、MBP 负相关，TP 与 MBN、MBP 正相关，与 MBC 负相关，说明土壤养分对微生物 SMB 存在促进或抑制效应，原因是土壤养分能够调控微生物群落结构，微生物吸收养分时受土壤养分条件剧烈影响（王传杰 等，2018；Zhang et al.，2020），这表明土壤微生物在一定程度上依赖土壤养分。除土壤 MBC/MBN 外，土壤 SOC、TK、TP 与 MBC/MBP、MBN/MBP 间相关性较弱，可见顶坛花椒人工林土壤 SMB 计量比对土壤养分的依赖程度相对较小，能够保持一定的自稳定性。土壤微生物化学计量与 AK 显著相关（图 4-12），这可能是因为土壤微生物中解钾菌活化土壤 AK，推测该区主要细菌菌种之一可能是解钾菌。本节未测定"三大菌"的具体种类，今后应予以加强。

林龄驱动土壤性质发生动态变化，通过改变土壤微生物群落结构与活性，从而影响微生物的化学计量特征。本研究得出，TK、AK 和 pH 等是调节土壤微生物群落的主要因子，合理施加 K 肥和调节土壤 pH 值，是顶坛花椒人工林经营管理的关键措之一，且缓效态和速效态养分的功能均应得到重视；提供优势微生物类群生长与繁殖所需的营养物质，满足所需的底物，是人工林培育的关键环节。研究结果对指导顶坛花椒人工林土壤养分管理，具有一定的理论和实践价值。

通过研究黔中喀斯特区不同林龄顶坛花椒人工林土壤微生物化学计量特征，结论如下：①随顶坛花椒人工林生长进程，土壤微生物群落发生了局部改变，但优势菌群未改变，表明研究区土壤微生物主要将养分投入到群落构建中；通过土壤 FUN/ACT，暗示该区顶坛花椒人工林种植后期土壤质量总体降低。②该区土壤养分相对亏缺，但受 P 限制的可能性较小；土壤 MBP 在 28～32 年显著低于其他 3 个龄级，说明长期施肥、使用除草剂等抑制了微生物的活性与生长繁殖。③冗余分析表明，土壤微生物 SMB 对土壤养分依赖性强于其计量比，其中土壤 TK、AK、pH 等是土壤微生物化学计量变化的主要影响因子，该区土壤微生物化学计量与部分化学性质具有趋同效应，并受土壤 pH 值调节，培育过程中应适当施用 K 肥。

● **参考文献**

鲍士旦，2000.土壤农化分析［M］.3 版.北京：中国农业出版社.

鲍婧婷，王进，苏洁琼，2016.不同林龄柠条（*Caragana korshinskii*）的光合特性和水分利用特征［J］.中国沙漠，36（1）：199-205.

邓成华，吴龙龙，张雨婷，等，2019.不同林龄油茶人工林土壤-叶片碳氮磷生态化学计量特征 [J].生态学报，39（24）：9152-9161.

范媛媛，李懿，李启迪，2019.不同林龄油松土壤微生物、酶活性和养分特征 [J].水土保持研究，26（6）：58-64.

付忠，谢世清，徐文果，等，2016.不同光照强度下谢君魔芋的光合作用及能量分配特征 [J].应用生态学报，27（4）：1177-1188.

杭红涛，吴沿友，张开艳，等，2019.模拟喀斯特不同土壤生境胁迫对刺槐幼苗光合特性及干物质分配的影响 [J].生态学杂志，38（9）：2648-2654.

洪丕征，刘世荣，王晖，等，2016.南亚热带红椎和格木人工幼龄林土壤微生物群落结构特征 [J].生态学报，36（14）：4496-4508.

胡宗达，刘世荣，刘兴良，等，2021.川西亚高山天然次生林不同演替阶段土壤微生物生物量及其化学计量特征 [J].生态学报，41（12）：4900-4921.

李安定，喻理飞，韦小丽，2008.花江喀斯特典型峡谷区顶坛花椒林地生态需水量的初步估算 [J].土壤，40：490-494.

李龙波，刘涛泽，李晓东，等，2012.贵州喀斯特地区典型土壤有机碳垂直分布特征及其同位素组成 [J].生态学杂志，31（2）：241-247.

李雪萍，李建宏，漆永红，等，2017.青稞根腐病对根际土壤微生物及酶活性的影响 [J].生态学报，37（17）：5640-5649.

李万年，黄则月，赵春梅，等，2020.望天树人工幼林土壤微生物量碳氮及养分特征 [J].北京林业大学学报，562（15）：145-154.

林先贵，2010.土壤微生物研究原理与方法 [M].北京：高等教育出版社.

林光辉，2013.稳定同位素生态学 [M].北京：高等教育出版社.

刘方，王世杰，刘元生，等，2005.喀斯特石漠化过程土壤质量变化及生态环境影响评价 [J].生态学报，25（3）：639-644.

刘亚令，张鹏飞，乔春燕，等，2006.核桃叶片钾、钙、镁含量及光合速率变化的研究 [J].湖北农业科学，45（1）：92-95.

刘宝，吴文峰，林思祖，等，2019.中亚热带4种林分类型土壤微生物生物量碳氮特征及季节变化 [J].应用生态学报，30（6）：1901-1910.

刘海燕，喻阳华，熊康宁，等，2021.喀斯特生境3种经济林树种光合作用对光强的响应特征 [J].南方农业学报，52（9）：2507-2515.

刘慧民，马艳丽，王柏臣，等，2012.两种绣线菊耐弱光能力的光合适应性 [J].生态学报，32（23）：7519-7531.

龙健，廖洪凯，李娟，等，2012.基于冗余分析的典型喀斯特山区土壤-石漠化关系研究 [J].环境科学，33（6）：2131-2138.

马文济，赵延涛，张晴晴，等，2014.浙江天童山常绿阔叶林不同演替阶段地表凋落物的 C：N：P 化学计量特征 [J].植物生态学报，38（8）：833-842.

马文涛，武胜利，2020.不同林龄胡杨净光合速率对生态因子和生理因子的响应 [J].云南大学学报（自然科学版），42（5）：1004-1013.

牛小云，孙晓梅，陈东升，等，2015.辽东山区不同林龄日本落叶松人工林土壤微生物、养分及酶活性 [J].应用生态学报，26（9）：2663-2672.

潘复静，张伟，王克林，等.典型喀斯特峰丛洼地植被群落凋落物 C：N：P 生态化学计量特征 [J].生态学报，2011，31（2）：335-343.

乔航，莫小琴，罗艳华，等，2019.不同林龄油茶人工林土壤酶化学计量及其影响因素［J］.生态学报，39（6）：1887-1896.

秦仕忆，喻阳华，邢容容，等，2019.黔西北地区优势树种根区土壤养分特征［J］.森林与环境学报，39（2）：135-142.

瞿爽，杨瑞，王勇，等，2020.喀斯特高原顶坛花椒生长过程中土壤养分变化特征［J］.经济林研究，38（2）：183-191.

任书杰，于贵瑞，陶波，等，2007.中国东部南北样带654种植物叶片氮和磷的化学计量特征研究［J］.环境科学，28（12）：2665-2673.

孙静红，徐守明，王向阳，等，2007.苏北地区土壤有机质含量与全氮含量变化的长期定位研究［J］.安徽农学通报，13（19）：124-125.

王凯博，上官周平，2011.黄土丘陵区燕沟流域典型植物叶片C、N、P化学计量特征季节变化［J］.生态学报，31（17）：4985-4991.

王纪杰，王炳南，李宝福，等，2016.不同林龄巨尾桉人工林土壤养分变化［J］.森林与环境学报，36（1）：8-14.

王理德，姚拓，王方琳，等，2016.石羊河下游退耕地土壤微生物变化及土壤酶活性［J］.生态学报，36（15）：4769-4779.

王雪梅，闫帮国，赵广，等，2017.云南元谋不同海拔土壤微生物对车桑子碳、氮、磷化学计量特征及土壤特性的影响［J］.植物生态学报，41（3）：311-324.

王薪琪，韩轶，王传宽，2017.帽儿山不同林龄落叶阔叶林土壤微生物生物量及其季节动态［J］.植物生态学报，41（6）：597-609.

王传杰，王齐齐，徐虎，等，2018.长期施肥下农田土壤-有机质-微生物的碳氮磷化学计量学特征［J］.生态学报，38（11）：3848-3858.

汪宗飞，郑粉莉，2018.黄土高原子午岭地区人工油松林碳氮磷生态化学计量特征［J］.生态学报，38（19）：6870-6880.

王亮，曹小青，孙孟瑶，等，2019.不同叶龄杉木人工林叶碳氮化学计量及其稳定同位的海拔梯度变化特点［J］.生态环境学报，28（9）：1776-1784.

翁小航，李慧，周永斌，等，2021.氮钙协同对杨树生长、光合特性及叶绿素荧光的影响［J］.沈阳农业大学学报，52（3）：356-361.

许文斌，余坦蔚，洪小敏，等，2021.亚热带4种典型人工林幼树光合特征和生物量对土壤水肥因子的响应［J］.福建农林大学学报（自然科学版），50（1）：61-68.

杨凯，朱教君，张金鑫，2009.不同林龄落叶松人工林土壤微生物生物量碳氮的季节变化［J］.生态学报，29（10）：5500-5507.

杨再强，韩冬，王学林，等，2016.寒潮过程中4个茶树品种光合特性和保护酶活性变化及品种间差异［J］.生态学报，36（3）：629-641.

喻阳华，杨丹丽，秦仕忆，等，2019.黔中石漠化区衰老退化与正常生长顶坛花椒根区土壤质量特征［J］.广西植物，39（2）：143-151.

袁颖红，黄欠如，黄荣珍，等，2007.长期施肥对红壤土有机碳和全氮含量的影响［J］.南昌工程学院学报，26（4）：29-33.

曾昭霞，王克林，刘孝利，等，2015.桂西北喀斯特森林植物-凋落物-土壤生态化学计量特征［J］.植物生态学报，39（7）：682-693.

赵辉，周运超，任启飞，2020.不同林龄马尾松人工林土壤微生物群落结构和功能多样性演变［J］.土壤学报，57（1）：227-238.

赵丹阳，毕华兴，侯贵荣，等，2021.不同林龄刺槐林植被与土壤养分变化特征［J］.中国水土保持科学，

19（3）：56-63.

张泰东，王传宽，张全智，2017.帽儿山 5 种林型土壤碳氮磷化学计量关系的垂直变化 [J].应用生态学报，28（10）：3135-3143.

张仕豪，熊康宁，张俞，等，2019.典型石漠化生态系统演替过程优势植物种叶片功能性状特征及影响因素 [J].生态环境学报，28（11）：2165-2175.

张静，李素慧，宋海燕，等，2020.模拟喀斯特不同土壤生境下黑麦草对水分胁迫的生长和光合生理响应 [J].生态学报，40（4）：1240-1248.

郑璐嘉，黄志群，何宗明，等，2015.林龄、叶龄对亚热带杉木人工林碳氮稳定同位素组成的影响 [J].林业科学，51（1）：22-28.

郑威，何琴飞，彭玉华，等，2017.石漠化区 6 种退耕树种光响应曲线研究 [J].中南林业科技大学学报，2017，37（12）：85-90.

中国地质调查局，2014.多目标区域地球化学调查规范（1：250000）：DZ/T 0258—2014 [S].北京：中国标准出版社.

Adair K L，Wratten S，Lear G，2013. Soil phosphorus depletion and shifts in plant communities changes bacterial community structure in a long-term grassland management trial [J]. Environmental Microbiology Reports，5（3）：404-413.

Appelhans M S，Reichelt N，Groppo M，et al，2018. Phylogeny and biogeography of the pantropical genus *Zanthoxylum* and its closest relatives in the proto-rutaceae group（rutaceae）[J]. Molecular Phylogenetics and Evolution，126：31-44.

Arunachalam K，Arunachalam A，Melkania N P，1999. Influence of soil properties on microbial populations，activity and biomass in humid subtropical mountainous ecosystems of India [J]. Biology & Fertility of Soil，30（3）：217-223.

Balesdent J，Cirardin C，Mariotti A，1993. Site-related δ^{13}C of tree leaves and soil organic matter in a temperate forest [J]. Ecology，74（6）：1713-1721.

Bassett A，Richardsn A E，Baker G，et al，2011. Long-term land use effects on soil microbial community structure and function [J]. Applied Soil Ecology，51：66-78.

Billings S A，Richter D D，2006. Changes in stable isotopic of soil nitrogen and carbon during 40 years of forest development [J]. Oecologia，148：325-333.

Boyle S A，Yarwood R R，Bottomley P J，et al，2008. Bacterial and fungal contributions to soil nitrogen cycling under Douglas fir and red alder at two sites in Oregon [J]. Soil Biology and Biochemistry，40（2）：443-451.

Buchmann N，Kao W Y，Ehleringer J，1997. Influence of stand structure on carbon-13 of vegetation，soils，and canopy air within deciduous and evergreen forests in Utah，United States [J]. Oecologia，110（1）：109-119.

Buchkowski R W，Schmitz O J，Bradford M A，2015. Microbial stoichiometry overrides biomass as a regulator of soil carbon and nitrogen cycling [J]. Ecology，96（4）：1139-1149.

Cao Y S，Fu S L，Zou X M，et al，2010. Soil microbial community composition under *Eucalyptus* plantations of different age in subtropical China [J]. European Journal of Soil Biology，46（2）：128-135.

Chang Y J，Li N W，Wang W，et al，2017. Nutrients resorption and stoichiometry characteristics of different-aged plantations of *Larix Kaempferi* in the Qingling Mountains，central China [J]. Plos One，12（12）：1-15.

Chen J，Chang S X，Anyia A O，2011. The physiology and stability of leaf carbon isotope discrimination as a measure of water-use efficiency in barley on the Canadian prairies [J]. Journal of Agronomy and Crop Science，197：1-11.

Chen G S，Yang Z J，Gao R，et al，2013. Carbon storage in a chronosequence of Chinese fir plantations in southern China [J]. Forest Ecology and Management，300：68-76.

Chen L L，Mu X M，Yuan Z Y，et al，2016. Soil nutrients and water affect the age-related fine root biomass but not production in two plantation forests on the Loess Plateau，China [J]. Journal of Arid Environments，135：173-180.

Chen L L，Deng Q，Yuan Z Y，et al，2018. Age-releted C：N：P stoichiometry in two plantation forests in the Loess Plateau of China [J]. Ecological Engineering，120：14-22.

Cleveland C C，Liptzin D，2007. C：N：P stoichiometry in soil：Is there a "Redfield ration" for the microbial biomass? [J]. Biogeochemistry，85：235-252.

Collins J G，Dijkstra P，Hart S C，et al，2008. Nitrogen source influences natural abundance[15]N of *Escherichia coli* [J]. FEMS microbiology Letters，282（2）：246-250.

Deng L，Wang K，Tang Z S，et al，2016. Soil organic carbon dynamics following natural vegetation restoration：Evidence from stable carbon isotopes（δ^{13}C）[J]. Agriculture，Ecosystems & Environment，221：235-244.

Devi N B，Yadava P S，2006. Seasonal dynamics in soil microbial C，N and P in a mixed-oxk forest ecosystem of Manipur，North-east India [J]. Applied soil ecology，31（3）：220-227.

Diefendorf A F，Mueller E，Wing S L，et al，2010. Global patterns in leaf ^{13}C discrimination and implications for studies of past and future climate. Proceeding of the National Academy of Sciences of the United States of America，107（13）：5738-5743.

Ehleringer J R，Buchmann N，Flanagan L B，2000. Carbon isotope ratios in belowground carbon cycle processes [J]. Ecological Applications，10：412-422.

Elser J J，Sterner R W，Gorokhova E，et al，2000a. Biological stoichiometry from genes to ecosystems [J]. Ecology Letters，3：540-550.

Elser J J，Fagan W F，Denno R F，et al，2000b. Nutritional constraints in terrestrial and freshwater food webs [J]. Nature，408（6812）：578-580.

Elser J J，Achary K，Kyle M，et al，2003. Growth rate-stoichiometry couplings in diverse biota. Ecology Letters，6（10）：936-943.

Elser J J，Fagan W F，Kerkhoff A J，et al，2010. Biological stoichiometry of plant production：metabolism，scaling and ecological response to global change [J]. New Phytologist，186（3）：593-608.

Fan H B，Wu J P，Liu W F，et al，2015. Linkages of plant and soil C：N：P stoichiometry and their relationships to forest growth in subtropical plantations [J]. Plant and Soil，392（1/2）：127-138.

Farquhar G：D，Ehleringer J：R，Hubick K：Y，1989. Carbon isotope discrimination and photosynthesis [J]. Annual Review of Plant Physiology and Plant Molecular Biology，40（1）：503-537.

Fenández-Calvino D，Baathe E，2010. Growth response of the bacterial community to pH in soils differing in pH [J]. FEMS Microbiology Ecology，73（1）：149-156.

Fullana-Pericas M，Conesa M À，Soler S，et al，2017. Variations of leaf morphology，photosynthetic traits and water-use efficiency in western-Mediterranean tomato landraces [J]. Photosynthetica，55（1）：121-133.

Güsewell S，2004. N：P ratios in terrestrial plants：Variation and functional significance [J]. New Phytologist，164：243-266.

Han W X，Fang J Y，Guo D L，et al，2005. Leaf nitrogen and phosphorus stoichiometry across 753 terrestrial plant species in China [J]. New Phytologist，168（2）：377-385.

He Z L, Yang X E, Baligar V C, et al, 2003. Microbiological and biochemical indexing systems for assessing quality of acid soils [J]. Advances in Agronomy, 78 (2): 89-138.

He K Q, Du R L, Jiang W F, 2009. Contrastive analysis of karst collapses and the distribution rules in northern and southern China [J]. Environmental Earth Sciences, 59 (6): 1309-1318.

Heberling J M, Fridley J D, 2012. Biogeographic constraints on the world-wide leaf economics spectrum [J]. Global Ecology and Biogeography, 21 (12): 1137-1146.

Heuck C, Weig A, Spohn M, 2015. Soil microbial biomass C : N : P stoichiometry and microbial use of organic phosphorus [J]. Soil Biology&Biochemistry, 85: 119-129.

Hniličková H, Kuklová M, Hnilička F, et al, 2016. Effect of altitude and age of stands on physiological response of three dominant plants in forests of the western Carpathians [J]. Plant Soil and Environment, 62 (8): 341-347.

Högberg P, Ekblad A, 1996. Substrate-induced respiration measured *in situ* in a C_3-plant ecosystem using additions of C_4-sucrose. Soil Biology & Biochemistry, 28: 1131-1138.

Högberg M N, Hugberg P, Myrold D D, 2007. Is microbial community composition in boreal forest soils determined by pH, C-to-N ratio, the trees, or all three? [J]. Oecologia, 105 (4): 590-601.

Hong P Z, Liu S R, Wang H, et al, 2016. Characteristics of soil microbial community structure in two young plantations of *Castanopsis hystrix* and *Erythrophleum fordii* in subtropical China [J]. Acta Ecologica Sinica, 36 (14): 4496-4508.

Hu Z D, Liu S R, Liu X L, et al, 2021. Soil and soil microbial bimass contents and C : N : P stoichiometry at different succession stages of natural secondary forest in sub-alpine area of western Sichuan, China [J]. Acta Ecologica Sinica, 41 (12): 4900-4921.

Huang Y H, Li Y L, Xiao Y, et al, 2011. Controls of litter quality on the carbon sink in soils through partitioning the products of decomposing litter in a forest succession series in South China [J]. Forest Ecology and Management, 261: 1170-1177.

Imberger K T, Chui C Y, 2001. Spatial changes of soil fungal and bacterial biomass from a sub-alpine coniferous forest to grassland in a humid, sub-tropical region [J]. Bioligy and Forest of Soils, 33 (2): 105-110.

Kang H, Xin Z, Berg B, et al, 2010. Global pattern of leaf litter nitrogen and phosphorus in woody plants [J]. Annals of Forest Science, 67: 811-811.

Kieckbusch D K, Koch M S, Serafy J E, et al, 2004. Trophic linkages among primary producers and consumers in fringing mangroves of subtropical lagoons [J]. Bulletin of Marine Science, 74: 271-285.

Koerselman W, Meuleman A F M, 1996. The vegetation N : P ration: A new tool to detect the nature of nutrient limitation [J]. Journal of Applied Ecology, 33 (6): 1441-1450.

Krajick K, 2006. Living the high life: The mountaintop environment of the Andes harbors a Noah's ark of previously undocumented species [J]. Natural History, 115 (7): 44-55.

Lee S, 2000. Carbon dynamics of Deep Bay, eastern Pearl River estuary, China. II: Trophic relationship based on carbon and nitrogen-stable isotopes [J]. Marine Ecology Progress Series, 205: 1-10.

Leff J W, Jones S E, Prober S M, et al, 2015. Consistent responses of soil microbial communities to elevated nutrient inputs in grasslands across the globe [J]. Proceedings of the National Academy of Sciences of the United States of America, 112 (35): 10967-10972.

Li D J, Niu S L, Luo Y Q, 2012. Global patterns of the dynamics of soil carbon and nitrogen stocks following afforestation: A metanalysis [J]. New Phytologist, 195 (1): 172-181.

Li Y, Wu J S, Liu S L, et al, 2012. Is the C : N : P stoichiometry in soil and soil microbial biomass related to the landscape and land use in southern subtropical China [J]. Global Biogeochemical Cycles, 26 (4): GB4002.

Li X X, Zeng R S, Liao H, 2016. Improving crop nutrient efficiency through root architecture modifications [J]. Journal of Integrative Plant Biology, 58 (3): 193-202.

Li X F, Ding C X, Bu H, et al, 2020. Effects of submergence frequeccy on soil C : N : P ecological stoichiometry in ripraian zones of Hulunbuir steppe [J]. Journal of Soils and Sediments, 20: 1480-1493.

Li Q, Hou J H, He N P, et al, 2021. Changes in leaf stomatal traits of different aged temperate forest stands [J]. Journal of Forestry Research, 32 (3): 927-936.

Liao J D, Boutton T W, Jastrow J D, 2006. Organic matter turnover in soil physical fractions following woody plant invasion of grassland: Evidence from natural ^{13}C and ^{15}N [J]. Soil Biology & Biochemistry, 38 (11): 3197-3210.

Lin Y M, Chen A M, Yan S W, et al, 2019. Available soil nutrients and water content affect leaf nutrient concentrations and stoichiometry at different ages of *Rhododendron agglutinatum* forests in dry-hot vally [J]. Journal of Soils and Sediments, 19: 511-521.

Liu C C, Liu Y G, Guo K, et al, 2014. Concentrations and resorption patterns of 13 nutrients in different plant functional types in the karst region of south-western China [J]. Annals of Botany, 113: 873-885.

Liu X Z, Gao C C, Su Q, et al, 2016. Altitudinal trends in δ^{13}C value, stomatal density and nitrogen content of *Pinnus tabuliformis* needles on the southern slope of the middle Qinling Mountains, China [J]. Journal of Mountain Science, 13: 1066-1077.

Lorenz M, Derrien D, Zeller B, et al, 2020. The linkage of ^{13}C and ^{15}N soil depth gradients with C : N and O : C stoichiometry reveals tree species effects on organic matter turnover in soil [J]. Biogeochemistry, 151: 203-220.

Lucas-Borja M E, Hedo J, Cerdá A, et al, 2016. Unravelling the importance of forest age stand and forest structure driving microbiological soil properties, enzymatic activities and soil nutrients content in Mediterranean Spanish black pine (*Pinus nigra* Ar. ssp. *Salzmannii*) Forests [J]. Science of the Total Environment, 562: 145-154.

Macfarlane C, Arndt S K, Livesley S J, et al, 2007. Estimation of leaf area index in eucalypt forest with vertical foliage, using cover and fullframe fisheye photography [J]. Forest Ecology and Management, 242 (2): 756-763.

Mariotti A, Pierre D, Vedy J C, et al, 1980. The abundance of natural nitrogen-15 in the organic matter of soils along an altitudinal gradient [J]. Catena, 7: 293-300.

Martinelli L, Almeida S, Brown I, et al, 1998. Stable carbon isotope ratio of tree leaves, boles and fine litter in a tropical forest in Rondonia, Brazil. Oecologia, 114: 170-179.

Mendes H S J, De Paula N F, Scarpinattiea E A, et al, 2013. Respostas fisiológicas de genótipos de *Eucalyptus grandis* × *E. urophylla* à disponibilidade hídrica e aduba?? o potássica [J]. Cerne, 19 (4): 603-611.

Mitchell R J, Hester A J, Campman S J, et al, 2013. Explaining the variation in the soil microbial community: Do vegetation composition and soil chemistry explain the same or different parts of the microbial variation [J]. Plant and Soil, 351 (1-2): 355-362.

Mooshammer M, Wanek W, Zechmeister B S, et al, 2014. Stoichiometric imbalances between terrestrial decomposer communities and their resources: Mechanisms and implications of microbial adaptations to their resources [J]. Frontiers in Microbiology, 5 (22): 22.

Nel J A, Craine J M, Cramer M D, 2018. Correspondence between δ^{13}C and δ^{15}N in soils suggests coordinated fraction processes for soil C and N [J]. Plant and Soil, 423 (1-2): 257-271.

Paul E A, Clark F E, 1996. Soil microbiology, ecology and biochemistry [J]. Sun Diego: Academic Press.

Peri P L, Ladd B, Pepper D A, et al, 2012. Carbon (δ^{13}C) and nitrogen (δ^{15}N) stable isotope composition in plant and soil in southern Patagonia's native forests [J]. Global Change Biology, 18 (1): 311-321.

Pogrzeba M, Rusinowski S, Sitkob K, et al, 2017. Relationships between soil parameters and physiological status of *Miscanthus × giganteus* cultivated on soil contaminated with trace elements under NPK fertilization vs. microbial inoculation [J]. Environmental Pollution, 225: 163-174.

Qiu K Y, Xie Y Z, Xu D M, et al, 2018. Photosynthesis-related properties are affected by desertification reversal and associated with soil N and P availability [J]. Brazilian Journal of Botany, 2018, 41 (2): 329-336.

Ramos B, Lucas Garcia J A, Probanza A, et al, 2003. Influence of an indigenous European alder (*Alnus glutinosa* L. Gaerth) rhizobacterium (*Bacillus pumilus*) on the growth of alder and its rhizosphere microbial community structure in two soils [J]. New Forests, 25 (2): 149-159.

Rouw A, Soulileuth B, Huon S, 2015. Stable carbon isotope ratios in soil and vegetation shift with cultivation practices (Northern Laos) [J]. Agtriculture, Ecosystems & Environment, 200: 161-168.

Sim Y S, Yim S H, Choo Y S, 2021. Photosynthetic and physiological characteristics of the evergreen *Ligustrum japonicum* and the deciduous *Cornus officinalis* [J]. Journal of Plant Biology, 2021, 64 (1): 73-85.

Song L N, Zhu J J, Yan Q L, et al, 2015. Comparison of intrinsic water use efficiency between different aged *Pinus sylvestris* var. *mongolica* wide windbreaks in semiarid sandy land of northern China [J]. Agroforestry Systems, 89: 477-489.

Song M, Peng W X, Du H, et al, 2019. Responses of soil and microbial C : N : P stoichiometry to vegetation succession in a karst region of southwest China [J]. Forests, 10 (9): 755.

Sterner R W, Elser J J, 2002. Ecological stoichiometry: The biology of elements from molecules to the biosphere [M]. Princeton: Princeton University Press.

Stevenson B A, Partt R L, Schipper L A, et al, 2010. Relationship between soil ^{15}N, C/N and N losses across land uses in New Zealand [J]. Agriculture, Ecosystem & Environment, 139 (4): 736-741.

Tanaka-Oda A, Kenzo T, Koretsne S, et al, 2010. Ontogenetic changes in water-use efficiency (δ^{13}C) and leaf traits differ among tree species growing in a semiarid region of the Loss Plateau, China. Forest Ecology and Management, 259: 953-9757.

Taylor A R, Wang J R, Chen H Y H, 2007. Carbon storage in a chronosequence of red spruce (*Picea rubens*) forests in central Nova Scotia, Canada [J]. Canada Journal of Forest Research, 37 (11): 2260-2269.

Tessier J T, Raynal D J, 2003. Vernal nitrogen and phosphorus retention by forest understory vegetation and soil microbes [J]. Plant and Soil, 256 (2): 443-453.

Tjoelker M G, Craine J M, Wedin D, et al, 2005. Linking leaf and root trait syndromes among 39 grassland and savannah species [J]. New Phytologist, 167 (2): 493-508.

Tsialtas J T, Handley L, Kassioumi M T, et al, 2001. Interspecific variation in potential water-use efficiency and its relation to plant species abundance in a water-limited grassland [J]. Functional Ecology, 15 (5): 605-614.

Wang M, Qu L Y, Ma K M, et al, 2013. Soil microbial properties under different vegetation types on Mountain Han [J]. Science China Life Sciences, 56: 561-570.

Wang G A, Jia Y F, Li W, 2015. Effects of environmental and biotic factors on carbon isotopic fractionation during decomposition of soil organic matter [J]. Scientific Reports, 5 (1): 11043.

Wang C, Houlton B Z, Liu D W, et al, 2018. Stable isotopic constraints on global soil organic carbon turnover [J]. Biogeosciences, 15 (4): 987-995.

Wang Z H, Bian Q Y, Zhang J Z, et al, 2018. Optimized water and fertilizer management of nature jujube in Xinjiang arid area using drip irrigation [J]. Water, 10 (10): 1-13.

Wang J N, Wang J Y, Wang L, et al, 2019. Does stoichiometric homeostasis differ among tree organs and with tree age? [J]. Foerst Ecology and Management, 453: 1-6.

Wright I J, Reich P B, Cornelissen J H C, et al, 2005. Assessing the generality of global leaf trait relationships [J]. New Phytologist, 166: 485-496.

Wu Z Y, Haack S E L, Lin W, 2015. Soil microbical community structure and metabolic activity of *Pinus elliottii* plantations across different stand ages in a subtropical area [J]. Plos One, 8: 2115-2121.

Wynn J, 2007. Carbon isotope fractionation during decomposition of organic matter in soil and paleosols: Implication for palaeoecological interpretation of paleosols [J]. Palaeogeography Palaeoclimatology Palaeoecology, 251 (3/4): 437-448.

Wynn J C, Bird M I, 2008. Environmental controls on the stable carbon isotopic composition of soil organ C_3 and C_4 plants, Australia [J]. Tellus Series B: Chemical and Physical Meteorology, 60 (4): 604-621.

Xiao L, Bi Y L, Du S Z, et al, 2021. Response of ecological stoichiometry and stoichiometric homeostasis in the plant-litter-soil system to re-vegetation type in arid mining subsidence areas [J]. Journal of Arid Environment, 184: 1004298.

Xiong K N, Chi Y K, Shen X Y, 2017. Research on photosynthetic leguminous forage in the Karst rocky desertification regions of Southwestern China [J]. Polish Journal of Environmental Studies, 26 (5): 2319-2329.

Xu H, Xiao J F, Zhang Z Q, et al, 2020. Canopy photosynthetic capacity drives contrasting age dynamics of resource use efficiencies between mature temperate evergreen and deciduous forests [J]. Global Change Biology, 26 (11): 6156-6167.

Yan T, Lü X T, Yang K, Zhu J J, 2015. Leaf nutrient dynamics and nutrient resorption: A comparison between larch plantations and adjacent secondary forest in Northeast, China. Journal of Plant Ecology, 9 (2): 165-173.

Yang Y, Liu B R, An S S, 2018. Ecological stoichiometry in leaves, roots, and soil among different plant communities in a desertified region of Northern China [J]. Catena, 2018, 166: 328-338.

Yu Y H, Zheng W, Zhong X P, et al, 2021. Stoichiometric characteristics in *Zanthoxylum planispinum* var. *dintanensis* plantation of different ages [J]. Agronomy Journal, 113 (2): 685-695.

Zechmeister-Boltenstern S, Keiblinger K M, Mooshammer M, et al, 2015. The application of ecological stoichiometry to plant-microbial-soil organic matter transformation [J]. Ecological Monographs, 85 (2): 133-155.

Zeng D H, Chen G S, Chen F S, et al, 2005. Foliar nutrients and resorption efficiencies in four *Pinus sylvestris* var. *mongolica* plantations of different ages on sandy soil [J]. Scientia Silvae Sinicae, 41: 21-27.

Zeng Q C, Rattan L, Chen Y A, et al, 2017. Soil, leaf and root ecological stoichiometry of *Caragana Korshinskii* on the Loess Plateau of China in relation to plantation age [J]. Plos one, 12 (1): 1-12.

Zhang J, Gu L, Cao Y, et al, 2015. Nitrogen control of ^{13}C enrichment in heterotrophic organs relative to leaves in a landscape-building desert plant species [J]. Biogeosciences, 12 (1): 15-27.

Zhang K, Su Y Z, Liu T N, et al, 2016. Leaf C : N : P stoichiometrical and morphological traits of *Hylox-*

ylon ammodendron over plantation age sequences in an oasis-desret ecotone in North China [J]. Ecology Research, 31: 449-457.

Zhang W, Qiao W J, Gao D X, et al, 2018. Relationship between soil nutrient properties and biological activities along a restoration chronosequence of *Pinus tabulaeformis* plantation forests in the Ziwuling Mountains, China [J]. Catena, 161: 85-95.

Zhang J Y, Yang X M, Song Y H, et al, 2020. Revealing the nutrient limitation and cycling for microbes under forest management practices in the Loess Plateau-Ecological stoichiometry [J]. Geoderma, 361: 114108.

Zhao Y F, Wang X, Ou Y S, et al, 2019. Variations in soil δ^{13}C with alpine meadow degradation on the eastern Qinghai-Tibet Plateau [J]. Geoderma, 338 (15): 178-186.

Zhong Z K, Zhang X Y, Wang X, et al, 2020. Soil bacteria and fungi respond differently to plant diversity and plant family composition during the secondary succession of abandoned farmland on the Loess Plateau, China [J]. Plant and Soil, 448 (1): 183-200.

Zhou L, Song M H, Wang S Q, et al, 2014. Patterns of soil ^{15}N and total and their relationships with environmental factors on the Qinghai-Tibetan Plateau [J]. Soil Science Society of China, 24: 232-242.

Zhou Z H, Wang K, 2015. Reviews and syntheses: Soil resources and climate jointly drive variations in microbial biomass carbon and nitrogen in China's forest ecosystems [J]. Biogeosciences Discussions, 12: 6751-6760.

Zhou L L, Shalom D A D, Wu P F, et al, 2016. Leaf resorption efficiency in relation to foliar and soil nutrient concentrations and stoichiometry of *Cunninghamia lanceolata* with stand development in southern China [J]. Journal of Soil Sediments, 16: 1448-1459.

Zhu W K, Xu Y X, Wang Z C, et al, 2021. Soil-microbial stoichiometry of *Eucalyptus urophylla* × *E. grandis* plantation at different growth stages [J]. Journal of Zhejiang A & F University, 38 (4): 692-702.

Zou J, Yu L F, Huang Z S, 2019. Variation of leaf carbon isotope in plants in different lithological habitats in a karst area [J]. Forest, 10: 356.

第5章 顶坛花椒栽培地小生境调控技术

生境是诸多环境因子的综合体，包括地形、坡度、坡位等地理因子，容重、有机碳、全氮、微生物等土壤因子，温度、降水、光照等气候因子，等等。生境的空间异质性是生态系统的一个普遍属性。小生境，又称为小栖息地，为特定环境条件生物的某种生境，是指生态因子的差异较大，植被分布类型多样，这些差异导致森林生态系统的养分和水分循环，以及喀斯特溶蚀过程等产生变化（潘根兴 等，1999；李阳兵 等，2004）。简而言之，小生境就是在一定的空间范围内，生境类型多样、组合复杂的自然地理要素对生态系统过程、功能和效应的影响。对物种而言，容易受到生态环境条件变化的影响。

5.1 喀斯特地区森林生态系统小生境特征

西南地区碳酸盐岩类岩石出露面积占比较高，喀斯特发育典型，是中国喀斯特的中心区域，也是世界三大喀斯特片区之一。南方喀斯特森林生态系统是一种特殊的森林生态系统，其组成和结构较为复杂，物种多样性丰富；且生物具有特殊的功能性状和生态适应策略，是生物多样性保护的关键地带；林下小生境发育比较典型，成为生物多样性与生态系统服务功能研究的热点区域。在生态保护和恢复工作中，要结合不同小生境类型的特征，辨析小生境组合的多样性和复杂性，将小生境作为重要的自然地理要素进行研究。

5.1.1 小生境类型与特征

目前，小生境类型划分方法很多，李罡等（2016）将其划分为林下、林隙、林缘等，以辽东栎天然更新幼树为对象，采取典型抽样法，分析侧枝、叶片和树冠的空间分布及生物量分配状况，阐明微生境与幼树植冠构型的关系。刘明航等

（2016）将小生境划分为沟底、低坡、中坡、次坡顶、坡顶等，在不同小生境内，人工散布木奶果与染木种子，研究种子萌发与幼苗成活同小生境的关系。

在喀斯特地区，小生境类型的划分主要按照刘方等（2008）的方法，主要包括石洞、石缝、石沟、石坑、土面、石面等类型。匡媛媛和范弢（2020）结合前人研究成果，将小生境特征简明扼要地归纳为：石面是出露基岩的岩石，无土壤或有少量苔藓；石沟是构造线状的廊道，宽 0.6～5.0m，长 1～300m，土壤较多，土多石少，土石比≥70％；石坑为基岩上发育的溶蚀凹地，土石比≥40％；土面由近圆状溶坑发育而来，直径≥0.3m，深度较大，土层较厚，土石比≥80％。

5.1.2 小生境相关研究

诸多学者开展了小生境相关研究，并取得了丰富成果。总体来看，学者们对小生境类型划分进行了深化，围绕土壤和植物，报道了诸多富有价值的成果，对喀斯特小生境研究具有较强的参考借鉴价值。

从研究对象的来源看，主要包括实证和模拟研究。在小生境模拟研究方面，陈金艺等（2020）按照土壤深浅、宽窄模拟了两种小生境，探讨了不同小生境和水分处理下植物地上、地下生长关系及生物量分配格局；赵庆等（2020）采用碳酸盐岩制成矩形槽，模拟喀斯特小生境，阐明土壤厚度与类型对葛根荧光特性的影响效应。在小生境实证研究方面，龙健等（2021）、刘济明等（2019）均开展了诸多富有价值的研究，较为科学地回答了小生境土壤属性和植物生长特征，为后续研究奠定了坚实的理论基础，具有开拓性的意义。

从研究内容看，主要集中在小生境的土壤属性和植物生长两个方面。土壤物理、化学和生物属性上，以贵州师范大学龙健教授团队的成果较多（吴求生等，2019；龙健 等，2021），较为系统地论述了林下小生境的土壤特征，阐明了不同性状之间的耦联效应，构建了空间异质性与土壤结构和功能之间的内在关系，为喀斯特山区土壤微生物多样性保护和土地石漠化防治提供了科学依据。植物方面，主要涉及生长对策和遗传多样性等（刘济明 等，2019），结果表明小生境之间的差异增加了小蓬竹的遗传多样性，这对喀斯特地区种质资源筛选和保育具有较强的启示意义；同时，小生境也会对植物的耐旱性、生理生态性状等产生显著影响（孙善文 等，2014），这些理论成果可以解释高生物多样性和多物种共存集中的原因。

5.1.3 小生境是喀斯特地区重要的自然地理要素

喀斯特林下小生境类型多样，且不同小生境组合形成的空间格局较为复杂（牟洋 等，2020），形成了更为丰富的生境特征，亦增加了小生境的复杂性。因此，小生境已经成为喀斯特地区重要的自然地理要素，但是笔者认为，对小生境的认识和研究均还存在不足，应当在下一步工作中得到深化，使其成为解决一些关键科学问题的"密码"。

鉴于小生境的特殊性，在以下几个方面的研究值得予以加强：①由于不同小生境对水分、养分、光照、成土速率等的调控效应存在差异，在利用过程中，应首先充分认识其基本属性；其次在生态恢复、土壤保护和产业培育时，均不能忽略小生境的高度异质性和空间差异性。②小生境还可能是联系地上与地下研究的桥梁和纽带，裂隙与小生境是否存在某种联系，均需要将其作为重要的自然地理要素开展研究。③小生境的特殊性，使其成为品质调控、种质资源保护、优良基因筛选与保存等的重要场所，对喀斯特地区生态产业培育具有重要价值。因此，小生境既是重要的环境要素，也是需要加以保护的特殊栖息地，可能是许多种质资源的"避难所"。

5.1.4 小生境是顶坛花椒培育中需要考虑的环境要素

综上所述，在顶坛花椒培育过程中，要充分利用好小生境这个环境要素，这是提升生态系统生产力的核心。

首先，要充分认识小生境的基本特征。包括土壤储量、水分、养分、生物活性、根系分布空间等内容，主要从浓度和数量两个视角去认识其本质特征，这是产业布局、密度确定、水肥管理等的前提和基础，是合理规划、因地制宜、适地适树等科学思想得到有效落实的关键前置条件。在调研中发现，部分区域为了降低生产成本，采取"一刀切"的管理措施，导致植物生长欠佳，形成了大量的小老头树，影响了石漠化治理成效的巩固，局域生态环境质量甚至呈现倒退趋势。

其次，要加强微气候研究。种质、土壤、气候、管理等因素已经被视为影响产量和品质的重要方面，而气候又是制约光合作用、次生代谢、物质积累等的重要环境条件，在几个因素中的权重较高，是产业规划、布局、经营的前提之一。因此，深入研究小生境的微气候特征，就成为顶坛花椒生态产业培育的重要一环。具体内容包括对气态水的调节、温差、光照辐射反射、林内光照强度等，这些参数与物质积累，尤其是小分子物质形成息息相关。不同小生境下顶坛花椒对微气候的调控效应，也就成为植物和环境关系研究的一个主体内容。

再次，产业布局时要考虑小生境的多种类型组合。小生境不是一个个孤立的个体，而是不同类型的有机组合，因而还要加强对组合类型多样性特征的识别，这是小尺度研究成果提升至更大尺度的关键，也是产业布局、精准管理、高效经营的先决条件。

5.2 小生境利用技术

关于顶坛花椒小生境类型的研究，廖洪凯等（2012）研究了不同生境对顶坛花椒人工林表土团聚体有机碳的影响，科学评估了有机碳动态特征，有利于该生态系统碳汇功能的发挥；廖洪凯等（2013）还系统研究了小生境类别与土壤因子的对应关系，该项研究成果对农业生产的可持续发展具有重要意义；喻阳华等（2018）选取土壤肥力关键指标，比较了顶坛花椒林下小生境的土壤质量特征，由大到小依次为石面、石槽、石缝、石坑和石沟，这为土壤元素亏缺诊断和质量综合评价提供了参考。上述成果为小生境利用提供了理论基础。

关于小生境的利用，由于环境因子的异质性，带来了属性识别和利用的不确定性。此外，小生境影响土壤侵蚀（韦慧　等，2022）、成土方式以及有机碳含量等，这给利用措施的制订造成困扰。难以在区域上采取普适性的措施，这又给产业生态化和规模化带来限制，也是部分产业难以取得较大成效的根本原因。笔者的研究团队在文献查阅、实验研究和生产实践过程中，从水养管理、密度控制、树形营造等方面，总结了小生境利用技术。

在养分管理上，石缝、石坑、石沟的养分质量更低，这可能与它们与地下结构紧密联通，形成了养分流失通道有关，实际调查中也发现这些生境下的植株长势较弱，叶片面积较小、变薄，且更容易枯黄和掉落，表现出养分亏缺的典型农艺性状，对环境具有特定的适应对策。因此，应适当加大施肥量，增加土壤养分供给潜力，改变传统粗放式的经营模式，摒弃"收多收少看天"的消极思想；同时，由于土壤储量低，应选择阴天或雨天之后施肥，以提高肥效。此外，由于根系生长受限，容易形成窝根等现象；在条件具备的地区，养分施用类型尽量以有机肥为主，可以利用土壤特性，充分固持养分，延长肥效发挥的时间。石面的土壤养分虽然质量较高，但是储量有限，应增大栽培间距，防止种间过度竞争养分。

在水分管理上，水是植物赖以生存的物质和土壤的溶剂，由于地质性和季节性干旱的双重叠加，导致喀斯特地区植物面临水分亏缺的压力增加（黄甫昭等，2021），因而高效管理水分尤其重要，有助于顶坛花椒的科学管护。同时，由于喀斯特地区地表破碎、坡度大，采用喷灌或滴灌的难度较高、普适性不强，通常需要靠降水补给。因此，针对不同小生境类型，采取套种模式，增加草被层种类和覆盖率，能够提高降水的蓄积量，进而改善土壤水分含量。前期研究结果显示，在顶坛花椒林下套种金银花，土壤质量能够得到根本改善，且金银花对林下土壤生境的调控作用较强，表明草本、藤本、豆科等可以作为套种植物。

在密度与树形管理上，针对石面、土面等生境，可以适当稀植、培育大冠型，充分利用微气候优势，为高品质花椒培育奠定基础；针对石缝、石沟、石坑等小生境，要结合立地特征，采取"见缝插针"的方式，可以适当密植，但冠幅不宜过大，充分利用好不同生境的资源供给潜力。由于区内资源总体呈现亏缺状态，因此冠层的枝条数量不宜过多，应以稀疏型冠层为主，小树冠总体控制在60条以下为宜，即使树冠较大，也不应＞100条；枝条长度建议不超过1.2m，将有限的资源投入到枝条生长、养分贮存上，协调好营养生长和生殖生长的关系，促进花芽分化，提高产量和品质。

贵州关岭-贞丰花江区域作为中度以上石漠化发育较为典型的喀斯特高原峡谷地区，存在水土流失、生境旱化、植被衰退等问题；同时，该区域也是顶坛花椒的起源地和核心栽培区域。由于顶坛花椒生长与生境的矛盾，出现了林龄降低、长势减弱、产量下降、品质退化等问题。贵州省花椒研究团队在科学诊断这些问题后，指导椒农结合不同小生境的特征，采取差别化的培育措施，充分兼顾群体和个体的生长规律，使顶坛花椒产业得以"起死回生"，目前种植面积不断扩大、产量水平逐渐提高，种质筛选、高效培育、功能成分开发、产品加工等全产业链条逐渐形成。

综上所述，在顶坛花椒培育过程中，结合喀斯特小生境的基本特征，采取针对性的小生境利用技术，能够充分协调土壤、温度、光照、降水等之间的关系，提高产量、优化品质、延缓生长衰退。未来还需要强化对小生境特征的认识，结合生境属性和植物特征，研发更为高效的小生境利用技术。

5.3　施肥技术

施肥主要是针对土壤和叶片两个部分开展，以土壤为主，但是叶面施肥也十分关键。施肥方式包括底肥、叶面追肥等。因此，本书在行文时将施肥技术和水肥一体化的内容分开组织，这对不同基础设施条件的顶坛花椒经营具有应用价值。

5.3.1　推荐施用有机肥

有机质是指有生命机能的有机物质，在植物体内有一定复杂的生化变化，使有机物协调并有方向地转化，从而表现出不同的代谢类型。土壤有机质（腐殖质）泛指土壤中来源于生命的物质，包括土壤微生物和土壤动物及其分泌物以及土体中植物残体和植物分泌物。有机质的类型有：糖类、脂类、核酸和蛋白质等，是植物初生代谢的代谢产物；此外还有由糖类等有机物次生代谢衍生出来的物质，包括萜类、酚类和含氮次生化合物等。有机质是土壤中养分蓄存、转化的重要载体和场所，尤其与土壤金属元素等的化学反应较为密切，是土壤管理的重要内容，也是决定土壤肥力的各类反应的关键要素。

在有条件的地区，优先推荐有机肥。有机肥来源较多，包括市售的生物菌肥、腐熟的畜禽粪便、林下枯枝落叶，以及顶坛花椒枝叶和林下杂草等充分腐熟后混合自制的有机肥等。新鲜的腐熟粪便，比如猪粪，每株用量可以为 5～10kg，每株适当配以 0.1～0.2kg 复合肥，使肥效更加均衡，尤其要注意在距离主干 40~60cm 以外的地方施肥（依据树体大小酌情确定）；施肥后，可在雨天后覆土 1~2cm。如采用自制的有机肥，每株用量 3~6kg 为宜，并与耕作层土壤混匀，要充分发挥好树冠线的功能，利于水肥耦合效应。笔者对有机肥和复合肥的使用成本和收益进行了简单比较，发现虽然有机肥前期耗费成本较大，但是肥效持久、用肥量少、产量更高。

5.3.2 生产成本较高地区的常规施肥

（1）土壤施肥　共施用两次，分别为 6 月下旬、7 月下旬~8 月上旬。肥料类型为复合肥，每株用量为 0.3~0.5kg，也可依据密度、树势、林龄等适当增加或减少施肥量。由于地形较为复杂，并且劳动力资源有限，因此选择以复合肥为主，但在施肥过程中应把握好天气状况，否则容易导致肥料利用率不高，甚至带来农业面源污染。

（2）叶面追肥　自 8 月上旬开始，共 2~3 次，每次间隔时间约 20 天。施用方法为亲土 360（复合肥）：磷酸二氢钾：芸苔素或三十烷醇以 50g：30g：(5~10)mL，加 20kg 纯净自来水混合，约喷洒 30 棵花椒树。现场还要根据叶面情况而定，进行动态调整。

总体上，要根据顶坛花椒的生长节律进行施肥，典型时段包括花芽分化期、幼果期、果实生长期、果实成熟期、果实采摘期等，把握好挂果树萌芽、壮果、以剪代采、过冬等时段的肥料补给，用好高氮、高钾和平衡型复合肥。

需要说明的是，施肥时间和用量并非绝对，若采摘时间延迟，施肥的时间也应当相应推迟。同时，根据基地的海拔、温度、土壤肥力、花椒生长等综合确定施肥方案，适时予以调整。在顶坛花椒种植过程中，部分椒农采取粗放式管理的方式，有空即施肥、下雨即施肥，没有考虑顶坛花椒植株生长状况，更忽略了果实采摘时间，造成肥料浪费，并产生不良影响。因此，必须认识到施肥是一个动态管理过程。

5.3.3 特殊时期用肥

总体来看，施肥要把握好时期、用量和专性肥料几个方面，既要有普适性的管理措施，又要有针对性的施肥方法；既要有综合性，又要有分要素式的养分管理。因此，特殊时期用肥对于提高花椒产量尤为重要。

多数花椒种植主体已认识到：采摘前期可以用氮肥，但集中在 3~6 月，最晚不超过 8~9 月，且后期应酌情降低用量，之后不建议使用氮肥，防止人为制造生殖生长和营养生长的矛盾；生产经验不足的椒农，建议慎重使用氮肥，以免造成植株旺长，影响次年挂果。枝条萌发以后，可以适当增加钾肥，这样能够减少木质化用药。相关内容在"5.4.1 土壤水肥管理"再详细叙述。

5.3.4 特殊功能的肥料

许多元素都具有特定功能，这已经在植物营养学上得到证实，因此，虽然有学者将土壤视为"黑箱"，但是针对特定养分元素的管理仍然较为重要。例如，碳是构成植物有机体的结构性元素，成为光合作用的主要原料；氮元素是氨基酸、蛋白质等代谢物的组成成分，氮和磷也是重要的限制性元素；钾能够在一定程度上促进木质化，还能够活化多种酶；硼元素可以提高坐果率；镁是叶绿素分子的组成成分（李春俭 等，2015）；等等。这些前期理论，为指导花椒生产经营奠定了基础，也是花椒专性肥料制备和使用的依据。

在顶坛花椒特殊元素施用管理上，目前对氮和钾元素的认识较为深刻，主要在营养生长和生殖生长关系的协调上；对硼和锌有一定的理解和认识，主要在诱发生长衰退的土壤元素诊断上；对其他元素的应用还较少，今后应当予以加强。需要注意的是，金属元素是必需的营养元素，但过量即为污染元素，在施用过程中，要结合需求量、转化量等，合理确定施肥量阈值；同时，元素之间存在协同、拮抗、加和等作用，某些元素也可能是化感物质，因而科学确定用量至关重要。

目前，在顶坛花椒施肥技术方面，存在的问题主要包括：一是对有机肥和复合肥的使用成本、效果、经济收益等缺乏系统的比较和评估，缺少指导性的意见和案例，导致部分椒农轻于管理，抱着看天吃饭的心态。二是对顶坛花椒的需肥规律不够清晰，仅仅明白哪些阶段需肥量大，但是对具体需求数量的量化不够，对养分利用方式也不够清楚，一定程度上造成养分元素损失和农业面源污染。三是对特殊养分元素的功能认识尚不全面，这也限制了施肥活动，不利于产量和品质调控。

5.4 水肥一体化调控技术

土壤是地壳表面岩石风化体及其再搬运沉积体在地球表面环境作用下形成的疏松物质（黄昌勇 等，2010），能够为植物生长供给养分和提供机械支撑，被视为地球表面的皮肤，也是地球关键带圈层的重要组成要素，是联系地质、生物、大气等圈层的纽带。良好的土壤物理性质，能够为空气流通、水土保持、生物栖息、养分供应等提供理想场所。土壤化学元素及其可利用性，是判别其养分供应潜力的主要依据，也是限制植物产量和品质的关键要素。土壤生物是其重要组成部分，能够表征土壤活性，也是养分利用的重要驱动因子，在一系列土壤生物化学反应中扮演着关键角色。因此，土壤是植物生长的载体，而水肥管理又是土壤改良、性状调控、产业经营等的重要途径，成为土壤管理的核心部分。

5.4.1　土壤水肥管理

顶坛花椒培育过程中，长期的生产实践经验已经充分表明，土壤水分含量是影响产量、品质的关键自然要素，降水充沛的年份产量明显提高，有喷灌设施的区域相较于对照区域，产量约提高 1 倍。原因是水分对养分溶解、运输、转化等意义显著，影响养分利用效率。

前期研究结果显示，水分供应不足会导致顶坛花椒叶片发黄、脱落，使混合芽在来年诱发成叶芽，挂果不理想，同时影响养分吸收。因此顶端非木质化部分会主动吸收枝条与叶片储存的养分（优先吸收面积较大叶片的养分），且从基部开始，下部的叶片易发黄、凋落。水分贮存的重要介质是土壤，尤其是表层耕作土。因此，应当进行土壤水肥协同管理，实现一体化供应，以维持顶坛花椒产业稳定、健康、可持续发展。

在肥料管理上，要特别注意几个事项：一是应当根据顶坛花椒的需肥规律进行施肥，通常在采摘前、花芽分化期、果实膨大期等补充养分，确保特定的物候期有充足的养分供应。二是为了保证树壮，第一年可通过有机肥打底等提苗，为顶坛花椒培育奠定坚实的基础。三是木质化时，氮肥用量应低，否则徒长副枝，消耗养分且副枝不具备木质化条件，不挂果，造成极大的负面影响。在前期调研的过程中，部分椒农一边追施氮肥，一边加大木质化用药量，人为给顶坛花椒生长制造矛盾，结果是木质化程度不充分，几乎不挂果，造成绝收的局面。四是除草剂会影响混合芽分化成花芽，限制产量；同时，除草剂对土壤生物数量和活性的影响也较为突出。因此，在栽培过程中，应当杜绝使用除草剂，这也是提高水肥供给效率的关键环节。五是由于顶坛花椒多种植在干热河谷石漠化地区，土壤水分长期处于亏缺状态，这在一定程度上会影响肥效的发挥，因而施肥应当与水分管理同步进行。在实践中，部分椒农因为在晴天施肥，不仅肥效难以充分发挥，还造成烧根等现象，导致顶坛花椒减产。

对顶坛花椒，6～9 月可以施用氮肥，但注意用量递减，9 月以后应当停施氮肥，目的是让枝条老化、积累养分，促进花芽分化，为高产奠定物质基础；9 月以后可以施叶面肥，补充钾、磷酸二氢钾、氨基酸等；在没有充分把握时，尽量不施用尿素，防止 C/N 失调，影响花芽分化。

水肥一体化管理上，笔者及其团队在前期进行了实践，采用喷灌方式，管道高度为 3m，间距为 6m，环状喷水，管道可转动，每根管道可以辐射 4～5 株花椒。当土壤水分含量低于 20％～30％时，及时补充水分。在不同的物候期，将需要的肥料溶解在水中，水分供给过程中同步补充养分，实现水肥一体化。总体上，泉水优于河水，尽量不使用自来水。通过该实践，顶坛花椒每公顷产量可达到 6000～7500kg，纯收入在 60000～75000 元。

5.4.2 抑制顶端优势

顶端优势是植物生长与生理上的重要现象，成为植物生长调节的主要指导理论之一。顶端优势与蒸腾作用关系密切，成为植物养分和水分输送的动力源泉。顶端优势去除是通过改变元素运输和分配，达到提高目标器官产量和品质，降低非目标器官产量的目的（高凯　等，2017）。因此生态产业经营过程中，一直对顶端优势的作用和调控尤为重视。

通常采取以下措施抑制顶坛花椒的顶端优势：一是在农历立冬至冬至期间除去枝条非木质化部分，以防止顶端生长，同时避免过度消耗养分。摘尖之前需施肥，但应少施氮肥，以免氮肥过量诱发副枝并消耗养分，影响来年挂果。二是整枝和修剪，通过抑制顶端优势，防止发生枝叶徒长、结果延迟和挂果率低等问题。

目前，关于顶坛花椒顶端优势的调控，还存在一些争议或者不清楚的地方。首先，在顶坛花椒培育过程中，整形修枝方式逐渐被广大椒农所接受，但是对修大枝（以采代剪，采后需要大肥大水）的方式依然存在质疑；可以肯定的是，通过修除弱枝、小枝、病枝等，能够延缓生长衰退、提高产量；但是将修枝程度控制在什么水平，以适应干热型生态习性，还需要深入研究。其次，抑制顶端优势后的木质化用药对顶坛花椒遗传基因和品质性状尤其是生物化学性状的影响如何，还尚不清楚。最后，抑制顶端优势与光照、热量、养分等资源高效利用之间的关系还不明晰，需要综合协调考虑，开展系统控制；如果单纯控制顶端优势，可能造成更多负面影响，在生产中应当高度重视。由于在枝条管理部分将对相关内容进行详细介绍，本节不做重点阐述。

5.4.3 增加林下绿肥等植物

水肥调控包括人工调控和生态系统自身调控。施肥、补水等属于人为调控，修枝整形属于人工促进自然调控，种植绿肥等主要是发挥系统的自然调控功能。比如，牧草混播能够提高单位面积草地的饲草产量、改善饲用品质、提高土壤肥力，提升的水分可以被伴生树种利用（朱林　等，2020）。因此，林下套种具有较强的生态效益和经济效益，在生产上逐步得到使用和推广。

已有研究结果显示，顶坛花椒套种能够在较大程度上提高土壤的中、微量元素含量，表明套种是土壤肥力改良的途径之一（陈俊竹　等，2019）。优化顶坛花椒人工林结构，筛选较优的配置模式，可增强林分稳定性，改善土壤肥力质量，进而实现水肥调控的目的。初步研究还表明，套种有利于提高土壤生物活性，改善土壤养分状况。

在长期的生产实践过程中，本团队筛选了一些适宜套种模式。在物种选择上，禾本科抢肥厉害，因而不建议使用，可以配置绿肥、固氮植物、藤本、矮秆药材和蔬菜等，包括黑麦草、紫花苜蓿、金银花、花生、生姜、山豆根、红薯、李、构树等。通过配置形成的顶坛花椒＋山豆根、顶坛花椒＋红薯、顶坛花椒＋花生、顶坛花椒＋生姜、顶坛花椒＋金银花、顶坛花椒＋蔬菜、顶坛花椒＋李、顶坛花椒＋构树等模式，在研究区内均具有较好的适应性，可以在相似区域辐射推广。

5.4.4　挖掘优异基因及应用

顶坛花椒在长期的生态适应过程中，形成了特有的抗旱功能性状，将其生态习性定义为干热型，与九叶青花椒的湿热型相区别，并且这些性状较为稳定，能够遗传下去。通过对调控这些性状的基因网络进行挖掘，并在种质创制上开展应用，具有广阔的前景。这些优良基因是抗病、抗旱、抗虫等基因发掘和育种的优良材料，也是品质改良的优异种质资源（付坚　等，2020），还是种质资源保护和保存的重要参考，构建优良基因库具有重要的理论和现实意义。基于不同顶坛花椒品种的特殊性状，解决表型组数据快速获取、信息关联并实现运用等科学问题，实现顶坛花椒重要农艺性状表型从传统人工测量到数字化测量的跨越，为农业现代化和信息化服务。目前，这方面的研究成果还相对比较少，下一步的研究中应当得到加强。

5.5　顶坛花椒套种生姜技术

5.5.1　技术摘要

本技术涉及种植技术领域，具体公开了一种花椒栽培地套种生姜的方法及其应用、生姜收获方法，所述花椒栽培地套种生姜的方法包括：生姜与花椒的树干间距为 $0.7\sim0.9m$，控制花椒的树冠的株距为 $2.0\sim2.5m$、行距为 $3.0\sim4.0m$，控制生姜的高度为 $40\sim50cm$。利用花椒喜阳、生姜耐阴的生物学特性，通过套种确保合理密植，有利于提高生姜产量，提升农地生态系统的稳定性，同时有利于提高单位土地面积的产值，解决现有花椒种植模式大多是单一栽培、经济效益不高的问题。通过花椒与生姜套种，减少空闲土地面积，通过有效地利用土地与生态资源，增加复种指数，提高光能、土地、水肥利用率，相较单一栽培，单位面积土地提供了花椒、生姜两种农产品，能够大幅提高单位土地面积产值。由于花椒生长期长于生姜，花椒尚未收获时可采收生姜，成熟后可连续采收，兼顾短期与长期经济效益，具有广阔的市场前景。

5.5.2　技术说明

花椒栽培地一般可分为平地与山地两种，不同园地的整地方法也有所不同，平地栽培园的整地方法可分为块状、带状、全面整地几种，山地栽培园以带状整地为主，但沟的方向必须与等高线平行，以免造成水土流失等自然灾害。但是，现有的花椒种植模式大多是单一栽培，即在花椒园地整地后进行栽培，植株间出现大片空闲地，降低了土地利用效率，而且在种植后的前三年收益不高，进而导致经济效益较低。

为解决上述问题，本技术实施例提供如下方案：

① 在所选栽培地种植顶坛花椒，花椒的种植密度为 (2.2~2.8)m×(2.5~3.5)m。

② 顶坛花椒种植后，在栽培地套种生姜，生姜的种植密度为 (20~25)cm×(20~25)cm，且生姜与花椒的树干间距为 0.7~0.9m，以防止耕作时破坏花椒根系，避免不当时期断根造成死根。

③ 在生姜生长过程中，需要进行枝叶修剪，旨在保持所述生姜的株高小于50cm，防止与花椒争夺生态资源。

需要说明的是，要通过充分利用生态资源提高生姜的产量与品质。花椒根系深，为灌木或小乔木，喜阳；生姜根系浅，为草本，耐阴，两种植物根系在土层中的资源位分离，可以减少养分竞争，利用花椒植株形成庇荫环境，促进生姜生长，缩短生姜生长期，从而有助于提高生姜的产量与品质，获得更大的效益。

5.5.3 具体实施方式

实施地点位于贞丰县北盘江镇，土壤主要是以石灰岩为成土母质的石灰土，中性偏碱性，土层厚度30cm以上，实施面积30余公顷。本技术主要包括以下步骤：

① 选地与整地：选择光照充足、排水较好、偏碱性的沙质土壤，去除杂草，深松、碎土。

② 控制栽植密度：花椒的栽植密度为 2.2m×2.5m，生姜的栽植密度为25cm×22cm，生姜与花椒树干间距为0.8m，防止耕作时破坏花椒根系。

③ 施底肥：生姜种植时间为每年4月中下旬的雨后，使用腐熟的猪粪作为底肥，每公顷用量400kg。

④ 植株控制：生姜的高度控制在50cm以内，以防止与花椒争夺生态资源，花椒的树冠控制在 2.5m×3.5m 以内，保证生姜采光需求。

⑤ 水肥施用：在生姜种植38天后，追施复合肥，每穴0.08kg，在每次追肥前人工去除杂草，当生姜生长期土壤含水量低于30%时，及时补充水分至40%左右。

⑥ 田间管理：采取补种、人工除草、修枝、病虫害防控等措施。

本实施例中，所述补种是选择生长健壮、未遭受病害、肥胖鲜亮的生姜作为种源；种植后，若未发芽，选择在晴暖的天气补种，即将已催好芽的大姜分成小种块进行补种。所述人工除草是采用人工方式去除杂草，当杂草长至15cm时，人工拔除杂草。所述修枝是通过修剪控制花椒树冠的株距和行距，同时控制生姜的高度。

所述病虫害防控是防治姜腐烂病、斑点病、炭疽病等，通过在虫卵孵化高峰期喷洒90％敌百虫800倍液进行防治，也可采取每公顷施用450kg消石灰等农业措施防治。

本实施例中，在生姜生长的第6个月进行块茎收获，同时可以实现适当松土的目的，防止土壤板结、降低土壤容重、增加孔隙度，对花椒根系吸收养分具有促进作用。

本实施例中，首先选择种植的花椒苗应确保茎干通直粗壮，高矮匀称，保证根系足够发达，同时要求主根短而粗，侧根和须根尽可能多，还要确保顶芽饱满，幼苗没有受到病虫侵害，也没有受到任何机械损伤。然后选择在芽开始萌动时进行春季栽植，在对花椒幼苗进行栽植之前，应当定干截梢，以防叶面水分蒸发，可以适当剪去部分枝叶，这样有利于提高幼苗栽植后的成活率。

本实施例中，在栽培地种植顶坛花椒按照常规方法即可，一般根据栽植密度确定栽植点，要求每个栽植坑穴的深度大约在70cm，直径大约60cm。在进行挖坑时，将表层30cm以内的表层土壤和深层土壤分开堆放，并与农家肥进行混合处理。栽植时，首先将深层土壤和农家肥进行混合并搅拌均匀，然后回填到坑穴的底部，并踩踏结实，然后将苗木放入坑穴中，必须确保其根系舒展，同时将经过打碎处理的表层土覆盖在幼苗根部。

本实施例中，在进行施肥管理时，主要可以分为基肥和追肥。套种生姜前，在花椒栽培地使用腐熟的畜禽粪便作为底肥，每公顷用量400kg；生姜种植38天后，使用硝硫基复合肥料进行追肥，且每穴使用0.08kg硝硫基复合肥料。在追肥前进行人工除草，当杂草长至15～20cm时，人工去除。在生产过程中，由于生姜的植株高度较低，严禁采取除草剂除草。实践表明，除草剂对花椒培育尤其是幼苗的副作用较大。在进行田间管理时，花椒对水分的需求量相对不大，但仍需在每年的花期、秋季施肥期、封冻期之前，以及发芽期前分别浇一次水，从而为花椒需水期的生长提供充足水分。花椒的常见病虫害有根腐病、锈病、膏药病、虎天牛、花椒蚜虫、花椒跳甲等，通过采用现有技术中的手段进行防控。

5.6 顶坛花椒套种金银花技术

较多研究结果均表明，顶坛花椒和金银花复合种植能够改善土壤养分状况，提高顶坛花椒产量，调蓄土壤水分变化等，是区域内较为理想的配置模式。本节从配置的理论意义、技术措施、效益评价等方面进行阐述，旨在加深对该复合配置的理解和应用。

5.6.1 理论意义

(1) 配置金银花会对土壤质量产生影响 土壤物理性质对其水肥运移、水源涵养、养分调控等有着重要作用（邹文秀 等，2015），成为林分复合配置的主要评价参数。顶坛花椒和金银花同为浅根系植物，对母岩和土壤起到机械破碎作用，加快形成土壤黏粒，有利于培育团粒结构；根系死亡腐解，既提高了土壤孔隙度（蔡路路 等，2020），又增加了养分归还量。金银花的凋落物蓄积量大，被微生物分解为多糖等胶结物质，促进形成微小团聚体的形成，同时促进真菌菌丝体等胶结物质生长，有利于加强菌丝对土壤的固结作用，从而促进大团聚体的形成，增加土壤结构的稳定性，提高保水保肥能力（Oades，1984）；金银花属藤本植物，匍匐生长，其冠层及凋落物的覆盖率高，可减弱雨水对土壤的溅蚀和淋溶作用，增强土壤抗侵蚀能力，也有利于提高土壤大团聚体的稳定性（王进 等，2019）。因此，顶坛花椒配置金银花可以改善表层土壤结构的稳定性，优化孔隙状况，增加抗侵蚀能力和渗水能力。鲍乾等（2017）、李渊等（2019）和刘志等（2019）的研究均表明种植花椒与金银花能够改善土壤物理性质，提高土壤抗侵蚀能力。

(2) 实现顶坛花椒与金银花的生态位分离 生态位不仅能够反映种群在所处生态环境中的适应能力与对环境资源的利用能力，还可以反映种群在群落或生态系统中所发挥功能和所处位置（秦随涛 等，2019）。生态位重叠是指生态位相似的多个物种生活于同一空间时，分享或竞争共同资源的现象（杨宁 等，2010）。竞争是在环境资源缺乏且生态位重叠的条件下形成的，受到环境资源量、供求比和生物对资源的需求等的影响（赵永华 等，2004）。西南喀斯特山区地表破碎，基岩裸露率高，强烈的溶蚀作用形成了石面、石缝、土面、石沟、石槽和石洞等小生境类型，它们的土壤理化性质具有空间异质性。顶坛花椒为半落叶灌木或小乔木，生长于有土或少土的生境，树形为开心状；而金银花为攀岩性多年生藤本植物，多生长于石沟、石槽和石缝的裂隙土内，其藤蔓攀附于岩石上，树形为丛状伞形，顶坛花椒与金银花的配置模式可以充分利用地理空间，保证地上部分在垂直空间和水平空间上的生态位分离。吴求生等（2019）研究得出石沟、石槽及土面表层等生境中的植物根系及凋落物分布较其他生境多，充沛的碳源使得土壤微生物种类和含量较丰富。石沟、石槽及土面等小生境的土层较厚，水土流失量小，土壤养分含量丰富，利于顶坛花椒与金银花生长。在根系上，顶坛花椒为须根系，利用土壤表层养分；金银花为直根系，发达的根系穿越岩缝吸收深层土壤的养分，二者的协同作用使地下部分生态位分离。金银花茎叶茂盛，遮阴效果好，高密度的地表覆盖及凋落物的存在使土壤受阳光直射的影响小（母娅霆 等，2021）。因此，顶坛花椒和金银花配置为生态和经济效益较为兼顾的模式。

5.6.2　技术措施

（1）顶坛花椒种植　喀斯特地区小生境复杂，顶坛花椒采取传统"见缝插针"的栽培方式。种植密度上，由于林下套种金银花，种植密度可以适当增大，在（3.5～4）m×（3.5～4）m以上为宜，人为创造诸多"林窗""林隙"等环境，以便于林下植物捕光。冠形上，以开心形为主，但不留大树冠，通过"以采代剪"的采摘方式，实现树形回缩；枝条保持2～3级分支，减少养分输送距离，防止枝条过多而分散养分，难以形成木质化枝条，影响花芽分化和产量形成。整形上，要对顶坛花椒进行定期修剪，适当调整枝条方位，防止与金银花在生态位上过度重叠，削弱竞争关系；同时，去除弱枝、病枝、枯枝，以及木质化程度低的枝条等，减少养分损耗，提高通风透光能力。树高上，控制在2.5m以内，减少管护成本，减轻旱生环境下的水力提升压力。

（2）金银花种植　生境选择上，多栽植于石缝、石沟、石槽内，充分利用林下土壤，增加小生境土壤的利用率。植被覆盖上，为提高石面的太阳反射率，以对所攀附的裸露岩石形成50%左右的覆盖面为宜，应避开顶坛花椒冠下空间；株距＞5m，生长上无重叠，防止形成丛状。管护措施上，间隔1月左右即实施牵引，以防其攀附于顶坛花椒之上，造成种间竞争激烈。生物多样性上，林下还可留一部分低矮草本，增加植被覆盖，调蓄土壤水分和温度等生态因子，为土壤动物提供栖息场所。

在该技术中，最需要解决的问题为金银花沿顶坛花椒的枝条攀缘，影响花椒采光、结实等。由于金银花主要是采摘花器官，养分带走相对较少，加之大量凋落物的养分回归，有利于生态系统养分平衡。但是，花椒套种金银花，较配置花生等豆科植物的管护成本更高，不过对土壤的扰动更小，能够降低水土流失发生的风险。

5.6.3　效果评价

由表5-1可知，顶坛花椒套种金银花能够显著改善土壤有机碳、氮和磷的水平，特别是速效养分含量得到明显提高，说明顶坛花椒林下配置金银花有利于土壤质量提升。原因是金银花主根发达，能不断穿透岩缝向岩层深入，可将土壤深层的养分吸收运移至表层；同时，其根际解磷菌的解磷作用（李剑峰等，2021），以及根系分泌物的提取、溶解作用等，也可促进养分在土壤表层聚集，增强土壤养分的表聚效应。金银花大量的凋落物积累在表层，形成较多的有机物，也为土壤中微生物生长提供了营养盐（Dilly et al.，1998）。加之金银花茎叶密被茸毛，叶表无蜡质层，凋落物更易降解，增大了养分归还速率。综合结果表明，合理的套种模式，能够创造适宜的种间关系，有利于生态系统正向演替。

表 5-1 顶坛花椒套种金银花效果评价

模式	土层/cm	有机碳 /(g·kg⁻¹)	全氮 /(g·kg⁻¹)	速效氮 /(mg·kg⁻¹)	全磷 /(g·kg⁻¹)	速效磷 /(mg·kg⁻¹)
花椒-金银花	0～10	59.55±16.48	5.07±0.25	380.00±39.60	1.73±0.20	45.95±10.2
	10～20	42.10±10.18	4.13±0.64	320.00±70.71	1.32±0.15	23.40±18.24
顶坛花椒纯林	0～10	27.05±1.34	2.84±0.23	155.50±13.44	1.32±0.01	20.65±0.92
	10～20	25.95±3.04	2.69±0.23	152.00±18.38	1.21±0.06	19.50±3.96

未来，要从植物适应性、土壤质量、产品品质等多个因子中，构建评价指标体系，筛选更多高效的配置模式，提升生物多样性保护和生态系统服务功能，提高人工生态系统的自稳定性，实现人工促进天然更新。同时，要结合水力功能性状，评估喀斯特石质山区旱生环境下，复合配置后不同物种之间水力作用的方式，尤其是水力提升效能等，为树高确定、物种选择、空间优化等提供理论依据。最后，任何配置模式，都存在有利（互作）和不利（竞争）的两面性，要科学评估这些作用效应，趋利避害，充分发挥不同配置模式的生态和经济效益。

● 参考文献

鲍乾，杨瑞，李万红，等，2017.喀斯特高原峡谷区不同恢复模式的土壤生态效应 [J].水土保持学报，31（3）：154-161.

蔡路路，刘子琦，李渊，等，2020.喀斯特地区不同土地利用方式对土壤饱和导水率的影响 [J].水土保持研究，27（1）：119-125.

陈金艺，张静，李素慧，等，2020.模拟喀斯特异质性小生境下三叶鬼针草地上地下协同生长对策 [J].植物科学学报，38（6）：762-772.

陈俊竹，容丽，熊康宁，2019.套种模式对顶坛花椒土壤矿质元素含量的影响 [J].西南农业学报，32（4）：763-769.

付坚，陈玲，柯学，等，2020.疣粒野生稻保护、遗传特性及利用研究进展 [J].南方农业学报，51（5）：1070-1079.

高凯，朱铁霞，刘辉，等，2017.去除顶端优势对菊芋器官 C、N、P 化学计量特征的影响 [J].生态学报，37（12）：4142-4148.

黄昌勇，徐建明，2010.土壤学 [M].3 版.北京：中国农业出版社.

黄甫昭，李健星，李冬兴，等，2021.岩溶木本植物对干旱的生理生态适应 [J].广西植物，41（10）：1644-1653.

匡媛媛，范弢，2020.滇东南喀斯特小生境土壤水分差异性及其影响因素 [J].浙江农林大学学报，37（3）：531-539.

李春俭，2015.高级植物营养学 [M].2 版.北京：中国农业大学出版社.

李垦，张文辉，于世川，等，2016.辽东栎林内不同小生境下幼树植冠构型分析 [J].西北植物学报，36（3）：588-595.

李剑峰，张淑卿，龙莹，等，2021.石漠生境下金银花内生/根际解磷菌在不同温度及酸碱环境下的生长和

溶磷能力 [J].西南农业学报，34（4）：820-826.

李阳兵，谢德体，魏朝福，2004.岩溶生态系统土壤及表生植被某些特性变异与石漠化的相关性 [J].土壤学报，41（2）：196-202.

李渊，刘子琦，2019.石漠化区不同土地类型土壤侵蚀与理化性质特征 [J].森林与环境学报，39（5）：515-523.

廖洪凯，龙健，李娟，2012.不同小生境对喀斯特山区花椒林表土团聚体有机碳和活性有机碳分布的影响 [J].水土保持学报，26（1）：156-160.

廖洪凯，李娟，龙健，等，2013.贵州喀斯特山区花椒林小生境类型与土壤环境因子的关系 [J].农业环境科学学报，32（12）：2429-2435.

刘方，王世杰，罗海波，等，2008.喀斯特森林生态系统的小生境及其土壤异质性 [J].土壤学报，45（6）：1055-1062.

刘济明，管睿婷，王敏，等，2019.不同喀斯特小生境中小蓬竹的遗传多样性 [J].植物研究，39（1）：69-77.

刘明航，叶娟，文彬，2016.热带雨林林内小生境对木奶果和染木种子萌发与幼苗存活的影响 [J].西北植物学报，36（8）：1654-1661.

刘志，杨瑞，裴仪岱，2019.喀斯特高原峡谷区顶坛花椒与金银花林地土壤抗侵蚀特征 [J].土壤学报，56（2）：466-474.

龙健，吴求生，李娟，等，2021.贵州茂兰喀斯特森林不同小生境类型对岩石溶蚀的影响 [J].土壤学报，58（1）：151-161.

牟洋，范燮，户红红，2020.滇东南喀斯特小生境土壤水分来源与运移的稳定同位素分析 [J].福建农林大学学报（自然科学版），49（4）：540-549.

母娅霆，刘子琦，李渊，等，2021.喀斯特地区土壤温度变化特征及其与环境因子的关系 [J].生态学报，41（7）：2738-2749.

潘根兴，曹建华，1999.表层岩溶带作用以土壤为媒介的地球表层生态系统过程 [J].中国岩溶，18（4）：287-296.

秦随涛，龙翠玲，吴邦利，2019.茂兰喀斯特森林不同地形部位优势乔木种群的生态位研究 [J].广西植物，39（5）：681-689.

孙善文，章永江，曹坤芳，2014.热带季雨林不同小生境大戟科植物幼树的叶片结构、耐旱性和光合能力之间的相关性 [J].植物生态学报，38（4）：311-324.

王进，刘子琦，鲍恩俣，等，2019.喀斯特石漠化区林草恢复对土壤团聚体及其有机碳含量的影响 [J].水土保持学报，33（6）：249-256.

王旭，曾昭海，胡跃高，等，2007.豆科与禾本科牧草混播效应研究进展 [J].中国草地学报，29：92-98.

韦慧，邓羽松，林立文，等，2022.喀斯特生态脆弱区典型小生境土壤团聚体稳定性比较研究 [J].生态学报，42（7）：2751-2762.

吴求生，龙健，李娟，等，2019.茂兰喀斯特森林小生境类型对土壤微生物群落组成的影响 [J].生态学报，39（3）：1009-1018.

吴求生，龙健，廖洪凯，等，2019.贵州茂兰喀斯特森林不同小生境下土壤细菌群落特征 [J].应用生态学报，30（1）：108-116.

杨宁，邹冬生，李建国，等，2010.衡阳盆地紫色土丘陵坡地主要植物群落自然恢复演替进程中种群生态位动态 [J].水土保持通报，30（4）：87-93.

喻阳华，秦仕忆，钟欣平，2018.贵州喀斯特山区花椒林小生境的土壤质量特征 [J].西南农业学报，31（11）：2340-2347.

赵庆，严令斌，喻理飞，2020.喀斯特小生境土壤厚度与类型对葛根荧光特性的影响 [J].西部林业科学，

49 (5)：129-135.

赵永华，雷瑞德，何兴元，等，2004.秦岭锐齿栎林种群生态位特征研究 [J].应用生态学报，15 (6)：913-918.

朱林，王甜甜，赵学琳，等，2020.紫花苜蓿和斜茎黄耆水力提升作用及其对伴生植物的效应 [J].植物生态学报，44 (7)：752-762.

邹文秀，韩晓增，陆欣春，等，2015.不同土地利用方式对黑土剖面土壤物理性质的影响 [J].水土保持学报，29 (5)：187-193＋199.

Dilly O，Munch J C，1998. Ratios between estimates of microbial biomass content and microbial activity in soils [J]. Biology and Fertility of Soils，27 (4)：374-379.

Oades J M，1984. Soil organic matter and structural stability：Mechanisms and implications for management [J]. Plant and Soil，76 (1/3)：319-337.

第6章 顶坛花椒枝条管理技术

枝条管理的主体工作之一是整形修剪。整形是以树种的生物学特性、生长结果习性、不同立地条件、栽培制度、管理技术以及栽培目的等为基础，在一定的空间范围内，培育有效光合面积大、负载产量高、产品优质、管理方便的树体结构。修剪是根据树种生长、结果等习性，通过截、疏、缩、放、伤、变等技术措施，培养所需要的树形和枝组，以保证良好的光照条件，调节营养分配，转化枝类组成，促进或控制生长和发育（谭晓风，2018）。整形修剪的主要工作就是树形结构塑造、维持和优化等，通过提高资源利用效率，实现人工植被的高产、稳产、稳质。

整形修剪应当遵循的原则有：长远规划，统筹安排；因树修剪，随枝做形；抑强扶弱，均衡发展；主从分明，树势稳定；轻剪为主，轻重结合；结构牢固，立体开花；基本要求是了解树种生物学特性，正确判断树势，认真观察修剪反应，全面分析环境和栽培管理条件（郭育文，2013）。通过整形修剪，协调光、温、水、气、热、土等生态因子的矛盾。掌握这些基础理论，对于顶坛花椒树形结构塑造和管理尤为必要，也是植物配置的重要基础。

6.1 枝条管理效应分析

本小节选择贵州省安顺市关岭自治县花江镇坝山村为研究区，基本概况见第4章。

6.1.1 水肥一体对叶片功能性状的影响

植物功能性状影响植物生长、繁殖和生存，进而影响生态系统功能的植物生理、生态和物候特征，表征植物对环境变化的响应与适应（Violle et al.，2007；Walke et al.，2016）。自然和人为因素均会不同程度地引起植物功能性状变化，某些情况下人工干扰的影响甚至会大于气候变化（Sande et al.，2019）。研究表明，人为经营措施可以改善植物根系和叶片性状进而提高作物光合能力和生物量，使作物养分有效性和生长发育达到最优。顾鸿昊等（2015）和封焕英等（2017）在研究毛竹 ［*Phyllostachys edulis* (Carrière) J. Houz.］时发现，集约经营能有效提高毛竹对光能的利用能力、碳同化能力和磷吸收能力；刘可欣等（2019）研究了修枝对植物光合作用的影响，发现修枝显著增大了水曲柳（*Fraxinus mandshurica* Rupr.）的净光合速率和气孔导度；种植密度的增大也会降低玉米（*Zea mays* Linn.）的光合速率和蒸腾速率（徐宗贵 等，2017）；刘文亭等（2016）发现灌溉对短花针茅（*Stipa breviflora* Griseb.）的叶长、叶鲜质量等的增大有促进作用；喷灌对提高冬小麦（*Triticum aestivum* Linn.）叶片光合速率和水分利用效率促进作用最明显（董志强 等，2015）。前人针对某一经营措施影响植物光合作用或形态性状的研究成果丰富，但基于不同经营措施下多种功能性状差异的研究尚显缺乏。并且已有研究主要集中在非喀斯特地区，在环境条件异质性较高的喀斯特环境脆弱区，经营措施对人工经济林生态系统叶片功能性状的影响研究尚显不足。

　　近来有研究发现顶坛花椒出现了以开黄花为典型标志的衰老退化（喻阳华等，2019），对石漠化治理与区域产业的良性发展产生了不利影响。前人对顶坛花椒的研究主要集中于植株退化（喻阳华 等，2019）、土壤养分（瞿爽 等，2020）等，关于经营措施对花椒叶片功能性状影响的研究未见报道。以典型喀斯特石漠化地区不同经营措施下顶坛花椒人工林为研究对象，分析经营措施对叶片功能性状的影响，拟探讨以下问题：①矮化密植与喷灌对顶坛花椒叶片形态性状塑造有何作用？②矮化密植与喷灌是否有利于顶坛花椒叶片养分含量的增加？③矮化密植与喷灌促进还是抑制了顶坛花椒的光合生理过程？旨在为顶坛花椒的经营调控提供科学参考。

6.1.1.1　研究方法

　　（1）样地选择　于 2021 年 5 月，在同一坡面选取相似坡度、坡向和海拔的顶坛花椒林，根据经营措施将花椒林划分为矮化密植＋喷灌（Ⅰ）、矮化密植（Ⅱ）2 个处理，以自然生长（Ⅲ）的顶坛花椒作为对照组，不同处理间隔 10m。每种措施设置 3 个 10m×10m 的标准样方，样方之间间隔 10m，所有样方均无人工施肥。样地土壤厚度为 15～30cm，pH 值为 7.2～8.5，有机碳、全氮和全磷分别为 70.14～129.16g·kg^{-1}、1.69～3.31g·kg^{-1}、1.20～1.97g·kg^{-1}。样地选定后，测量株高、株距、基径、冠幅、枝下高等信息，样地基本概况见表 6-1。

　　（2）样品采集与测定

　　① 叶片形态性状测定。每块样方按五点采样法随机采集冠层中部成熟、健

表 6-1　样地概况

编号	经营措施	海拔/m	平均株高/m	平均树龄/a	平均冠幅/m²	密度/(株·ha^{-1})	单株产量/(株·kg^{-1})
I	矮化密植+喷灌	615	2.5	8	2.5×3	1150	8~10
II	矮化密植	620	2.5	8	2.5×3	1150	6~7
III	自然生长	625	4	8	4×4	650	3~4

康的顶坛花椒叶 10 片，测定叶片形态性状。采用精度为 0.0001g 的电子天平称取叶鲜重（leaf fresh mass，LMf）；采用精度为 0.01mm 的数显游标卡尺测量叶厚（leaf thickness，LT），测量时避开主脉，分别测量上、中、下三个位置，取平均值；采用叶面积仪（Delta-T，Cambridge，UK）扫描叶面积（leaf area，LA）；将叶片放入清水中浸泡 24h 取出，用吸水纸吸干叶片表面的水分后称取叶饱和鲜重（leaf saturation fresh mass，LMsf）；将叶片带回实验室，放入 65℃ 烘箱内干燥 48h 至恒重，取出后称叶干重（leaf dry mass，LMd）；计算叶含水量（leaf water content，LWC）=（LMf−LMd）/LMf×100%；比叶面积（specific leaf area，SLA）=LA/LMd；叶组织密度（leaf tissue density，LTD）=LMd/（LA×LT）；叶干物质含量（leaf dry matter content，LDMC）=LMd/LMsf。

② 叶片 C、N、P 含量测定。每块样方随机摘取成熟、健康的花椒叶片各 200g 左右带回实验室进行预处理，用于叶片有机碳（organic carbon，OC）、全氮（total nitrogen，TN）和全磷（total phosphorus，TP）含量测定。叶片 OC 含量采用重铬酸钾外加热法测定，TN 含量采用高氯酸-硫酸消煮后用半微量凯氏定氮法测定，TP 含量采用高氯酸-硫酸消煮-钼锑抗比色-紫外分光光度法测定。

③ 叶片光合生理性状测定。于 2021 年 5 月初天气晴朗的上午 8：30~11：30 时，采用 Li-6800 便携式光合测定仪（LI-COR inc，Lincoln，USA）测定叶片光响应曲线。每块样方随机选取 3 株健康的顶坛花椒植株，每株选取冠层中部的成熟、完整叶片 3 片进行光合测定。测定时叶室温度控制为 27℃，CO_2 浓度为 $400\mu mol·mol^{-1}$，相对湿度 60%，设置 16 个光合有效辐射（PAR）梯度（$0\mu mol·m^{-2}·s^{-1}$、$20\mu mol·m^{-2}·s^{-1}$、$40\mu mol·m^{-2}·s^{-1}$、$60\mu mol·m^{-2}·s^{-1}$、$80\mu mol·m^{-2}·s^{-1}$、$100\mu mol·m^{-2}·s^{-1}$、$200\mu mol·m^{-2}·s^{-1}$、$400\mu mol·m^{-2}·s^{-1}$、$600\mu mol·m^{-2}·s^{-1}$、$800\mu mol·m^{-2}·s^{-1}$、$1000\mu mol·m^{-2}·s^{-1}$、$1200\mu mol·m^{-2}·s^{-1}$、$1400\mu mol·m^{-2}·s^{-1}$、$1600\mu mol·m^{-2}·s^{-1}$、$1800\mu mol·m^{-2}·s^{-1}$、$2000\mu mol·m^{-2}·s^{-1}$）。测定的光合参数有净光合速率（$P_n$）、胞间 CO_2 浓度（C_i）、蒸腾速率（T_r）、气孔导度（G_s）等，水分利用效率（WUE）=P_n/T_r，气孔限制值（L_s）=（C_a−C_i）/C_a。采用叶子飘双曲线修正模型（叶子飘，2010）拟合所测定的光响应曲线，得出表观量子效率（AQY）、光饱和点（LSP）、光补偿点（LCP）、暗呼吸

速率（R_d）、最大净光合速率（$P_{n,max}$）等。光合测定完毕后，采用手持式叶绿素仪（TYS-A，北京中科维禾，中国）避开叶脉测定该叶片 SPAD（soil and plant analyzer development，SPAD）值。

（3）数据统计与分析　采用 Excel 2010 进行数据预处理，计算平均值和标准差。采用 SPSS 22.0 进行单因素方差分析（one-factor ANOVA），以比较不同经营措施下顶坛花椒叶片功能性状的差异；为检验性状之间的协同与权衡关系，对花椒叶片的形态性状、营养性状和生理性状进行 Pearson 相关性分析；采用 Excel 2010 绘制各光合特征参数的光响应曲线和功能性状柱状图。

6.1.1.2　叶片形态性状

如图 6-1 所示，除 LT 与 LWC 外，其他叶片功能性状与自然生长均存在显著差异。其中 LMf、LMsf、LA、LMd 增幅分别为 26%～31%、19%～29%、18%～23%、19%～33%；SLA 表现为Ⅰ＞Ⅲ＞Ⅱ，Ⅱ较Ⅲ减少了 12%，Ⅰ与Ⅲ差异不大；LTD 和 LDMC 都为Ⅱ＞Ⅲ＞Ⅰ，Ⅰ的降幅均为 7%，Ⅱ与Ⅲ差异

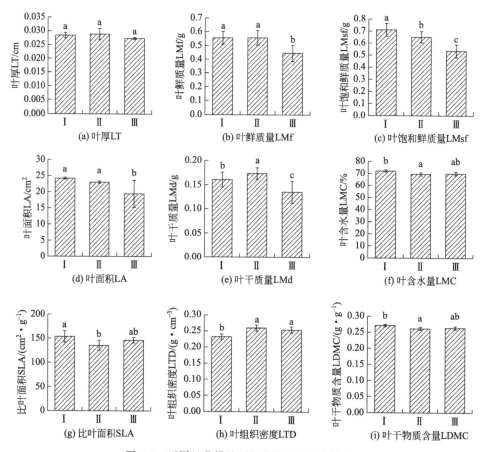

图 6-1　不同经营措施顶坛花椒叶片形态性状

不大。说明矮化密植与喷灌在一定程度上引起叶片形态性状调整，其对水分变化的响应最明显。

6.1.1.3 叶片 C、N、P 含量与生态化学计量特征

3 种经营措施叶片 OC 含量为 397.45～425.19g·kg^{-1}，Ⅰ和Ⅱ之间差异不显著，但均显著低于Ⅲ，说明矮化密植降低了顶坛花椒叶片有机碳含量。叶片 TN、TP 含量依次为 27.46～28.74g·kg^{-1}、1.89～1.98g·kg^{-1}，未随经营措施发生显著变化。叶片 C/N、C/P、N/P 分别为 13.93～15.60、205.13～215.17、13.96～14.86。C/N 和 C/P 在 3 种经营措施间数值大小表现为Ⅰ＜Ⅱ＜Ⅲ，N/P 则Ⅰ＞Ⅱ＞Ⅲ，在 3 种经营措施间均无显著性差异（图 6-2），说明经营措施对叶片养分含量影响不明显。

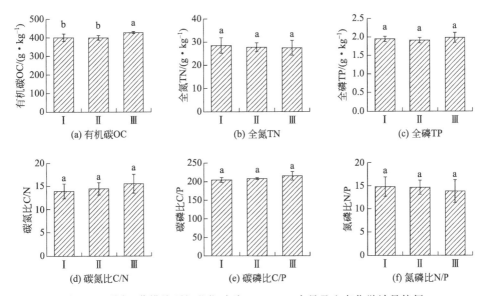

图 6-2 不同经营措施顶坛花椒叶片 C、N、P 含量及生态化学计量特征

6.1.1.4 叶片光合生理性状

如图 6-3，P_n、T_r、G_s 均随光合有效辐射（photosynthetically active radiation，PAR）的增加先增大后趋于平缓，均表现为Ⅰ＞Ⅱ＞Ⅲ，3 种参数的均值Ⅰ比Ⅲ分别增加 136%、102%、122%，Ⅱ比Ⅲ分别增加 77%、45%、59%。Ⅰ和Ⅱ的 C_i 随 PAR 的增大而下降，Ⅲ则先下降后小幅上升，最终 3 条曲线走向趋于近似。Ⅰ和Ⅱ的 WUE 和 L_s 随着 PAR 的增大先增大后趋于平缓，Ⅲ的两种曲线在 PAR 为 800μmol·m^{-2}·s^{-1} 左右时均出现缓慢下降趋势。WUE 和 L_s 两种参数的均值Ⅰ比Ⅲ分别增加 10% 和 1%，Ⅱ比Ⅲ分别增加 17% 和 7%。与 C_i 相似，3 种经营措施的 WUE 和 L_s 曲线走向无明显规律。

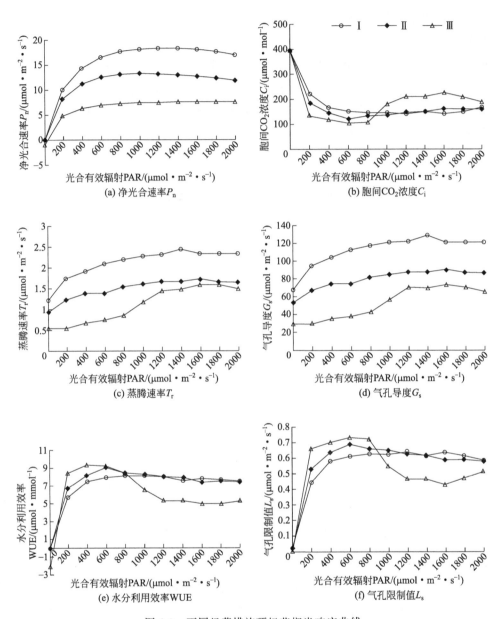

图 6-3　不同经营措施顶坛花椒光响应曲线

通过双曲线修正模型拟合得出的光合参数决定系数（R^2）均在 0.99 以上，说明双曲线修正模型可以有效地反映不同经营措施下顶坛花椒叶片的光合特性。如表 6-2 所示，不同经营措施下花椒光响应参数之间存在较大差异。表观量子效率（AQY）和最大净光合速率（$P_{n,max}$）都表现为Ⅰ＞Ⅱ＞Ⅲ，Ⅰ比Ⅲ分别增加了 208.6％和 269.4％，Ⅱ比Ⅲ分别增加了 178.8％和 242.8％；光饱和点（LSP）

和光补偿点（LCP）则为Ⅰ＜Ⅱ＜Ⅲ；Ⅲ的暗呼吸速率（R_d）最强，Ⅱ最弱。LSP、LCP、R_d3种参数Ⅰ比Ⅲ分别减少了67.9％、10％和32.7％，Ⅱ比Ⅲ分别减少了97.2％、10.6％和28.9％。上述参数的差异说明了顶坛花椒根据不同的环境特征对光合生理特性做出了一定的调整。

表6-2 不同经营措施顶坛花椒光响应参数比较

编号	经营措施	表观量子效率 AQY/($\mu mol \cdot m^2 \cdot s^{-1}$)	最大净光合速率 $P_{n,max}$/($\mu mol \cdot m^2 \cdot s^{-1}$)	光饱和点 LSP/($\mu mol \cdot m^2 \cdot s^{-1}$)	光补偿点 LCP/($\mu mol \cdot m^2 \cdot s^{-1}$)	暗呼吸速率 R_d/($\mu mol \cdot m^2 \cdot s^{-1}$)
Ⅰ	矮化密植＋喷灌	0.0895± 0.010a	17.3365± 1.038a	1047.3015± 157.43a	3.0865± 0.857b	0.2812± 0.105b
Ⅱ	矮化密植	0.0767± 0.002a	15.6210± 2.345a	1498.6560± 472.284a	3.2694± 0.108b	0.2481± 0.013b
Ⅲ	自然生长	0.0429± 0.031b	6.4344± 1.205b	1541.2221± 130.540a	30.8466± 12.062a	0.8599± 0.358a

注：表中数据为平均值±标准差；同列数据后不同小写字母表示不同经营措施差异显著（$P<0.05$），下同。

6.1.1.5 叶片功能性状之间的 Person 相关性

Pearson 相关检验（表6-3～表6-5）表明，叶片功能性状之间存在显著相关关系。其中 LT 与 SPAD、P_n、T_r、G_s 显著或极显著正相关，说明 LT 与光合作用联系密切；LMf、LMsf、LMd 与 SPAD、P_n、T_r、G_s、OC、C/P 的相关性均达到了显著水平（$P<0.05$），LMf、LMsf、LMd 与 SPAD、P_n、T_r、G_s 有相互促进作用，但是与 OC、C/P 为权衡关系；LA 与 SPAD、P_n、T_r、G_s 之间呈显著增强效应，反映了 LA 与光合作用存在一定协调性；LWC、LDMC 与 WUE 显著负相关和正相关，说明 WUE 受 LWC、LDMC 的影响明显；OC 与 SPAD、P_n、T_r、G_s 呈反向作用效应，OC、TP 与 C_i、L_s 显著正相关，说明 OC 含量与光合作用有正向影响，OC、TP 与 C_i、L_s 有相互促进作用；相关性分析结果表明，叶片形态性状与光合作用的相关性大于与养分含量的相关性，养分含量对光合作用有重要影响。

表6-3 叶片形态性状与光合特性间的 Pearson 相关

指标	LT	LMf	LMsf	LA	LMd	LWC	SLA	LTD	LDMC
SPAD	0.807**	0.872**	0.787*	0.783*	0.808**	0.105	−0.109	−0.350	0.030
P_n	0.732*	0.804**	0.869**	0.702*	0.674*	0.352	−0.024	−0.382	−0.323
T_r	0.781*	0.897**	0.950**	0.855**	0.753*	0.374	0.092	−0.565	−0.309
C_i	−0.466	−0.413	−0.446	−0.213	−0.357	−0.167	0.278	−0.087	0.177
G_s	0.810**	0.911**	0.946**	0.836**	0.779*	0.333	0.015	−0.491	−0.266

指标	LT	LMf	LMsf	LA	LMd	LWC	SLA	LTD	LDMC
WUE	0.272	0.484	0.192	0.486	0.659	−0.684*	−0.356	0.202	0.754*
L_s	−0.433	−0.331	−0.449	−0.146	−0.212	−0.396	0.132	0.058	0.410

注：**表示在0.01水平上有显著相关性，*表示在0.05水平上有显著相关性，下同。

表6-4　叶片形态性状与养分含量间的 Pearson 相关

指标	LT	LMf	LMsf	LA	LMd	LWC	SLA	LTD	LDMC
OC	−0.83[1]**	−0.840**	−0.845**	−0.659	−0.735*	−0.265	0.199	0.241	0.196
TN	0.210	−0.079	0.067	−0.165	−0.254	0.650	0.220	−0.278	−0.549
TP	−0.470	−0.177	−0.153	0.108	−0.118	−0.227	0.353	−0.208	0.115
C/N	−0.519	−0.298	−0.404	−0.137	−0.128	−0.581	−0.037	0.267	0.478
C/P	−0.433	−0.794*	−0.826**	−0.916**	−0.742*	−0.039	−0.178	0.530	0.088
N/P	0.314	0.002	0.091	−0.160	−0.139	0.529	0.024	−0.115	−0.414

表6-5　叶片光合特性与养分含量间的 Pearson 相关

指标	OC	TN	TP	C/N	C/P	N/P
SPAD	−0.769*	0.176	−0.256	−0.437	−0.620	0.218
P_n	−0.980**	0.441	−0.585	−0.748*	−0.480	0.502
T_r	−0.894**	0.288	−0.310	−0.579	−0.702*	0.305
C_i	0.782*	−0.506	0.818**	0.741*	−0.031	−0.626
G_s	−0.934**	0.304	−0.381	−0.612	−0.665	0.340
WUE	−0.073	−0.555	0.315	0.398	−0.467	−0.487
L_s	0.741*	−0.599	0.793*	0.790*	−0.054	−0.681*

6.1.2　水肥一体对果实品质的影响

花椒果实具有"香味浓、麻味纯、品质优"的典型特征，尤其以果皮的香麻味最浓（杨跃寰等，2010），是一种附加值较高的经济植物（Wang et al.，2019），为地理标志保护产品和地理标志证明商标，深受百姓欢迎，并在石漠化治理中大面积应用推广。近年来，在顶坛花椒培育技术上进行了诸多有益探索，促进了花椒增产、稳产、稳质。但是，不同经营措施对其品质的影响效应尚不完全清楚，研究品质性状，能够为技术优化提供科学参考。

影响植物果实品质的因素包括品种、土壤质量、气象因素和施肥管理等（张艾英等，2019），不同要素的影响程度和机制存在差异。其中，温度影响作物的发育进程（Uhlen et al.，1998），水分和养分的配置会影响果实中物质的积累

（Zhang et al. ，2020），等等。探讨不同经营措施对果实品质的影响，能够为其产量与品质调控及其关系权衡提供科学参考。他人研究表明，不同修枝技术会影响果实酸度等品质指标（Kumar et al. ，2020），修枝后的形状决定了果实对光照和水分等资源的利用效率；在生长季节内的不同时期修剪，"Anjou"梨的直径和干物质含量存在差异性，表明修枝的时间会影响果实营养物质积累（Goke et al. ，2020）；果树修剪可以改善树冠的整体光可利用性，影响果实大小、色泽和可溶性固形物（Bhusal et al. ，2017）；修剪制度能够对产量和品质产生影响（Mourao et al. ，2017），这与气象条件影响果实品质的原理近似（李德　等，2018）。据此推测，探究矮化密植这一修枝方式对顶坛花椒品质的影响，具有重要的现实意义。

同时，土壤水分状况亦影响果实品质。例如：正常灌溉与轻度、中度水分胁迫显著影响"Gala"苹果品质，适度胁迫有利于改善品质（Wang et al. ，2019）；不同的土壤水分处理，对葡萄可溶性糖、维生素等指标具有显著影响，导致品质性状存在差异（Zhu et al. ，2018）；灌溉水的深度和质量对枣椰树果重、含糖量等产生影响（Aleid et al. ，2016）。喀斯特石漠化地区土层浅薄、蓄水能力差，环境具有脆弱性（杨明德　等，1990），而水又是地球化学循环的关键驱动力，因此阐明水分状况与顶坛花椒品质的内在关联，能够为其科学经营提供理论依据。但是，未见矮化密植和喷灌对顶坛花椒品质影响的公开报道，这在一定程度上限制了顶坛花椒高效栽培技术集成。

基于此，以喀斯特石漠化地区典型退化生态系统恢复模式顶坛花椒人工林为对象，探讨矮化密植和水分管理措施对其品质的影响效应。主要回答以下 2 个科学问题：①探讨顶坛花椒品质性状随经营方式的变化规律，阐明经营措施对品质的影响机理；②探究顶坛花椒品质性状之间的内在关联，揭示不同指标之间的互作效应。旨在为高效培育顶坛花椒林分提供理论和实践依据。

6.1.2.1　研究方法

（1）样地选择　根据经营措施将花椒林划分为矮化密植（A_1）、矮化密植＋喷灌（A_2）、自然生长（CK），其余与 6.1.1.1 的内容相同。

（2）样品采集与测定　在每个标准样方内，选取代表性花椒植株，用枝剪在东、南、西、北、中 5 个方位各取果实若干，组成混合样，重约 500g，置于尼龙网袋中；在阳光下摊匀、晾晒，充分失水干燥后，脱除种子，制得果皮待测样品。由于百姓习惯将花椒果皮作为食用材料，因此以果皮为测试对象。

（3）样品分析方法　灰分采用高温灼烧称重法测定，游离氨基酸采用氨基酸自动分析仪测定，维生素 E 和 β-胡萝卜素均采用高效液相色谱测定，铁（Fe）、锌（Zn）、硒（Se）均采用电感耦合等离子体光谱仪测定，碘（I）采用氧化还原滴定法测定。

（4）数据处理方法　必需氨基酸（EAA）包括苏氨酸、缬氨酸、赖氨酸、苯丙氨酸、亮氨酸、异亮氨酸、蛋氨酸，共7种；非必需氨基酸（NAA）包括天冬氨酸、谷氨酸、组氨酸、丙氨酸、甘氨酸、脯氨酸、酪氨酸、丝氨酸、精氨酸，共9种。鲜味氨基酸（DAA）包括谷氨酸、天冬氨酸、精氨酸、丙氨酸、甘氨酸，共5种；甜味氨基酸（SAA）包括甘氨酸、丙氨酸、丝氨酸、苏氨酸、脯氨酸、组氨酸，共6种；苦味氨基酸（BAA）包括缬氨酸、亮氨酸、异亮氨酸、蛋氨酸、精氨酸、苯丙氨酸、组氨酸、赖氨酸、酪氨酸，共9种；芳香族氨基酸（AAA）包括苯丙氨酸、酪氨酸、胱氨酸，共3种；药效氨基酸（PAA）包括亮氨酸、赖氨酸、蛋氨酸、苯丙氨酸、胱氨酸、酪氨酸、精氨酸、天冬氨酸、谷氨酸、甘氨酸，共10种。

实验数据使用Excel 2010软件进行初步整理；利用SPSS 22.0软件，采用单因素方差分析（one-factor ANOVA）中的Duncan法检验果皮品质性状之间的差异；采用Pearson相关分析检验品质指标的内在关联；采用主成分分析方法，依据加权法计算顶坛花椒品质综合指数（IFI），表达式为：

$$\mathrm{IFI} = \sum W_i \times F_i$$

式中，W_i为各主成分的贡献率；F_i为各经营技术的因子得分。

6.1.2.2　品质性状变化规律

（1）灰分　3种经营方式中，以A_2的灰分含量最高，但均未达到显著差异（$P<0.05$，下同），表明A_2技术未对果皮中固体物质的积累产生显著影响（图6-4）。

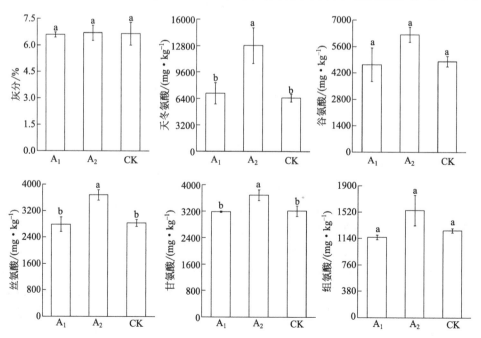

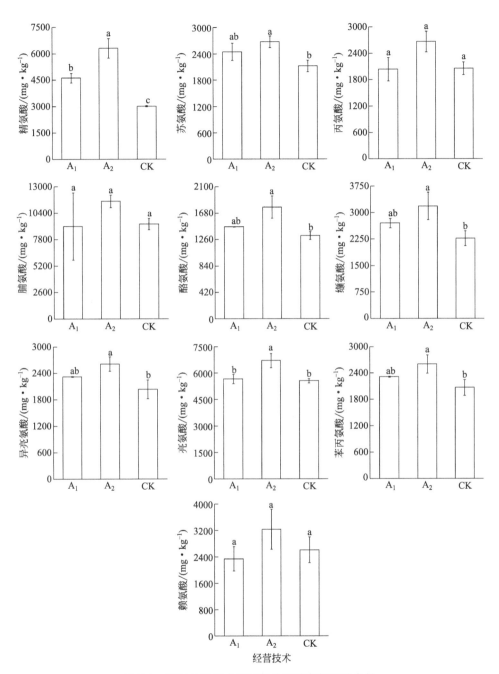

图 6-4　不同经营技术中的灰分和游离氨基酸含量

（2）游离氨基酸　检测的 17 种游离氨基酸中，蛋氨酸和胱氨酸含量分别低于 13.90mg/kg、43.60mg/kg 的检出限；天冬氨酸、丝氨酸、甘氨酸、亮氨酸含量均以 A_2 为显著最高，A_1 和 CK 之间差异不显著；精氨酸含量为 $A_2>A_1>$

CK；苏氨酸、酪氨酸、缬氨酸、异亮氨酸、苯丙氨酸含量在 A_1、A_2 和 A_1、CK 之间无显著差异，A_2 显著高于 CK；谷氨酸、丙氨酸、组氨酸、脯氨酸、赖氨酸含量在 3 种经营技术中未现显著差异（图 6-4）。表明 A_2 经营措施能够在较大程度上促进氨基酸的积累。

必需氨基酸、非必需氨基酸、鲜味氨基酸、苦味氨基酸、药效氨基酸的积累量均以 A_2 措施显著最高，A_1 和 CK 之间未呈显著差异；芳香族氨基酸积累量以 A_2 为最高，但与 A_1 差异不显著，与 CK 差异显著；甜味氨基酸积累量在 3 种经营技术中未表现出显著差异（表 6-6）。表明在顶坛花椒人工林经营时，水分管理是重要的农艺措施，仅进行矮化密植技术不能显著促进氨基酸积累。

表 6-6　不同经营技术中氨基酸的积累量　　　　单位：$mg \cdot kg^{-1}$

措施	EAA	NAA	DAA	SAA	BAA	AAA	PAA
A_1	17797.03± 536.15b	31405.88± 58403b	21525.79± 2739.47b	20710.14± 2959.91a	22596.43± 1046.38b	3503.75± 270.37ab	31275.85± 3087.90b
A_2	21023.46± 1087.72a	43998.99± 4114.49a	31729.23± 3502.77a	25832.78± 1512.38a	27971.19± 1901.18a	4443.62± 414.50a	43388.31± 3846.96a
CK	16680.59± 1248.90b	31312.13± 887.55b	19605.83± 157.33b	20799.86± 1136.85a	20147.94± 1249.21b	3384.70± 203.74b	29113.73± 773.71b

（3）维生素　维生素 E 和 β-胡萝卜素均为 $A_2 > A_1 >$ CK，差异均达显著水平（图 6-5）。表明矮化密植和喷灌对顶坛花椒果皮维生素和 β-胡萝卜素含量的影响规律不一致，但均显著高于自然生长下的花椒。

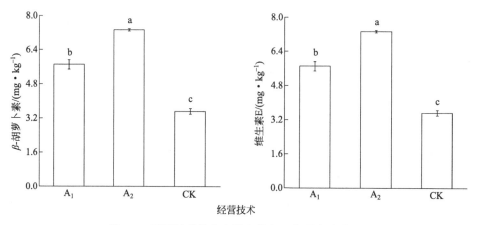

图 6-5　不同经营技术中维生素和 β-胡萝卜素水平

（4）微量元素　Zn 含量为 A_2 最低，显著低于 A_1 和 CK；Se 和 I 含量在 3 种经营措施中未现显著差异；Fe 含量以 A_1 最高，A_2 和 CK 之间差异不显著（图 6-6）。表明修枝和喷灌处理对花椒果皮中微量元素积累的促进效应不显著。

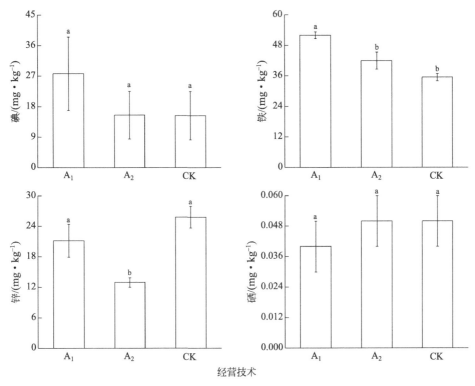

图 6-6　不同经营技术中微量元素含量

6.1.2.3　品质指标的内在关联

据表 6-7，β-胡萝卜素随着 Fe 含量的增加表现为极显著的增加效应；维生素 E 除对必需氨基酸积累呈现显著负向作用效应外，对其余氨基酸积累为正向作用效应，其中，对鲜味、苦味、药效氨基酸表现为显著促进；Zn 对氨基酸的积累多表现出显著的抑制效应（对鲜味氨基酸为显著促进作用，对芳香族氨基酸的抑制作用不显著），说明 Zn 不利于氨基酸的积累；Fe 对氨基酸的积累亦多呈负相关，但相关性未达显著水平；氨基酸之间的积累多呈极显著的正相关关系。表明微量元素与氨基酸积累之间呈现此消彼长的关系。品质之间的互作关系，能够为定向目标经营和品质优化调控等提供理论依据。

表 6-7　顶坛花椒品质指标之间的相关关系

指标	β-CE	维生素 E	I	Fe	Zn	Se	EAA
AC	-0.075	-0.046	-0.267	-0.125	-0.283	0.548	-0.023
β-CE	1	0.418	0.699	0.978^{**}	-0.165	-0.632	0.086
维生素 E		1	0.051	0.444	-0.936^{**}	0.018	-0.877^{*}
I			1	0.566	0.255	-0.745	0.058

指标	β-CE	维生素E	I	Fe	Zn	Se	EAA
Fe				1	−0.206	−0.628	0.059
Zn					1	−0.341	−0.836*
Se						1	0.121
EAA							1
NAA							
DAA							
SAA							
BAA							
AAA							

指标	NAA	DAA	SAA	BAA	AAA	PAA	
AC	0.212	0.187	0.158	0.061	0.102	0.151	
β-CE	−0.155	0.012	−0.213	0.151	−0.032	0.003	
维生素E	0.798	0.839*	0.729	0.912*	0.791	0.842*	
I	−0.230	−0.038	−0.394	0.063	0.028	−0.041	
Fe	−0.168	−0.011	−0.204	0.128	−0.077	−0.018	
Zn	−0.879*	0.853*	−0.854*	−0.874*	−0.786	−0.851*	
Se	0.415	0.180	0.625	0.106	0.175	0.177	
EAA	0.941**	0.961**	0.817*	0.992**	0.976*	0.969**	
NAA	1	0.961**	0.910*	0.939**	0.957*	0.965**	
DAA		1	0.773	0.975**	0.985*	0.999**	
SAA			1	0.796	0.780	0.784	
BAA				1	0.972*	0.980**	
AAA					1	0.988**	

注：AC：灰分；β-CE：胡萝卜素。

6.1.2.4　品质综合评价

按照特征值＞1 的原则，抽取了 4 个主成分，特征值分别为 13.796、4.1、2.114 和 1.136，累计贡献率达 96.12％，表明这 4 个主成分能够反映出原始数据提供信息总量的 96.12％，大部分信息得以保留，丢失量较小。依据累计贡献率＞85％的原则，选取前 4 个主成分继续开展分析。第 1 主成分的贡献率为58.33％，主要与氨基酸含量显著相关，载荷系数较大，均表现为正影响。第 2主成分的贡献率为 17.61％，在 β-胡萝卜素和 Fe 上的负载较大，亦为促进作用。第 3 主成分的贡献率为 13.71％，主要受 I、Se 等微量元素支配，但作用方向相反，表明微量元素对品质形成具有权衡关系。第 4 主成分的贡献率为 6.47％，受灰分的影响较大，且表现出正向效应（表 6-8）。

表 6-8 初始因子载荷矩阵及主成分的贡献率

指标	主成分			
	1	2	3	4
天冬氨酸	0.954	−0.003	0.172	0.157
谷氨酸	0.962	−0.182	−0.085	−0.075
丝氨酸	0.964	−0.124	0.168	−0.057
甘氨酸	0.953	−0.117	0.258	−0.039
组氨酸	0.908	−0.285	0.178	0.245
精氨酸	0.873	0.418	0.207	0.038
苏氨酸	0.709	0.488	0.457	0.033
丙氨酸	0.991	−0.122	−0.012	−0.006
脯氨酸	0.395	−0.027	0.86	0.108
酪氨酸	0.939	0.212	0.231	0.127
缬氨酸	0.928	0.339	0.063	0.083
异亮氨酸	0.875	0.385	0.194	−0.066
亮氨酸	0.796	0.023	0.283	−0.391
苯丙氨酸	0.894	0.338	0.189	0.023
赖氨酸	0.916	−0.317	−0.113	0.079
灰分	0.042	−0.05	0.178	0.932
β-胡萝卜素	−0.019	0.969	−0.243	0.008
维生素 E	0.765	0.528	0.341	−0.065
I	0.093	0.54	−0.774	−0.009
Fe	−0.07	0.973	−0.123	−0.106
Zn	−0.735	−0.316	−0.554	−0.116
Se	0.099	−0.469	0.714	0.479
特征值	13.796	4.1	2.114	1.136
贡献率/%	58.33	17.61	13.71	6.47
累计贡献率/%	58.33	75.94	89.65	96.12

经加权计算得到不同经营技术的顶坛花椒品质综合指数，表现为 A_2（3.10）＞ A_1（−0.81）＞CK（−2.29）。结果显示，A_2 能够提高顶坛花椒的品质，其氨基酸、维生素、微量元素和灰分性状均优于 A_1 和 CK；A_1 与 CK 相比，对微量元素的积累影响不大（表 6-9），但其他性状均有一定程度的改善。表明 A_2 是优化顶坛花椒品质较为理想的技术。

表 6-9　不同经营技术的主成分因子得分及品质综合指数

措施	因子得分				品质综合指数
	因子 1	因子 2	因子 3	因子 4	
A$_1$	−1.44	1.92	−1.86	−0.71	−0.81
A$_2$	4.29	0.56	3.34	0.58	3.10
CK	−2.84	−2.49	−1.47	0.12	−2.29

6.1.2.5　矮化密植与水分管理对顶坛花椒品质的影响机理

矮化密植和水分管理能够显著提高顶坛花椒的产量和品质，这与该措施有效调控了土壤、微气候等环境因子有关（Hedlund et al.，2002；李倩　等，2010）。矮化可减少枝条的重叠与交错，改善树冠构型，进而提高光合作用效率，增加养分物质积累（Tominaga et al.，2015）。密植是通过调控冠层结构，对光照、温度、水分等生态资源进行优化配置，可影响植物生长与生产力（Milosevic et al.，2015）。因此，矮化密植实现了叶片对光合作用的调控，是提高果实产量和品质的重要农艺管理措施。水分在生态过程中发挥了重要作用，既是物质运输的动力，又是光合作用的原料（Song et al.，2020），有利于光合产物的积累。此外，水分状况和冠层结构又调节着植株蒸腾速率（Fraga et al.，2021），决定植物体内水分、矿质离子、无机盐等的运输和利用效率。综上，该技术综合调控了顶坛花椒的光合作用和蒸腾作用等生理生态过程。

研究结果还显示，与矮化密植相比，水分对产量和品质的贡献更大，这可能与研究区地表、地下典型二元结构导致土层浅薄、土壤蓄水能力较低有关，也可能与山区地形条件对土壤水分时空变异影响较大相关（张川　等，2015），且2020 年生长期内降水量极少，使水分的作用表现得更加突出，该结果亦证明了水量和水质会影响植物果实品质（Cui et al.，2020），凸显了水分科学管理的重要性。但是，水分与矮化密植之间如何协同发挥作用，以及二者对不同品质性状的影响机制等尚不完全明确，仍需深入研究。

6.1.2.6　顶坛花椒品质性状的内在关联

维生素 C 是小分子物质，调控机体的代谢、生长和发育等过程，是评价果实品质的重要指标之一（Jeong et al.，2020）；氨基酸是重要的渗透调节物质，亦有调节机体生理生化反应的功能（Liao et al.，2015；Powell et al.，2015），因此它们在生态功能上表现出相似的作用效应。维生素 C 含量与氨基酸积累量互为正向调控，可能是植物在进行物质积累时，实现物质平衡分配的一种机制；维生素 C 作为特定细胞的启动子（Meraviglia et al.，2020），也可能对其他生理过程产生有利的调控效应，以实现物质分配与转化的平衡。在氨基酸积累上，不同氨基酸之间多呈正向协变关系，原因可能为：N 以游离氨基酸的形式积累，是有效贮存多余 N 的途径（鲁显楷　等，2006），所以氨基酸可表征 N 素变化对植物生理生态的影响，且不同游离氨基酸的含量受限于生境条件，彼此之间采取了积极的响应方法；此外，不同种类游离氨基酸均具有近似的物质组成，其比值决定了果实品质性状，因此表现出正向关联，以调控合适的化学计量平衡关系。

研究表明，花椒果皮中的 Zn 含量对氨基酸的积累总体上表现为显著抑制效应，且 Fe 元素也多表现出类似规律，但未达显著差异水平。原因可能是：Zn 为无机物质，能够活化酶的活性（李春俭，2015）；氨基酸为有机物质，其代谢途径也受到其他诸如维生素等有机物的影响（Song et al.，2020）；Zn 可能通过化学反应与氨基酸中的官能团相结合，破坏氨基酸的分子结构，并影响水解反应等化学过程。花椒果皮中微量元素和氨基酸的积累总体呈现此消彼长的关系，这是无机和有机化学反应相权衡的结果。未来有必要深入探讨果实不同品质性状之间的化学计量关系，阐明各指标之间的权衡与协同机制。

6.1.2.7　基于品质提升的顶坛花椒人工林可持续经营策略

研究证实了 A_2 是优化顶坛花椒品质较为理想的技术，能够高效协调光、温、水、气、热之间的关系，进而影响光合作用效率（Medhurst et al.，2006），有利于提高花椒产量和品质。其中：修枝主要是削减无效枝条的数量，包括病害枝、枯枝、弱枝、重叠枝等，可以减少养分损耗，使叶片 N 质量分数等增加，提高净光合速率，也可补偿修枝对生长的不利影响（刘可欣　等，2019）；木质化可控制枝条徒长，使结果枝条存储足够的养分，为来年果实品质形成奠定物质基础；水分补给可在土壤含水量低于正常生长下限时，及时补足水分，可以调节植物的光合和抗氧化等能力（Ahmed et al.，2019），进而提高生物量，实现生产力提升。同时，修枝后喷灌与未喷灌相比，前者能够显著提高花椒品质性状，表明在喀斯特石漠化地区开展退化生态系统修复时，应当注重水分补给和高效管理，协调好水分、养分和品质之间的关系。但是，长时间序列土壤水分含量动态变化与果实品质形成的关系还有待深入研究。

综合分析可知，顶坛花椒矮化密植能够优化品质性状，实现可持续经营。但是，矮化密植技术中，修枝时间、方式和程度决定了劳务投入、产品收益等，并受限于不同地区的光照、温度、热量、降水等自然特征，也与劳动力的数量、质量等密切关联，还受到种植规模、生产水平等影响，加之喀斯特地区生境异质性较高，因而主要技术环节在不同地区的实际运用存在差异。下一步研究中，要依据不同小生境的自然资源特征和人为干预状况，构建顶坛花椒矮化密植的技术范式。

本节通过研究不同生态经营对顶坛花椒品质性状的影响，得出如下结论：①A_2 经营技术能够在较大程度上促进游离氨基酸的积累，但对灰分、维生素、微量元素的影响效应未达显著水平。②维生素 C 对氨基酸成分含量，以及氨基酸之间的积累多表现为显著正相关，微量元素与氨基酸积累之间则呈现此消彼长的关系。③3 种经营技术的品质综合指数为 A_2（3.10）＞A_1（-0.81）＞CK（-2.29），表明 A_2 经营方式是提升顶坛花椒品质的优选技术。④未来需结合不同小生境的自然资源特征和人为干预状况，优化顶坛花椒人工林矮化密植的技术范式。

6.1.3 培梢技术对果皮氨基酸的影响

花椒果皮富含氨基酸、芳香油和脂肪酸等多种物质（屠玉麟，2000）。近年来，受连栽、土壤施肥不足、树体管理不当等影响，花椒出现果实直径减小、香麻味退化、减产甚至不产等现象（敖厚豫，2020），急需优化培育技术。研究表明，氨基酸作为顶坛花椒的主要品质指标，其风味氨基酸对花椒香味有一定贡献（侯娜 等，2017），而缬氨酸和亮氨酸是合成麻味素含 N 部分的前体物质（Harald，2016），其含量高低对花椒麻味特性具有一定影响。果实氨基酸含量不仅受品种及性状（Zhou et al.，2018；Li et al.，2022）、栽培区气候和土壤条件等影响（Wen et al.，2020；刘伟 等，2019），还与枝条管理密切关联（Tustin et al.，1988；贾邱颖 等，2020）。枝梢作为果树产量和品质形成的基础，其长度、粗度、叶片数等会影响果实产量与品质（杜玉霞 等，2017）；枝条长势旺、叶片数多、捕光充分、利于可溶性固形物的形成，进而使较多的固形物转移到果实中，提高果实品质；枝条萌发季节亦可影响果实氨基酸积累，不同季节光、水、热等环境因子存在差异，春季温、湿度和光照强度等条件较为温和，光辐射弱，植株氮代谢加快，利于氨基酸合成（潘根生 等，1986）；此外，冬季大部分氨基酸储存在根茎中，并在春季运输到生长组织，增加了枝梢氨基酸积累（Lähdesmäki et al.，1990）；夏、秋季光、温、水等环境因子有利于含碳化合物的合成与积累，碳代谢加快，氮代谢减弱，导致枝梢氨基酸积累量减少（王宗尧 等，1986），果树在果实生长期，枝叶上合成的大量含氮同化物供给果实生长发育（Kadoya et al.，1972；Staswick et al.，1994），增强了果实氨基酸积累。可见枝条萌发季节对氨基酸积累有较大影响。如张国红等（2004）在日光、温室和温光条件下不同季节茬口与番茄果实品质关系的研究中发现，冬春茬的温、光条件较秋冬茬更利于番茄氨基酸等品质积累。前人虽然已经做了大量有关树体管理对果实氨基酸积累的影响，但有关顶坛花椒不同季节萌发枝条果皮氨基酸的研究报道较为鲜见。另外，顶坛花椒种植过程出现的花椒品质、产量下降等问题，严重影响了顶坛花椒产业的发展，需开展花椒产量和品质提升的研究，以实现花椒高效种植。研究选取黔中喀斯特高原峡谷区顶坛花椒人工林为研究对象，分析其不同季节萌发枝条顶坛花椒果皮氨基酸含量与组分特征，旨在揭示以下两个科学问题：①探讨顶坛花椒枝条萌发季节对顶坛花椒果皮氨基酸含量与积累量的影响效应；②阐明植物氨基酸积累量之间的内在关联。为顶坛花椒人工林产量和品质的提升提供科学依据。

6.1.3.1 研究方法

(1) 样地选择　与6.1.1.1的内容相同。

(2) 样品采集方法　于2021年顶坛花椒果实成熟期（6月）采摘，在同质种植园内，分别选取春、夏、秋季萌发枝条作为骨干枝的顶坛花椒样树各3株，依次标记为春梢（spring shoot，SS）、夏梢（summer shoot，SUS）、秋梢（autumn shoot，AS）。实验设置3个重复。在各样树上分别采集同一类型不同植株相异枝条上、中、下各部位无损的顶坛花椒果实，装入自封袋保存，在阳光下自然晾干、去籽、研磨成粉，用于氨基酸含量测定。表6-10为样地概况。

表6-10　样地概况

萌发类型	树高/m	平均冠幅/m	挂果率/%	林龄/a	果实特征	处理时间
SS	2.5	2.8	90	4	饱满，有光泽	2020年3月
SUS	2.8	3	90	4	饱满，有光泽	2020年7月
AS	2.7	3	90	4	饱满，有光泽	2020年9月

(3) 氨基酸含量测定　顶坛花椒果皮氨基酸组分及其含量使用高效液相色谱法测定，参考《食品安全国家标准　食品中氨基酸的测定》（GB 5009.124—2016）进行。药用氨基酸（MAA）包括精氨酸（Arg）、天冬氨酸（Asp）、谷氨酸（Glu）、甘氨酸（Gly）、亮氨酸（Leu）、赖氨酸（Lys）、蛋氨酸（Met）、苯丙氨酸（Phe）、酪氨酸（Tyr）9种；根据其味觉特征可将其分为鲜味氨基酸（DAA）、苦味氨基酸（BAA）、甜味氨基酸（SAA）、芳香族氨基酸（AAA）4类。

(4) 氨基酸营养评价　根据氨基酸比值系数法，将花椒果皮中氨基酸组成与1973年联合国粮农组织和世界卫生组织（Food and Agriculture Organization of the United Nations/World Health Organization，FAO/WHO）提出的EAA标准模式进行比对，参照朱圣陶等（1988）、颜孙安等（2021）的方法计算风味氨基酸含量与味觉阈值（ratio of content and taste threshold，RCT）、氨基酸比值（amino acid ratio，RC）、氨基酸比值系数（amino acid ratio coefficient，RCAA）和氨基酸比值系数分（score of amino acid ratio coefficient，SRC）等参数，并对其不同季节萌发枝挂果果皮的营养价值进行评价和讨论。RCT<1时，表征此氨基酸对花椒特殊风味无贡献；RCT≥1时，此氨基酸会影响花椒特殊风味，且RCT越大贡献率越高。RC最小的氨基酸为第一限制氨基酸，RC>1时，说明该种氨基酸相对过剩；当RC<1时，表明相对不足；RC=1时，其组成比例与模式谱一致。SRC越小，其营养价值越低，SRC越接近100价值越高。

(5) 数据处理与分析　利用单因素方差分析（one-factor ANOVA）检验不

同季节萌发枝挂果果皮氨基酸积累特征之间的差异。利用 Duncan 多重比较（Duncan's multiple range test）进行多重比较，采用 Pearson 相关分析法对处理中果皮氨基酸进行相关性检验。利用主成分分析（PCA）法评价不同季节萌发枝梢挂果果皮氨基酸品质，氨基酸含量数据经标准化处理后进行 PCA，以特征值大于 1 为原则，确定主成分个数。经 PCA 提取主成分后进行综合评价，依据各主成分分值 F_i 及相应特征值的方差贡献率权重相乘后求和得到综合评分 F。数据整理、分析、作图分别采用 Microsoft Excel 2019、SPSS for windows 26.0、Origin 2019b 等软件完成。

6.1.3.2 枝条萌发季节对顶坛花椒果皮氨基酸含量的影响

顶坛花椒果皮氨基酸组成如表 6-11，顶坛花椒果皮含有 17 种氨基酸。总体上，春梢和夏梢的果皮游离氨基酸中异亮氨酸（Ile）、Lys、必需氨基酸/总氨基酸（EAA/TAA）、必需氨基酸/非必需氨基酸（EAA/NEAA）显著高于（$P<0.05$，下同）秋梢（除夏、秋梢果皮的 Lys 无显著差异），均在春梢达到峰值，其中春梢和夏梢（0.49mg·g^{-1}）的 Ile 为秋梢（0.05mg·g^{-1}）的 9 倍以上，其他氨基酸未随枝条萌发季节发生显著变化，此外，除 Asp 外，其余种类氨基酸均在春梢达到峰值、夏梢次之。3 个处理的各氨基酸含量大小总体表现为春梢＞夏梢＞秋梢（表 6-11）。根据 FAO/WHO 提出的理想蛋白质中 EAA/TAA 为 40%、EAA/NEAA 高于 60%，本研究中春梢和夏梢顶坛花椒果皮的 EAA/TAA（38.99%、38.43%）和 EAA/NEAA（63.91%、62.43%）更符合标准。

除常见的 Tyr、Val、Met 等 7 种必需氨基酸外，顶坛花椒还包括 His 和 Arg 两种儿童氨基酸（CEAA），含量为 567.6～720.3mg·kg^{-1}，占总氨基酸的 9.62%～10.28%，在春、夏、秋梢间逐渐降低，但不显著。

表 6-11 不同萌发季节顶坛花椒果皮氨基酸的含量

氨基酸	SS/(mg·g^{-1})	SUS/(mg·g^{-1})	AS/(mg·g^{-1})
天冬氨酸	0.63±0.01a	0.65±0.13a	0.51±0.02a
谷氨酸	1.00±0.01a	0.95±0.13a	0.81±0.03a
丝氨酸	0.48±0.01a	0.45±0.07a	0.38±0.01a
组氨酸	0.24±0.01a	0.22±0.03a	0.18±0.01a
甘氨酸	0.51±0.02a	0.48±0.06a	0.40±0.01a
苏氨酸	0.39±0.01a	0.37±0.04a	0.32±0.01a
精氨酸	0.48±0.02a	0.45±0.07a	0.39±0.02a
丙氨酸	0.49±0.01a	0.45±0.06a	0.38±0.01a
酪氨酸	0.31±0.02a	0.29±0.04a	0.24±0.01a
胱氨酸	0.05±0.01a	0.05±0.02a	0.04±0.01a

续表

氨基酸	SS/(mg·g^{-1})	SUS/(mg·g^{-1})	AS/(mg·g^{-1})
缬氨酸	0.53±0.01a	0.48±0.07a	0.40±0.01a
蛋氨酸	0.05±0.01a	0.04±0.01a	0.03±0.01a
苯丙氨酸	0.05±0.01a	0.05±0.03a	0.02±0.01a
异亮氨酸	0.49±0.01a	0.49±0.04a	0.05±0.02b
亮氨酸	0.66±0.01a	0.61±0.08a	0.52±0.02a
赖氨酸	0.50±0.01a	0.44±0.06ab	0.36±0.01b
脯氨酸	0.59±0.02a	0.52±0.09a	0.49±0.03a
总氨基酸	7.45±0.09a	6.98±1.00a	5.52±0.13a
儿童氨基酸	0.72±0.01a	0.67±0.10a	0.57±0.02a
必需氨基酸/总氨基酸	38.99%±0.01a	38.43%±0.01a	33.93%±0.01b
非必需氨基酸/总氨基酸	61.01%±0.01a	61.57%±0.02a	66.07%±0.01b
必需氨基酸/非必需氨基酸	63.91%±0.01a	62.43%±0.01a	51.36%±0.01b

注：数据为平均值±标准误。

大量研究表明，植物品种（刘伟　等，2019）、产地和树体管理方式（殷丽琼　等，2019；刘丙花　等，2021）等均影响果实品质；张冲等（2016）指出不同冬剪留枝量会影响富士苹果的品质，且中等留枝量富士苹果的品质最佳；刘丙花等（2021）研究表明开心形有利于早实核桃氨基酸品质的提升；Anthony 等（2021）指出桃树冠层上部和外部果实品质较高。本节研究发现，枝条萌发季节也会影响顶坛花椒果皮氨基酸品质的形成，春梢和夏梢的氨基酸积累量高于秋梢，原因是处理间枝条发育时间差异较大，积累时间长短与氨基酸变化趋势一致，春梢相对夏梢和秋梢有更长的积累时间，利于营养物质积累；该研究区光、温、水等环境因子的季节分布不均，春季降水、光照和温度等条件温和，氮代谢加快，促进了枝条营养贮存蛋白合成与积累；夏季和秋季的碳代谢加快、氮素利用效率下降、土壤速效氮含量降低（黄振格　等，2020），抑制了营养贮存蛋白的合成与积累，加之不同季节萌发枝条的冠层性质存在差异，秋梢发育的冠层较春梢和夏梢冠层性质差，造成树冠小气候的差异（Lewallen et al.，2003），进而影响了其氨基酸积累。黔西南地区检测出不同季节萌发的顶坛花椒枝条结实中，均含有17种氨基酸，TAA 含量介于 5.52～7.45mg·g^{-1}，其中 Glu 的含量最高，与侯娜等（2017）在其他花椒品种中测得的氨基酸种类及含量基本一致，这可能与花椒遗传性状较为稳定有关，研究还发现顶坛花椒秋梢结实 Ile 含量较春梢和夏梢显著减少，表明 Ile 含量对季节变化较敏感，推测可能是秋季温度、水分等条件不适宜，抑制了秋梢 Ile 相关合成酶的合成，导致其含量降低，但具体原因有待进一步研究。

6.1.3.3 氨基酸积累量

（1）EAA、NEAA、TAA、CEAA 及风味氨基酸积累量　EAA、NEAA、TAA 和 CEAA 在数值上均为春梢＞夏梢＞秋梢，但除 EAA 为春、夏梢高于秋梢外，其余均无显著差异。秋梢的 EAA 较春梢和夏梢分别降低 35.53％和 32.98％［图 6-7（a）］。如图 6-7（b）所示，总体上，SAA 含量（2.15～2.70mg・g^{-1}）最高，AAA（0.30～0.41mg・g^{-1}）最低，BAA（1.38～2.20mg・g^{-1}）和 DAA（1.68～2.14mg・g^{-1}）相近，处理中各风味氨基酸种类数值上与 EAA 变化一致，除 BAA 外差异均不显著，秋梢的 BAA（1.38mg・g^{-1}）显著低于春梢（2.20mg・g^{-1}）和夏梢（2.06mg・g^{-1}），但春梢和夏梢 BAA 不显著。从 RCT 值看，处理中仅 Asp、Glu、Arg、Cys 的 RCT 均＞1，且含量在春梢、夏梢和秋梢间逐渐减少（表 6-12）。因此这 4 种氨基酸是形成花椒独特风味的原因之一，且春梢和夏梢更利于氨基酸积累和特殊风味的形成。

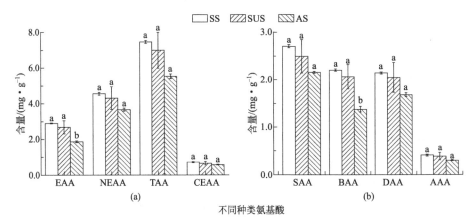

图 6-7　不同萌发季节顶坛花椒果皮氨基酸积累量

表 6-12　不同萌发季节顶坛花椒果皮风味氨基酸含量阈值比

氨基酸		味觉阈值	RCT		
			SS	SUS	AS
SAA	Thr	2.60	0.15	0.14	0.12
	Ser	1.50	0.32	0.30	0.26
	Gly	1.10	0.47	0.44	0.36
	Pro	3.00	0.20	0.17	0.16
	Ala	0.60	0.81	0.75	0.64
	His	0.20	1.20	1.09	0.90
BAA	Val	1.50	0.35	0.35	0.26
	Leu	3.80	0.17	0.16	0.14

氨基酸		味觉阈值	RCT		
			SS	SUS	AS
BAA	Ile	0.90	0.54	0.54	0.06
	Met	0.30	0.15	0.12	0.11
	Arg	0.10	4.80	4.54	3.87
DAA	Lys	0.50	0.99	0.88	0.72
	Glu	0.05	20.13	19.03	16.22
	Asp	0.03	21.13	21.66	17.09
AAA	Phe	1.5	0.04	0.03	0.01
	Tyr	2.6	0.12	0.11	0.09
	Cys	0.02	2.69	2.47	2.18

（2）特殊氨基酸积累量及组成　顶坛花椒不同萌发季节枝梢挂果果皮 MAA 总量为 $3.27\sim4.20\text{mg}\cdot\text{g}^{-1}$，以春梢含量最高。不同处理中 AAA、支链氨基酸（BCAA）总量分别为 $0.30\sim0.41\text{mg}\cdot\text{g}^{-1}$、$0.96\sim1.67\text{mg}\cdot\text{g}^{-1}$，含量与风味氨基酸变化一致，其中秋梢的 BCAA 和 BCAA/AAA 显著低于春梢和夏梢，而秋梢的 MAA/TAA 显著高于春梢和夏梢，但其总量较低，其余差异不显著。BCAA/AAA（$3.18\sim4.07\text{mg}\cdot\text{g}^{-1}$）均高于正常人体的支/芳比（$3.0\sim3.5$）。表明顶坛花椒果皮中富含丰富的药用氨基酸，且春、夏梢更利于花椒果皮药用氨基酸积累（表 6-13）。

表 6-13　不同萌发季节顶坛花椒果皮特殊功效氨基酸积累量

氨基酸	SS	SUS	AS
MAA/(mg/g)	4.20±0.06a	3.96±0.59a	3.27±0.09a
AAA/(mg/g)	0.41±0.01a	0.39±0.08a	0.30±0.01a
BCAA/(mg/g)	1.67±0.01a	1.57±0.19a	0.96±0.03b
MAA/TAA	56.34%±0.01a	56.70%±0.01a	59.33%±0.01b
BCAA/AAA	4.06±0.09a	4.07±0.33a	3.18±0.07b

不同树形、遮阴及嫁接等树体管理方式与植物果实氨基酸的积累量有关（刘建军　等，2013），例如核桃中主干分层形的氨基酸积累量较多（刘丙花　等，2021）；短期遮阴能增加茶树氨基酸积累量（顾辰辰　等，2017）。研究总体表明秋梢挂果的果皮氨基酸积累量较春梢和夏梢低，与引起不同季节萌发枝梢氨基酸含量差异的形成机理相近。由此推断枝条萌发季节也会影响果皮氨基酸积累，这为生产上进行留梢管理奠定了理论基础。

MAA 是人体不能合成的，且又是维持机体氮平衡所必需的（张晓煜　等，

2004）。研究表明，Glu 可与人体内的血氨结合，形成对人体无害的谷氨酰胺，解除组织代谢过程中产生的氨毒害；Asp 具有预防心脏病、高血压、肝病、糖尿病等疾病的作用（姜仲茂 等，2016）；食用高支/芳比的食物对肝患者恢复有积极作用（Kano et al.，1991）。研究结果显示，秋梢发育顶坛花椒果皮的 MAA/TAA 最大，为 59.33%，高于药用植物龙州金花茶的 55.86%（李先民 等；2020），其中 Glu、Leu 和 Asp 含量较高，占 MAA 的 50% 以上，支/芳比为3.18～4.07，比值大小表现为春梢＞夏梢＞秋梢，能满足肝损伤患者的需求。因此枝条萌发季节对其药用价值有一定影响，这为定向培育提供了思路。由于顶坛花椒为药食同源植物，其分解代谢产生的次生物质，既是品质指标，也是药用资源，未来加强留梢与这些物质积累的相关研究，具有重要实践意义。

麻味素对花椒麻味的贡献较大，Val 和 Leu 被认为是合成麻味素含 N 部分的前体物质（Harald，2016），本节研究显示 Val 和 Leu 随枝条萌发季节变化而降低，秋梢结实的麻味较春梢和夏梢可能会下降；不同季节萌发枝条中顶坛花椒果皮中风味氨基酸含量丰富，其中 SAA 占 TAA 的 46.14%～50.37%；从 RCT 值看，Asp 对花椒风味影响最大，其次为 Glu、Arg、Cys 和 His，His 仅在春梢和夏梢中对花椒风味影响较大，而秋梢 Asp、Glu、Cys 含量低于春梢和夏梢。综上，推断花椒秋梢挂果的香麻味有所下降，春梢和夏梢花椒果实风味偏高，更加适合用作调味品加工。

6.1.3.4 氨基酸相关性分析

对 3 个处理顶坛花椒果皮氨基酸组分进行相关性分析（表 6-14），各氨基酸间相关性较强，且大多相关系数大于 0.7，表明氨基酸积累之间存在显著的协同关系。除 Met 与 Asp、Ser、Arg、Tyr、Phe、Ile、Pro，及 Pro 与 Cys 和 Ile 间相关性不显著外，其余氨基酸含量间均存在显著或极显著正相关关系，未见负相关，表明氨基酸间正相关性较强。

表 6-14 氨基酸指标间相关性分析

氨基酸	Asp	Glu	Ser	His	Gly	Thr	Arg	Ala	Tyr
Asp	1.00								
Glu	0.94**	1.00							
Ser	0.95**	0.99***	1.00						
His	0.90**	0.97***	0.96***	1.00					
Gly	0.90**	0.99***	0.97***	0.98***	1.00				
Thr	0.90**	0.98***	0.98***	0.98***	0.99***	1.00			
Arg	0.93**	1.00***	0.99***	0.95**	0.98***	0.98***	1.00		
Ala	0.91**	0.99***	0.99***	0.97***	0.98***	0.99***	0.99***	1.00	

续表

氨基酸	Asp	Glu	Ser	His	Gly	Thr	Arg	Ala	Tyr
Tyr	0.95**	0.98***	0.98***	0.95**	0.97***	0.98***	0.98***	0.97***	1.00
Cys	0.80*	0.94**	0.92**	0.93**	0.97***	0.97***	0.95**	0.95**	0.93**
Val	0.92**	1.00***	0.99***	0.98***	0.99***	0.99***	0.99***	1.00***	0.97***
Met	0.40	0.68*	0.62	0.69*	0.70*	0.67*	0.65	0.70*	0.54
Phe	0.97***	0.93**	0.95**	0.93**	0.89**	0.89**	0.91**	0.92**	0.91**
Ile	0.75*	0.79*	0.76*	0.82*	0.84*	0.83*	0.76*	0.81*	0.79*
Leu	0.90**	0.99***	0.98***	0.97***	0.98***	0.99***	0.98***	1.00***	0.97***
Lys	0.85*	0.96***	0.94**	0.99***	0.98***	0.97***	0.94**	0.96**	0.92**
Pro	0.82*	0.77*	0.82*	0.81*	0.72*	0.79*	0.75*	0.78*	0.82*

氨基酸	Cys	Val	Met	Phe	Ile	Leu	Lys	Pro
Asp								
Glu								
Ser								
His								
Gly								
Thr								
Arg								
Ala								
Tyr								
Cys	1.00							
Val	0.95**	1.00						
Met	0.75*	0.70*	1.00					
Phe	0.77*	0.93**	0.50	1.00				
Ile	0.80*	0.82*	0.60	0.74*	1.00			
Leu	0.95**	1.00***	0.71*	0.92**	0.82*	1.00		
Lys	0.95**	0.97***	0.78*	0.89*	0.84*	0.97**	1.00	
Pro	0.64	0.79*	0.27	0.88*	0.54	0.79*	0.74*	1.00

注：***表示相关性检验 $P < 0.001$；**表示相关性检验 $0.001 < P < 0.01$；*表示相关性检验 $0.01 < P < 0.05$，下同。

6.1.3.5　氨基酸营养价值评价

（1）氨基酸营养价值分析　食品的必需氨基酸模式越接近人体蛋白模式，机体对其利用率越高，营养价值就越高。由表 6-15 可知，不同季节萌发枝梢挂果果皮 Met＋Cys 和 Phe＋Tyr 含量相对不足，而秋梢中 Ile 表现为相对不足，并且为第一限制氨基酸，发现春梢和夏梢最接近模式谱。SRC 值大小为春梢＞夏梢＞秋梢，其中春梢相对接近模式谱。可见其必需氨基酸组成更加合理，营养价值更高，其次为夏梢（表 6-15）。

表 6-15　不同萌发季节顶坛花椒果皮必需氨基酸营养价值评分

类型		FAO/WHO							
		Ile	Leu	Lys	Met＋Cys	Phe＋Tyr	Thr	Val	SRC
FAO/WHO	MF/%	4.00	7.00	5.50	3.50	6.00	4.00	5.00	100.00
SS	MF/%	6.51	8.90	6.67	1.33	4.81	5.30	7.06	66.08
	RC	1.63	1.27	1.21	0.38	0.80	1.32	1.41	
	RCAA	1.42	1.11	1.06	0.33	0.70	1.15	1.23	
SUS	MF/%	6.99	8.68	6.34	1.22	4.83	5.24	6.89	63.65
	RC	1.75	1.24	1.15	0.35	0.80	1.31	1.38	
	RCAA	1.53	1.09	1.01	0.31	0.71	1.15	1.21	
AS	MF/%	0.95	9.35	6.51	1.37	4.70	5.72	7.18	52.08
	RC	0.24	1.34	1.18	0.39	0.78	1.43	1.44	
	RCAA	0.24	1.38	1.22	0.40	0.81	1.47	1.48	

注：MF 表示某一必需氨基酸质量分数；FAO/WHO 表示 FAO/WHO 模式蛋白。

（2）不同萌发季节顶坛花椒果皮氨基酸的 PCA　由表 6-16 可知，2 个主成分对应的特征值大于 1，累计方差贡献率为 95.129%，故选前 2 个主成分，可反映不同处理顶坛花椒果皮氨基酸的大部分信息，能够表征氨基酸质量。

表 6-16　主成分的特征价值和贡献率

主成分	特征值	方差贡献率/%	累计方差贡献率/%
1	15.178	89.282	89.282
2	1.004	5.847	95.129
3	0.352	2.072	97.201

表 6-17 显示了 3 个处理氨基酸主成分分析矩阵中主要氨基酸在 2 个主成分矩阵中的权重系数，载荷值反映了原变量对因子影响大小，正负表示变化方向的差别。第 1 主成分中除 Met、Ile 和 Pro 外，其余氨基酸载荷值均大于 0.9，为高度相关，且方差贡献率为 89.282%，表明此成分对花椒果皮风味品质的影响最大。第 2 主成分中，Met 有较大的正向影响，Pro 有负向影响，且方差贡献率为 5.847%，说明其对花椒果皮风味品质有影响。

（3）不同萌发季节顶坛花椒果皮氨基酸的综合评价　据表 6-17，前 2 个主成分可解释的累计方差达 95.129%。故利用其描述氨基酸质量水平是可行的。利用 PCA 分析的 F_1 和 F_2 代替 17 种氨基酸对花椒果皮氨基酸质量进行分析，得

表 6-17   主成分的特征向量与载荷矩阵

氨基酸	主成分 1		主成分 2	
	特征向量	载荷	特征向量	载荷
Asp	0.061	0.928	−0.307	−0.305
Glu	0.065	0.994	0.003	0.003
Ser	0.065	0.989	−0.094	−0.094
His	0.065	0.986	0.008	0.008
Gly	0.065	0.990	0.086	0.085
Thr	0.065	0.993	0.021	0.021
Arg	0.065	0.985	−0.01	−0.010
Ala	0.066	0.995	0.024	0.024
Tyr	0.064	0.979	−0.131	−0.130
Cys	0.063	0.947	0.221	0.219
Val	0.066	0.998	0.018	0.018
Met	0.045	0.680	0.683	0.679
Phe	0.061	0.933	−0.261	−0.260
Ile	0.055	0.830	0.166	0.165
Leu	0.066	0.995	0.038	0.037
Lys	0.064	0.977	0.150	0.149
Pro	0.053	0.798	−0.492	−0.489

到其线性关系分别为:

$$F_1 = 0.061X_1 + 0.065X_2 + 0.065X_3 + \cdots + 0.066X_{15} + 0.064X_{16} + 0.053X_{17}$$
$$F_2 = -0.307X_1 + 0.003X_2 - 0.094X_3 + \cdots + 0.038X_{15} + 0.150X_{16} - 0.492X_{17}$$

　　两个主成分综合反映了不同枝条萌发季节顶坛花椒果皮氨基酸的总体水平,单独使用一个不能对 3 处理的氨基酸质量做出综合评价,因此以各主成分的方差贡献率用作权重。对 2 个主成分得分加权求和,建立综合评价函数 $F = 0.893F_1 + 0.058F_2$,计算春梢、夏梢和秋梢的综合评价分值,总得分反应花椒果皮氨基酸综合质量高低。由表 6-18 知,处理间 2 个主成分综合得分大小表现为春梢 > 夏梢 > 秋梢,与必需氨基酸营养评分排序一致,可知春梢发育的顶坛花椒果皮营养品质最高,夏梢次之,秋梢最差。

表 6-18   不同萌发季节顶坛花椒果皮氨基酸的成分得分与综合评价

类型	F_1	F_2	F	排序
SS	0.469	−0.286	0.403	1
SUS	0.440	−0.276	0.377	2
AS	0.350	−0.300	0.295	3

氨基酸比值系数法是评价食物蛋白营养价值的常用方法，是根据氨基酸平衡理论利用 FAO/WHO 的氨基酸模式进行蛋白质质量评价（朱圣陶　等，1988）。本研究中，春梢挂果的果皮氨基酸营养与 FAO/WHO 规定的人体所需理想蛋白质最接近，夏梢次之；3 个处理的挂果中 Met＋Cys 和 Phe＋Tyr 含量相对不足，而秋梢的 Ile 为第一限制氨基酸。造成以上结果的原因可能是，季节的光照、温度和水分等的变异较大，影响了顶坛花椒氮代谢速率，秋梢生长发育时间最短，致使其次生代谢物质的积累减少，引起果实品质下降。

本研究结果显示，春梢和夏梢的 SRC 分别为 66.08、63.65，均高于无籽刺梨 59.22（鲁敏　等，2015）、蒲桃 56.38（王齐　等，2012）、覆盆子 54.03（陈晓燕　等，2012）；秋梢的 SRC 为 52.08，低于无籽刺梨、蒲桃、覆盆子。通过 PCA 发现，顶坛花椒不同季节萌发枝梢果皮氨基酸品质差异较大，为春梢＞夏梢＞秋梢，其原因是秋梢中 Ile 含量的显著降低，影响了整体的营养价值，但其机理有待进一步研究。因此，花椒果皮的产品可与牛奶、鸡蛋等动物蛋白相结合，提高花椒的食用价值，与侯娜等（2016）的研究结果近似。在本研究中，春梢和夏梢更利于花椒氨基酸品质的形成，可在秋梢萌发前对其补充氮素，增加植物氨基酸的次生代谢物积累，改善秋梢挂果品质。综上可知，春梢的营养价值更高，夏梢次之；由于春梢萌发骨干枝管理上的难度很大，结合氨基酸积累特征和经营难易，实际生产中可倾向选择夏季末期萌发枝条作为骨干枝，培育氨基酸品质更高的花椒果实；此外，因春梢为 3 月萌发，次年 6 月收获，影响花椒收获周期，故建议在生产活动中可与夏梢进行交错留枝，实现花椒稳产稳质。鉴于果实品质为综合因子，受维生素 C、蛋白质、可溶性固形物等影响，未来有待结合上述品质指标深入开展研究。

通过研究不同季节顶坛花椒萌发枝条的果皮氨基酸积累量，笔者认为春季和夏季留梢增加了顶坛花椒果皮中必需氨基酸、除 Asp 外非必需氨基酸、总氨基酸含量和氨基酸积累量，但降低了 MAA/TAA；秋季留梢对其果实氨基酸品质的负影响较大。春梢和夏梢花椒果皮的必需氨基酸模式更接近人体蛋白质模式，氨基酸组成更合理、营养价值更高且香麻味更浓。考虑春季萌发枝条不易管理，故建议可将夏季萌发枝条用作顶坛花椒的骨干枝。

6.2　枝条管理技术集成

枝条管理是重要的经营措施。顶坛花椒高效栽培的核心环节有良种、良法、强枝、富叶、壮花、壮果。其中，枝、叶、花、果均与枝条管理有密切的关系，整形修剪对生态、生理的调节效应较为显著，合理的冠形能够实现对生态因子的充分利用，调节树木体内营养物质生产、供给、消耗之间的平衡关系，主要体现在对营养物质的吸收、合成、运转、分配的调节，以及对植物内源激素产生与运转的调节（郭育文，2013）。因此，枝条管理是顶坛花椒培育的重要环节。

在培育过程中，要保证有足够的养分供应。枝条基径要粗，但是不要求太长，亦即培育壮枝而不是长枝，长度要依据立地条件、枝条状况、树龄等综合确定，通常控制在1.2m以内。要确保枝条能够充分木质化，若木质化程度不够或时间较晚，会导致花芽分化过少，落花落果现象也较严重，影响次年产量。在栽培过程中，一些地方因为修剪枝条较晚，后期枝条萌发和生长的有效积温过低，不能完全木质化，导致第二年减产，说明枝条管理的时间、方法等都较为重要。枝条管理的另一重要方面，就是冬春季要保住叶片，让其次年3月再换叶，这样能够使叶片更好地发挥光合作用，积累充足的养分，储存足够的能量。

用好春、夏、秋梢，打下高产基础。顶坛花椒不同季节萌发的枝条中，春梢是打基础、建立骨架；夏梢和秋梢可以留作挂果枝，尤其是夏末的枝条挂果更好；冬梢会影响花芽分化，通常不保留。夏梢还可以培育第二年的挂果枝，达到替换老枝的目的。用好不同季节的枝梢，对顶坛花椒高产稳质尤为重要。同时，为了促进木质化，用药也不是越多越好，12月至次年1月前施用一次即可，用药过多容易激发营养生长和生殖生长的矛盾。花椒要高产，关键是形成花芽。在11～12月前，主要是让顶坛花椒植株长骨干枝，不能让其长侧枝，因为侧枝是形成枝条而非花芽，影响次年花椒产量。

修好枝，造好型。修枝强度要依据花椒长势强弱综合确定，枝强则轻修，枝弱则中修，枝衰老采取重修（疏）。不在主干上留内膛枝，否则会争夺养分与生态因子，使树体营养分配失衡。总而言之，以保留壮硕的枝条、去除弱势枝条为原则。根据各地区的实践，顶坛花椒的整形修枝类型可以包括丛状、伞状（开心形）、大枝形（抹芽后在旁边重新发新枝，为秋梢，挂果较好）、老树放长枝等等。不同类型树形的适用范围各异，要根据立地条件、栽植密度、管理水平、人力物力等综合确定。

此外，整形修剪的时间和方法还要依据培育目标而确定。培育目标（内含物）不同，留枝方式就存在差异，采摘时间也不同。现阶段青花椒多以采代剪，若采摘时间过晚，不利于培育秋梢和保证来年产量。因此，不同培育目标，整形修剪技术要求也不同，不能再统一为以采代剪，更不能采取在立秋前"一刀切"的完全采摘方式，需要根据立地质量、培育目标与产品类型等，研制相配套的整形修剪技术。若培育鲜椒，可以提前采摘；培育干椒，则要推迟采摘；培育种椒，则采摘时间最晚，这些内容就构成了顶坛花椒定向培育的目标和基础。不同时期采摘的花椒，其生长的时间位移不一样，次生代谢物组成和含量各异，其用途和市场需求也存在差别，产品定位就应当体现个性化。

顶坛花椒培育过程中，许多椒农通过学习重庆江津的九叶青花椒栽培管理经验，但存在未加改进直接应用的情形，也造成了一定的损失。具体来说，九叶青花椒留枝短，顶坛花椒留枝长，因此顶坛花椒采取长留枝方式可以不用或少用促进枝条木质化的药物，避免顶坛花椒因用药而产生的分化时间短、果穗小、品相差等问题，并且采取停施氮肥的措施能够减少用药量。归纳起来，氮肥施用和枝条木质化具有矛盾性，要协调好两者之间的关系。

枝条管理一定要结合气象资料。过去在产业经营过程中，对气象与气候的认识和把握不够，也在一定程度上影响了产量和品质的稳定，甚至人为产生"大小年"现象。贵州作为高原山地区，小生境类型复杂多样，小气候特征也较为丰富，因此不能忽视气象参数的重要性，更要关注小生境的气象特征。在顶坛花椒培育过程中，存在因气象资料掌握不够，盲目修剪枝条，造成减产的案例。因此首先，气象灾害的预测、预报和预警，以及如何结合小生境因子诸如地理因子等提高预报的精度，并将气象和气候的关系结合起来考虑，就成为重要的基础工作。其次，影响品质的因素包括土壤、气象、品种、经营管理措施等，气象数据要用于产品低产低质等问题的分析和改进上，这些措施又集中表现在枝条管理上。再次，气候灾害防控要在整形修枝、土肥管理等方面得到积极响应，气象因子非常重要，但不能孤立地去看，要与土壤管理和整形修剪等有机结合起来。最后，气象数据的使用，要统筹植物属性和植物生理等，更好地服务于林分经营；气象灾害防控也需要结合树体管理、水肥措施、功能性状调控等多种措施，不能将任一要素割裂开来。

6.3 因地制宜与半下枝的彝良青花椒修剪技术借鉴

彝良县为云南省昭通市下辖县，主产青花椒，种植规模 200 多平方千米，成为县域经济发展的支柱产业，在助推脱贫攻坚和乡村振兴中发挥着举足轻重的作用。据云南昭通科技小院彝良花椒分院院长高旭平介绍，彝良青花椒色彩纯正，籽粒饱满，麻味纯正，品质较高。"椒香四溢，入口即麻"是外界对彝良青花椒的综合评价，该花椒深受消费者喜爱。彝良县也在花椒提质增效培育、市场开发、产业培育等方面做了许多卓有成效的工作，对其他区域花椒种植具有较好的示范效应。

根据高旭平院长介绍，彝良县花椒种植多以散户为主，观念落后、管理粗放，种植水平较低，从而导致花椒品质、产量受到一定程度限制，影响了椒农的经济收入和积极性；种植过程中，存在修剪不到位、用肥水平低、病虫害防治差、调控技术欠缺等问题，影响了彝良青花椒产量形成和品质积累。笔者认为，整形修剪、水肥管理、病虫害防控等，是花椒培育过程中的主要措施，本节从枝条管理视角，对花椒培育实践进行分析。

花椒夏季修剪是重要的培育措施，有利于树形确立、空间布局和品质性状调控。主要通过调节光照、温度、水分、空气等生态因子的使用效率，提高资源利用率，减少空间浪费。但是，一些农户对修剪技术掌握不够，有些是不敢剪，有些是无从下手。因此，掌握修剪的时间与方法，并根据实际情况进行调整，是重要的生产措施。

高旭平院长提到一个重要观点，就是彝良县花椒修剪首先要因地制宜，选择好修剪的方式，不能盲目学习其他地区的修剪方式；彝良县花椒种植区域海拔在500～1500m之间，跨度较大，气候干旱少雨，温度存在较大差异，因此修剪技术的选取和地域差异性明显。这一观点在高原山地区花椒培育中，得到了广泛认同。因此，不能盲目使用四川区域的技术，要对技术进行合理改进，并对生物学效应进行长期观测，在这些基础上，不断优化技术参数。以下3条主要经验，值得其他地区的椒农学习。

（1）采摘时间决定了修剪方式　培育目标不同，采摘时间也存在差异，这在源头上决定了采取何种修剪方式。比如，四川、重庆地区等以生产、销售鲜椒为主，采摘时间较早，可以采取全下枝方式，就是重剪，后期也有充足的光照和积温，满足萌发枝条的生长与木质化，能够积累充足的养分。但是，彝良县以销售干花椒为主，要在7月、8月、9月才陆续采摘，因此就不能使用全下枝方式，只能采取半下枝方式，即剪去结果枝条，保留4月和5月萌发的枝条；否则，后期关键气象因子如光照等不足，容易形成大量不能木质化的枝条，人为造成小年甚至大面积减产。

（2）气候与海拔决定了修剪方式　高旭平院长进行了对比分析发现，四川地区海拔较低，气候湿润温和，修剪时间早，椒农不必担心枝条萌发不够，而需要采取措施预防枝条过度萌发，也要采取措施控制枝条长度。但是彝良县主要花椒种植区域的海拔在500～1500m之间，垂直方向环境差异明显，气候干旱少雨，温度波动大，这就需要重点考虑发枝及枝条老熟影响花芽分化问题。实际上，受采摘时间以及气候条件的影响，新发枝条长度较短、木质化不充分、养分积累不够的情形在许多地区都存在，导致花芽分化不充分，影响来年产量。因此，彝良县花椒修剪时，应留下4～5月份新发的枝条，使其有效结果枝条数量充足，采用半下枝方式修剪能有效保证次年产量。

（3）技术革新是引进和改进相结合的过程　在借鉴和学习他人技术的过程中，既要重视传统经验，也要根据地域条件进行有效改进，否则技术就会"水土不服"。类似情形在花椒种植过程屡见不鲜，尤其是前些年较为普遍。因此，不能盲目学习他人的种植经验，要懂得为何这样做、什么时候做，不能一知半解、盲目学习，否则难以形成较高的产量和较优的品质。

6.4 花椒采摘

6.4.1 采摘时期

采收过早，成熟度不足，麻香味不浓，色泽不鲜；采收过迟，过于成熟，麻香味变淡，色泽老化甚至变成紫红色，因此要适时采摘。适时采摘的花椒色泽鲜艳、出皮率高、香味和麻味浓郁、含油量高。当花椒叶面变得油亮而富有光泽，果实颜色变红或紫红色，果皮着生疣状突起油点明显、透明发亮，种子变黑，果皮易开裂，香味浓、麻味足时，即可采摘。

6.4.2 采摘方法

(1) 采摘时间　宜选择晴天采摘，避免阴雨或带露水采收，避免花椒颜色暗淡，品质低劣甚至变黑发霉。

(2) 合理修剪　因花椒树品种和树龄不同，修剪方法和程度不同。幼壮树应以疏剪为主，使其迅速扩大树冠成形。对于强壮的枝条，要放而不剪；对于较弱的枝条，要短剪，促使发生强健枝。短剪宜轻不宜重，一般剪去枝条的1/3或1/4即可。盛果期树的修剪程度，应以树而定。一般生长健壮的树，修剪宜轻；生长衰弱、结果过多的，修剪宜重。有大小年现象的椒园，大年应重剪结果枝，多留发育枝或促生发育枝；小年应多留结果枝，适当疏除一些发育枝。对衰老的树，应在加强肥水管理的同时，进行骨干枝轮换回缩更新。

花椒树修剪主要是为了改善光照条件，利于养分积累，采用拉、压等开张角度或轻剪疏密枝条、徒长枝、病虫害枝。对不同树龄的椒树修剪原则也不一样：1～3年的为幼树，只需整形；3～6年的为初果树，以疏剪为主；7年以上的为盛果树，以短截为主；25年以上的为衰老树，以重剪为主。

① 盛椒期修剪。5～6年生椒树进入结椒盛期，其修剪任务主要是保持树形，稳定树势，提高产量和品质。对大枝过多、树形紊乱的要疏除部分大枝，对当年抽生营养枝剪去先端半木质化部位。对徒长枝，内膛有空间的可短截培养枝组，无空间的则一律疏除。对主枝末端衰弱的要回缩到壮枝处，并选留斜上升枝为头枝。花椒结果母枝连续结椒能力强，一般3～5年后需及时回缩更新复壮。

② 老树修剪。20年生以上的花椒树开始衰老，此期间树冠密闭、枝条相互交叉重叠，修剪主要是改善光照条件，恢复树势。疏除部分重叠交叉及衰弱大枝，保留4～5个角度、长势较好的大枝。回缩复壮主侧枝，骨干枝先端衰弱而中后部有强枝者，回缩至强枝处，利于壮枝带头，控制背上旺枝，减少养分消耗，以利于通风透光和平衡树势。充分利用隐芽萌发徒长枝，在外围方向角度好

的可作主、侧枝更新用。内膛徒长枝宜短截培养成结椒枝组。回缩复壮结椒母枝。对鸡爪形弱枝组要及时回缩复壮，疏除膛内过密的细弱枝，选留壮枝作带头枝，其余弱枝、干枯枝全部疏除，以便迅速恢复树势。

（3）采摘方法　切忌用手捏着花椒粒采摘，以免压破花椒果实上的油胞而降低品质，影响经济价值。

（4）采后晾晒　花椒采后不宜长时间堆积，要及时晾晒或者烘烤。如果是晾晒，不能铺得太厚，要利于通风透气。加工工艺对品质影响也很大，还需要在实践过程中不断试验和摸索。在水泥地面上暴晒容易烫伤胚种，影响出苗率和出油率，可以铺芦席晾晒。

（5）采后施肥　花椒采摘后要施肥，如施农家肥、过磷酸钙、硫酸钾等。

◉ 参考文献

敖厚像，2020.顶坛花椒麻味成分的分析测定及其与土壤养分间相关性的初步研究 [D].贵阳：贵州师范大学.

陈晓燕，孙汉巨，程小群，等，2012.覆盆子的氨基酸组成及营养评价 [J].合肥工业大学学报（自然科学版），35（12）：1669-1672.

董畅，王柏林，覃杨，等，2020.软枣猕猴桃露地栽培新梢越冬性初探及应用 [J].中国林副特产（2）：11-13＋16.

董志强，张丽华，吕丽华，等，2015.不同灌溉方式对冬小麦光合速率及产量的影响 [J].干旱地区农业研究，33（6）：1-7.

杜玉霞，赵俊，朱进彬，等，2017.干热区柠檬枝梢类型对花果及果实品质的影响 [J].热带作物学报，38（10）：1804-1810.

封焕英，范少辉，苏文会，等，2017.不同经营方式下毛竹光合特性分异研究 [J].生态学报，37（7）：2307-2314.

GB 5009.124—2016.食品安全国家标准 食品中氨基酸的测定 [S].

顾辰辰，王荣秀，江丽娜，等，2017.短期遮阴对茶树嘌呤碱、氨基酸和儿茶素生物合成的影响 [J].安徽农业大学学报，44（1）：1-6.

顾鸿昊，翁俊，孔佳杰，等，2015.粗放和集约经营毛竹林叶片的生态化学计量特征 [J].浙江农林大学学报，32（5）：661-667.

郭育文，2013.园林树木的整形修剪技术及研究方法 [M].北京：中国建筑工业出版社.

侯娜，赵莉莉，魏安智，等，2017.不同种质花椒氨基酸组成及营养价值评价 [J].食品科学，38（18）：113-118.

黄振格，何斌，谢敏洋，等，2020.连栽桉树人工林土壤氮素季节动态特征 [J].东北林业大学学报，48（9）：88-94.

贾邱颖，吴晓蕾，冀胜鑫，等，2020.盐胁迫下番茄砧木对嫁接苗生物量、氨基酸含量和活性氧代谢的影响 [J].应用生态学报，31（9）：3075-3084.

姜仲茂，乌云塔娜，王森，等，2016.不同产地野生长柄扁桃仁氨基酸组成及营养价值评价 [J].食品科学，37（4）：77-82.

李春俭，2015.高级植物营养学 [M].2版.北京：中国农业大学出版社.

李德，高超，孙义，等，2018.基于关键品质因素的砀山酥梨气候品质评价 [J].中国生态农业学报，26（12）：1836-1845.

李红，喻阳华，2020.干热河谷石漠化区顶坛花椒叶片功能性状的海拔分异规律 [J].广西植物，40（6）：782-791.

李倩，梁宗锁，董娟娥，等，2010.丹参品质与主导气候因子的灰色关联度分析 [J].生态学报，30（10）：2569-2575.

李先民，李春牛，卜朝阳，等，2020.6种金花茶组植物花朵的氨基酸成分分析及其营养价值评价 [J].西南农业学报，33（9）：2062-2068.

刘丙花，唐贵敏，梁静，等，2021.不同树形对早实核桃'鲁光'坚果产量和品质的影响 [J].果树学报，38（1）：73-81.

刘建军，袁丁，司辉清，等，2013.遮阴对不同季节茶树新梢的内含成分影响研究 [J].西南农业学报，26（1）：115-118.

刘可欣，赵宏波，张新洁，等，2019.修枝强度对水曲柳光合作用及细根非结构性碳的影响 [J].东北林业大学学报，47（11）：42-46.

刘伟，张群，李志坚，等，2019.不同品种黄花菜游离氨基酸组成的主成分分析及聚类分析 [J].食品科学，40（10）：243-250.

刘文亭，卫智军，吕世杰，等，2016.内蒙古荒漠草原短花针茅叶片功能性状对不同草地经营方式的响应 [J].生态环境学报，25（3）：385-392.

鲁敏，安华明，赵小红，2015.无籽刺梨与刺梨果实中氨基酸分析 [J].食品科学，36（14）：118-121.

鲁显楷，莫江明，彭少麟，等，2006.鼎湖山季风常绿阔叶林林下层3种优势树种游离氨基酸和蛋白质对模拟氮沉降的响应 [J].生态学报，26（3）：743-753.

潘根生，高人俊，1986.茶树遮阴生理生化变化 [J].茶叶科学，6（2）：1-6.

瞿爽，杨瑞，王勇，等，2020.喀斯特高原顶坛花椒生长过程中土壤养分变化特征 [J].经济林研究，38（2）：183-191.

谭晓风，2018.经济林栽培学 [M].4版.北京：中国林业出版社.

屠玉麟，2000.顶坛花椒营养成分及微量元素测试研究 [J].贵州师范大学学报（自然科学版）(4)：31-36.

王齐，朱伟伟，苏丹，等，2012.蒲桃中氨基酸组成与含量对其营养与风味的影响 [J].食品科学，33（16）：204-207.

王宗尧，陈昌辉，吉林，等，1986.不同海拔高度茶树芽叶主要生化物质含量的变化 [J].四川农业大学学报（1）：71-76.

徐宗贵，孙磊，王浩，等，2017.种植密度对旱地不同株型春玉米品种光合特性与产量的影响 [J].中国农业科学，50（13）：2463-2475.

颜孙安，姚清华，林香信，等，2021.成熟度对'红地球'葡萄氨基酸营养价值的影响 [J].果树学报，38（1）：64-72.

杨明德，1990.论喀斯特环境的脆弱性 [J].云南地理环境研究，2（1）：21-29.

杨跃寰，熊俐，李翔，等，2010.顶坛花椒的研究与开发 [J].中国调味品，35（10）：40-44.

叶子飘，2010.光合作用对光和CO_2响应模型的研究进展 [J].植物生态学报，34（6）：727-740.

殷丽琼，肖星，刘德和，等，2019.不同时期的轻修剪对云南大叶种茶叶产量及品质的影响 [J].西南农业学报，32（5）：1034-1038.

喻阳华，杨丹丽，秦仕忆，等，2019.黔中石漠化区衰老退化与正常生长顶坛花椒根区土壤质量特征 [J].广西植物，39（2）：143-151.

喻阳华，钟欣平，李红，2019.黔中石漠化区不同海拔顶坛花椒人工林生态化学计量特征 [J].生态学报，39（15）：5536-5545.

张艾英，郭二虎，刁现民，等，2019. 不同气候和土壤对小米品质的影响 [J]. 中国农业科学，52（18）：3218-3231.

张冲，刘丹花，杨婷斐，等. 2016. 不同冬剪留枝量对富士苹果生长和结果的影响 [J]. 西北农业学报，25（11）：1650-1655.

张川，张伟，陈洪松，等，2015. 喀斯特典型坡地旱季表层土壤水分时空变异性 [J]. 生态学报，35（19）：6326-6334.

张国红，张振贤，郭英华，等，2004. 不同季节（茬口）日光温室温光环境和番茄生长发育的比较 [J]. 华中农业大学学报（z2）：140-144.

张晓煜，刘静，袁海燕，等，2004. 不同地域环境对枸杞蛋白质和药用氨基酸含量的影响 [J]. 干旱地区农业研究（3）：100-104.

朱圣陶，吴坤，1988. 蛋白质营养价值评价——氨基酸比值系数法 [J]. 营养学报（2）：187-190.

Ahmed N，Zhang Y S，Li K，et al，2019. Exogenous application of glycine betaine improved water use efficiency in winter wheat (*Triticum aestivum* L.) via modulating photosynthetic efficiency and antioxidative capacity under conventional and limited irrigation conditions [J]. Crop Journal，7（5）：635-650.

Aleid S M，Sallam A A，Shahin M M，2016. Effect of alternative unconventional irrigation water on soil properties，fruit yield and quality，and microbial satety in date palm [J]. Irrigation and Drainage，65（3）：264-275.

Anthony B M，Chaparro J M，Prenni J E，et al，2020. Early metabolic priming under differing carbon sufficiency conditions influences peach fruit quality development [J]. Plant Physiol. Biochem，157，416-431.

Bhusal N，Han S G，Yoon T M，2017. Summer pruning and reflective film enhance fruit quality in excessively tall spindle apple trees [J]. Horticulture Environment and Biotechnology，58（6）：560-567.

Cui H R，Liu X M，Jing R Y，et al，2020. Irrigation with magnetized water affects the soil microenvironment and fruit quality of eggplants in a covered vegetable production system in Shouguang city，China [J]. Journal of Soil Science and Plant Nutrition，DOI：10. 1007/s42729-020-00334-7.

Fraga L S，Vellame L M，Oliveira A S，et al，2021. Transpiration of young cocoa trees under soil water restriction [J]. Scientia Agricola，78（2）：e20190093.

Goke A，Serra S，Musacchi S，2020. Manipulation of fruit dry matter via seasonal pruning and its relationship to d'Anjou pear yield and fruit quality [J]. Agronomy-basel，10（6）：897.

Hedlund K，2002. Soil microbial community structure in relation to vegetation management on former agricultural land [J]. Soil Biology & Biochemistry，34（9）：1299-1307.

Jeong H R，Cho H S，Cho Y S，et al，2020. Changes in phenolics，soluble solids，vitamin C，and antioxidant capacity of various cultivars of hardy kiwifruits during cold storage [J]. Food Science Research and Biotechnology，10. 1007/s10068-020-00822-7.

Kadoya K，Tanaka H，1972. Studies on the translocation of photosynthates in Satsuma orange I. effect of summer cycle shoot and bearing fruit on the translocation and distribution of 14 C [J]. Journal of the Japanese Society for Horticultural Science，41（1）：23-28.

Kano T，Nagaki M，Takahashi T，et al，1991. Plasma free amino acid pattern in chronic hepatitis as a sensitive and prognostic index [J]. Gastroenterologia Japonica，26（3）：344-349.

Kumar S P，Maurer D，Feygenberg O，et al，2020. Improving the red color and fruit quality of Kent' Mango fruit by pruning and preharvest spraying of prohydrojasmon or abscisic acid [J]. Agronomy-basel，10（7）：994.

Lähdesmäki P，Pakonen T，Saari E，et al，1990. Changes in total nitrogen，protein，amino acids and

NH_4^+ in tissues of bilberry, *Vaccinium myrtillus*, during the growing season [J]. Ecography, 13 (1):
31-38.

Lewallen K S, Marini R P, 2003. Relationship between flesh firmness and ground color in peach as influenced by light and canopy position [J]. Journal of the American Society for Horticultural Science, 128 (2), 163-170.

Li Q Y, Mo R H, Wang R H, et al, 2022. Characterization and assessment of chemical components in walnuts with various appearances [J]. Journal of Food Composition and Analysis, 107: 104361.

Liao S F, Wang T J, Regmi N, 2015. Lysine nutrition in swine and the related monogastric animals: Muscle protein biosynthesis and beyond [J]. Springer Plus, 4 (1): 1-12.

Medhurst J L, Pinkard E A, Beadle C L, et al, 2006. Photosynthetic capacity increases in *Acacia melanoxylon* following form pruning in a two-species plantation [J]. Forest Ecology and Management, 233 (2): 250-259.

Meraviglia S, Dieli F, 2020. Vitamin C as a promoter of γδ T cells [J]. Cellular and Molecular Immunology, 18 (2): 1-3.

Milosevic T, Milosevic N, Glisic I, et al, 2015. Early tree growth, productivity, fruit quality and leaf nutrients content of sweet cherry grown in a high density planting system [J]. Horticultural Science, 42 (1): 1-12.

Mourao L, Brito L M, Moura L et al, 2017. The effect of pruning systems on yield and fruit quality of grafted tomato [J]. Horticultura Brasileira, 35 (2): 247-251.

Powell C D, Chowdhury M A K, Bureau D P, 2015. Assessing the bioavailability of L-lysine sulfate compared to llysine HCl in rainbow trout (*Oncorhynchus mykiss*) [J]. Aquaculture, 448: 327-333.

Sande M T, Gosling W, Metrio A C, et al, 2019. A 7000-year history of changing plant trait composition in an Amazonian landscape: the role of humans and climate [J]. Ecology Letters, 22 (6): 925-935.

Song N N, Zhu Y Q, Cui Y Y, et al, 2020. Vitamin B and vitamin C affect DNA methylation and amino acid metabolism in mycobacterium bovis BCG [J]. Frontiers in Microbiology, 11: 812.

Song X Y, Zhou G S, He Q J, et al, 2020. Stomatal limitations to photosynthesis and their critical water conditions in different growth stages of maize under water stress [J]. Agricultural Water Management, 241: 106330.

Staswick P E, 1994. Storage proteins of vegetative plant tissues [J]. Annual review of plant biology, 45 (1): 303-322.

Tominaga J, Yabuta S, Fukuzawa Y, et al, 2015. Effects of vertical gradient of leaf nitrogen content on canopy photosynthesis in tall and dwarf cultivars of sorghum. Plant Production Science, 18 (3): 336-343.

Tustin D S, Hirst P M, Warrington I J, 1988. Influence of orientation and position of fruiting laterals on canopy light penetration, yield, and fruit quality of 'Granny Smith' apple [J]. Journal of the American Society for Horticultural Science (USA), 113 (5): 693-699.

Uhlen A K, Hafskjold R, Kalhovd A H, et al, 1998. Effects of cultivar and temperature during grain filling on wheat protein content, composition, and dough mixing properties [J]. Cereal Chemistry, 75 (4): 460-465.

Violle C, Navas M L, Vile D, et al, 2007. Let the concept of trait be functional! [J]. Oikos, 116 (5): 882-892.

Walker A P, Ormack M L, Messier J, et al, 2017. Trait covariance: The functional warp of plant diversity? [J]. New Phytologist, 216 (4): 976-980.

Wang Y, Zhang L T, Feng Y X, et al, 2019. Insecticidal and repellent efficacy against stored-product insects of oxygenated monoterpenes and 2-dodecanone of the essential oil from *Zanthoxylum planispinum* var. *dintanensis* [J]. Environmental Science and Pollution Research，26（24）：24988-24997.

Wang Y J，Liu L，Wang Y，et al，2019. Effects of soil water stress on fruit yield，quality and their relationship with sugar metabolism in 'Gala' apple [J]. Scientia Horticulturae，258：108753.

Wen B，Ren S，Zhang Y Y，et al，2020. Effects of geographic locations and topographical factors on secondary metabolites distribution in green tea at a regional scale [J]. Food Control，110（C）：106979-106979.

Zhang C，Li X Y，Yan H F，et al，2020. Effects of irrigation quantity and biochar on soil physical properties，growth characteristics，yield and quality of greenhouse tomato [J]. Agricultural Water Management，241：106263.

Zhou C C，Huang Y C，Jia B Y，et al，2018. Effects of cultivar, nitrogen rate, and planting density on rice-grain quality [J]. Agronomy，8（11）：1-13.

Zhu S M，Liang Y L，Gao D K，2018. Study on respiration and fruit quality of table grape (*Vitis vinifera* L.) in response to different soil water content in a greenhouse [J]. Communications in Soil Science and Plant Analysis，49（21）：2689-2699.

第7章　顶坛花椒生长管理与调控技术

近年来，顶坛花椒由于人工纯林结构单一、管理较为粗放、化感效应等原因，发生了生长衰退现象，不利于石漠化治理成效的巩固，一定程度上影响了乡村生态产业振兴。本章在初步探讨生长衰退机理的基础之上，阐述了落叶防控、促进花芽分化等技术措施，为生长调控提供可行方法。最后，分析了农艺性状及其与生长的关系，提出了通过简易农艺性状指标，判别顶坛花椒生长状况的方法。能够为顶坛花椒生长调控和经营管理提供科学参考。

7.1　顶坛花椒生长衰退机理

顶坛花椒人工林作为喀斯特山区农业生产或生态恢复过程的备选植被类型之一（龙健　等，2012；张文娟　等，2015），在喀斯特石漠化地区经济生产和水土保持方面占有重要地位。由于花椒林衰老速度加快，生产过程存在挂果期缩短、花椒产量下降且年际间波动较大、花椒林土地贫瘠和生长竞争处无序状态等问题（喻阳华　等，2018）。造成顶坛花椒生长衰退的原因可能是水肥供应不协同、林分结构单一、土壤有机结构被破坏、土壤肥力衰退、过度使用除草剂农药以及化感效应等，这限制了人工林的可持续经营。因此，本小节将对黔西南喀斯特高原峡谷地区顶坛花椒人工林的生长衰退机理进行分析，为人工林可持续经营提供理论依据。

本小节研究区位于安顺市关岭自治县和黔西南州贞丰县交界的黔中花江干热河谷地带，基本概况见第4章。

7.1.1　叶片功能性状对衰退的响应

国内外学者从环境因素（Woo，2010）、土壤肥力（Liang et al.，2018）、群落结构和生理特性（陈龙池　等，2004）以及微生物活性（于德良　等，2019）

等视角探究了人工林衰退的原因，结果表明干旱、极端气候、纯林连作、立地条件不适、经营措施不当等均可引起生长衰退。而顶坛花椒作为治理石漠化的重要经济树种，学者们亦对其生长衰退展开了研究。喻阳华等（2018）发现土壤水肥供应不协调、肥力退化、有机结构破坏、林分结构单一等是顶坛花椒生长衰退的主要诱因，随后对比正常生长的花椒人工林，发现了衰退人工林根区土壤碳（C）、磷（P）、钾（K）、硫（S）及氧化物等含量总体降低（喻阳华 等，2019），且揭示了土壤质量与人工林衰老退化呈反比的关系（王璐 等，2019），阐明了顶坛花椒叶片净光合速率、光同化能力、光合生产力均随着植株生长衰退加剧而下降的结果（谭代军 等，2019）。未发现顶坛花椒早衰对叶片功能性状影响的研究。

在植物的整个生长周期内，植物周围环境因子变化均会导致植物功能性状发生改变（Stanik et al.，2020；Karbstein et al.，2020）。植物物种功能性状间的差异，会导致植物光合作用、生物量分配和组织更新速率不同，进而影响植物生长（Poorter et al.，2012；Valencia et al.，2016；Gray et al.，2019）。如当环境梯度从干旱到湿润时，叶面积从小到大（Kihachiro et al.，2002）；植物高度越高、林冠开度越大，植物功能性状对其生长速率和耐阴性的影响越大（Falster et al.，2018）。基于植物功能性状视角，研究植物生长的动态变化，可以增大植物功能性状对生态系统功能变化的解释量，同时有利于了解植物功能性状改变对生态系统功能的影响机制。以顶坛花椒人工林为对象，探讨正常、早衰人工林植物叶片功能性状特征及其与土壤因子的关系，揭示喀斯特石漠化区顶坛花椒对早衰的适应和响应策略，阐述土壤对顶坛花椒生长的影响，为人工林生态系统稳定性的维持、顶坛花椒产量和品质的提升提供科学依据。

7.1.1.1 研究方法

（1）样品采集 于2019年顶坛花椒的盛花期（3月）和旺盛生长期（6月），在海拔、坡度、坡位相似的区域设置6块10m×10m样地，样地间距＞10m，衰老退化和正常生长类型样地各三块。顶坛花椒群落生长衰退判识标准为同时满足：①旺盛生长期黄叶、盛花期开黄花所占比例均大于30%；②挂果率低于正常水平的20%，籽粒稀疏细小；③植株出现枝条枯死现象；④林龄在6~10 a（表7-1）。

表7-1 样地概况

样地类型	树高/m	冠幅/m	黄叶比例/%	黄花比例/%	挂果率/%	果实特征
早衰	2.0	2.3	50~60	40~50	10~15	不饱满、籽粒小
正常	2.5	2.5	0	0	70~80	饱满、有光泽

在每个样地内选取3~5株生长状况和大小一致、没有遮阴的顶坛花椒作为代表植株。在代表植株上摘取各个朝向、高度相同的当年生、完整及成熟叶片

10片，置于两片湿润的滤纸之间，放入自封袋内，用于叶片面积和重量的测定；另采集约300g混合样品用于叶片养分分析。

采用"S"形混合采样法进行土样采集，因人工施肥为距离树干10～30cm范围内，故土壤采样点设置应避开。采样时，首先去除地表凋落物，剔除根系、石砾及动植物残体，所采土样置于自封袋内编号、保存。样品带回实验室后，及时取20g新鲜土壤用于土壤含水量（SWC）的测定，剩下土壤自然风干，研磨后依次通过2mm、0.15mm筛，用于化学性质分析。

（2）样品分析方法　采用Delta-T叶面积仪（Cambridge，UK）扫描测定叶片面积（LA）；用精度0.0001g电子分析天平称取叶鲜重（LMf），将叶片放入60℃烘箱内干燥48h，取出后称取叶干重（LMd）；利用式（7-1）～式（7-2）计算比叶面积（SLA）和叶干物质含量（LDMC）；叶片稳定碳氮同位素丰度（$\delta^{13}C$、$\delta^{15}N$）在中国自然资源部第三海洋研究所稳定同位素实验室，采用元素分析仪-稳定同位素质谱仪（VarioIsotopeCube-Isoprime，Elemental公司）测定，$\delta^{13}C$以V-PDB（V-PeeDeeBelemnite）为标准物，$\delta^{15}N$以空气中的N_2为标准物，根据国际标准计算公式（7-3）进行计算；δX越小表示样品中同位素丰度越低，反之丰度越高。

$$SLA = LA/LDW \tag{7-1}$$

$$LDMC = LMd/LMf \tag{7-2}$$

$$\delta X(‰) = [(R_{sample}/R_{standard}) - 1] \times 1000 \tag{7-3}$$

式中，X表示^{15}N或^{13}C；R_{sample}为样品$^{15}N/^{14}N$或$^{13}C/^{12}C$；$R_{standard}$为标样$^{15}N/^{14}N$或$^{13}C/^{12}C$，分析精度<0.1‰。

叶片、土壤有机碳（OC）采用重铬酸钾-外加热法，全氮（TN）采用半微量开氏法，有效氮（AN）采用碱解扩散法，全磷（TP）采用高氯酸-硫酸消煮-钼锑抗比色-紫外分光光度法，速效磷（AP）采用氟化铵-盐酸浸提-钼锑抗比色-紫外分光光度法测定，全钾（TK）采用氢氟酸消解-火焰光度法；速效钾（AK）采用中性乙酸铵浸提-火焰光度法，钙（Ca）采用原子吸收分光光度法，SWC采用烘干法，pH值采用电极法（固液质量比为1∶2.5）。

（3）数据分析　运用软件Excel 2010对数据进行初步整理，利用SPSS 19.0对植物叶片因子进行单因素方差分析（one-factor ANOVE）差异性检验，并用LSD（least significant difference）法进行多重比较，叶片因子间进行Person相关性分析；运用R语言vegan包和relaimpo包进行叶片功能性状和土壤因子的冗余关系分析（redundancy analysis，RDA）、相对重要性分析。图表数据为平均值±标准差。

7.1.1.2　叶片功能性状特征

由表7-2可知，叶片功能性状变幅为：LOC 361.81～452.02g·kg^{-1}，LN

$16.32\sim40.20g \cdot kg^{-1}$，LP $1.62\sim2.11g \cdot kg^{-1}$，LK $9.24\sim20.06g \cdot kg^{-1}$，SLA $110.68\sim176.4cm^2 \cdot g^{-1}$，LDMC $27.04\%\sim32.79\%$，$\delta^{13}C -28.86‰\sim-27.40‰$，$\delta^{15}N 0.71‰\sim2.85‰$。两种人工林 LOC 含量在 6 月高于 3 月，仅早衰人工林在 3 月和 6 月之间存在显著差异；早衰和正常人工林 LN 在 6 月显著低于 3 月；不同生长状态林分的 LP 变化规律不一致；LK 随着生长均增加，但未现显著差异；正常人工林 SLA 显著高于早衰人工林，且其值在 3 月显著小于 6 月，而早衰人工林中无显著变化；两种人工林 LDMC 在生长过程中均降低，但无显著差异。$\delta^{13}C$ 丰度以 6 月早衰人工林最高，显著高于正常人工林；早衰人工林 $\delta^{15}N$ 丰度低于正常人工林，在两种林分之间无显著差异。

表 7-2　早衰与正常人工林叶片功能性状

类型	月份	LOC /(g·kg⁻¹)	LN /(g·kg⁻¹)	LP /(g·kg⁻¹)	LK /(g·kg⁻¹)	SLA /(cm²·g⁻¹)	LDMC/%	δ^{13}C/‰	δ^{15}N/‰
早衰	3 月	361.81± 41.50b	34.37± 9.02a	1.63± 0.08b	9.24± 3.19a	110.68± 7.39c	32.79± 3.18a	−27.59± 0.81ab	0.71± 1.03b
	6 月	452.02± 26.69a	16.32± 0.92b	2.11± 0.43a	16.98± 13.21a	114.34± 9.59c	30.77± 3.96ab	−27.40± 0.55a	1.43± 1.03ab
正常	3 月	421.87± 24.90a	40.20± 4.10a	1.63± 0.07b	12.91± 0.94a	176.40± 6.33a	27.04± 1.02ab	−28.86± 0.64c	1.29± 0.45ab
	6 月	450.11± 26.02a	18.67± 3.92a	1.62± 0.04b	20.06± 5.12a	144.42± 11.80b	29.09± 0.95b	−28.65± 0.60bc	2.85± 0.73a

注：同列不同字母表示在 0.05 水平差异显著，下同。

在植物遗传特征和环境共同作用下，植物叶片功能性状会随季节而变化（Miner et al.，2019；Massaoudou et al.，2020）。在生长过程中，早衰人工林叶片 SLA 均低于正常人工林，而叶片 $\delta^{13}C$ 则是早衰人工林高于正常人工林。SLA 越小表明植物逆境生存能力越强，$\delta^{13}C$ 越高指示植物水分利用效率越高，表明对比正常人工林，早衰人工林的水分利用效率更高，抵御高温干旱环境的能力更强。原因是长期的干旱、高温胁迫，使得顶坛花椒已形成了低 SLA-高 LDMC 的生存策略（李红 等，2020），在花椒生长衰退的影响下，SLA 进一步减小，旨在加强顶坛花椒低 SLA-高 LDMC 的生存策略，减少植物蒸腾作用和提高水分利用效率。

7.1.1.3　叶片生态化学计量特征

早衰和正常人工林叶片 C/N 均值分别为 19.4、17.68，以 6 月早衰人工林（27.8）较高，与 3 月正常和 3 月早衰人工林存在显著差异；早衰、正常人工林叶片 C/P 均值分别为 220.08、269.31，以 6 月正常人工林（278.61）较高，与早衰人工林存在显著差异；N/P 在 3 月以正常生长的花椒叶片（24.79）高，但与早衰人工林差异不显著；C/K、N/K、P/K 均以 3 月早衰人工林较高，但与 3 月正常人工林均呈不显著差异。从 3 月到 6 月，除叶片 C/P 外，其他叶片生态化学计量比在两种人工林中变化趋势均相同（C/N 增加，N/P、C/K、N/K 和 P/K 减少）（表 7-3）。表明生长衰退引起了顶坛花椒植物体内养分元素含量比例的失调。

表 7-3 叶片生态化学计量特征

类型	月份	C/N	C/P	C/K	N/P	N/K	P/K
早衰	3 月	10.99±2.772b	222.20±24.87b	33.89±5.11a	21.25±6.21ab	3.57±0.05a	0.14±0.01a
	6 月	27.80±2.8156a	217.96±31.35b	26.45±15.63a	12.98±9.53b	0.80±0.41b	0.10±0.03ab
正常	3 月	10.60±1.59b	260.01±21.99ab	32.69±0.52a	24.79±3.18a	3.13±0.48a	0.13±0.01ab
	6 月	24.76±4.76a	278.61±15.81a	23.89±8.54a	11.52±2.11b	0.97±0.30b	0.08±0.03b

C 是植物干物质重要组成元素（龙明军，2017），N、P 是植物生长的主要限制元素（韩潇潇 等，2020），植物生长所需的营养不足、生存环境恶化或植物生理特性改变，均会导致植物的养分分配和利用效率发生变化（胡文强，2014）。叶片 C/N、C/P 是衡量植物养分利用效率的关键指标，值越大表明养分利用效率越高，且生长在贫瘠环境中的植物通常具有较高的 N、P 养分利用效率（惠阳 等，2016）。对比阿拉善地区（35.59、364.43）（张珂 等，2014）及敦煌地区（21.27、415.68）（刘冬 等，2020）C/N、C/P 比值，黔西南正常和早衰花椒人工林 C/N、C/P 较小，表明顶坛花椒人工林 N、P 养分利用效率较低。原因可能是在干热河谷气候影响下，研究区土壤中水分含量较少，极大地限制了植株对土壤中养分的吸收；且在二元三维的喀斯特空间地域系统和河谷深切的地形条件下，土壤中有效性养分和水分易于流失，导致花椒根系能够吸收的养分含量降低，而可能使花椒的 N、P 利用效率较低；再者，植物对 N、P 养分利用效率的高低还与植物养分损失率相关，故植物养分损失率也可能是本研究区花椒养分利用效率低的原因。相较于正常人工林，早衰人工林的 N、P 养分利用率低，是因为生长衰退造成了植株各器官功能和特性降低，且植物的养分利用效率还与研究区生长受限元素有密切关系（刘冬 等，2020）。N/P＜14 的植物生长主要受 N 元素限制，N/P＞16 的植物生长主要受 P 元素限制，介于二者之间为 N 和 P 共同限制（Koerselman et al.，1996）。3 月两种花椒人工林 N/P＞16，而在 6 月 N/P＜14，表明两种花椒人工林在叶片发育早期（3 月）受到 P 元素限制，而叶片发育后期（6 月）则受到 N 元素限制，这与东北地区、莱州湾、杭州湾滨海湿地的研究结果不一致（吴统贵 等，2010；Rong et al.，2015）。叶片发育早期是植物细胞分裂、分化和生长的关键期，需要大量的蛋白质和核酸，因此对 N、P 的选择性吸收较多，故叶片 N/P 较高；在生长过程中，顶坛花椒土壤中 P 元素含量低（土壤速效磷 0.7～2.73mg·kg^{-1}），顶坛花椒对 P 元素的吸收一直处于亏缺状态，土壤结构被破坏，以及在植物旺盛生长期需要大量的核酸（P 库）投入到蛋白质的合成中（刘建国 等，2017），导致植物体内 N 元素急剧下降，最终叶片 N/P 降低，植物生长受 N 元素限制。在干旱地区，水分是影响植物叶

片化学计量特征重要的非生物因素，在水分缺乏条件下，植株会将吸收的 N 素较多分布在根系；而在水分充足的条件下，植株会将大量 N 素分配在茎叶等营养器官中（王绍华 等，2004）。此外，在营养元素供应不足的条件下，植物的形态、内源激素、营养元素含量、酶活性等均会受到影响（官纪元，2018），而进一步影响植物体内 N、P 元素含量。

因此，为了改善植物生长受 N、P 元素限制问题，建议科学施肥，保证花椒生长所需养分。尝试进行花生、生姜等作物套种改善土壤质地，水库修建及管道浇水提高土壤水分，促进根系对养分的吸收；加强对花椒林的管理，减少病虫害。

7.1.1.4 叶片因子相关性分析

分别对正常、早衰人工林的叶片功能性状及叶片生态化学计量学进行相关性分析（表7-4）。结果表明，LN 与 C/N 呈极显著负相关，与 N/K 呈显著正相关；P/K 与 N/K 呈显著正相关。在正常人工林中，叶片因子间相关性达极显著、显著的情况较多，但在早衰人工林中，各因子间的相关性呈现减弱或相反的趋势。如正常人工林的 SLA 与 LDMC、C/N 达极显著（$P<0.01$）负相关关系，还与 N/P、N/K 呈极显著正相关关系，而早衰人工林未达到显著水平；正常人工林中 LDMC 与 δ^{15}N 呈正相关，LK 与 SLA、C/K 呈负相关关系，但早衰人工林 LDMC 与 δ^{15}N、LK 呈显著负相关，LK 与 SLA、C/K 呈正相关关系。以上表明，早衰弱化了顶坛花椒人工林叶片因子间的相互作用和过程。

表 7-4 正常与早衰人工林叶片因子相关性分析

类型		LC	LN	LP	LK	δ^{13}C	δ^{15}N	SLA
正常	LC	1						
	LN	−0.6	1					
	LP	−0.203	0.129	1				
	LK	0.121	−0.739	−0.156	1			
	δ^{13}C	−0.606	−0.23	0.373	0.502	1		
	δ^{15}N	0.113	−0.732	0.184	0.859*	0.556	1	
	SLA	−0.398	0.967**	0.144	−0.776	−0.429	−0.737	1
	LDMC	0.294	−0.887*	0.066	0.604	0.537	0.649	−0.949**
	C/N	0.61	−0.979**	−0.267	0.655	0.162	0.634	−0.957**
	C/P	0.919**	−0.555	−0.573	0.157	−0.656	0.015	−0.393
	C/K	0.044	0.628	0.097	−0.985**	−0.597	−0.847*	0.692
	N/P	−0.576	0.996**	0.041	−0.73	−0.278	−0.749	0.966**
	N/K	−0.568	0.979**	0.127	−0.841*	−0.242	−0.795	0.937**
	P/K	−0.26	0.765	0.286	−0.982**	−0.336	−0.801	0.77

续表

类型		LDMC	C/N	C/P	C/K	N/P	N/K	P/K
正常	LC							
	LN							
	LP							
	LK							
	$\delta^{13}C$							
	$\delta^{15}N$							
	SLA							
	LDMC	1						
	C/N	0.880*	1					
	C/P	0.225	0.621	1				
	C/K	−0.534	−0.533	0.005	1			
	N/P	−0.909*	−0.964**	−0.5	0.624	1		
	N/K	−0.815*	−0.929**	−0.524	0.743	0.972**	1	
	P/K	−0.559	−0.696	−0.326	0.944**	0.742	0.868*	1

类型		LC	LN	LP	LK	$\delta^{13}C$	$\delta^{15}N$	SLA
早衰	LC	1						
	LN	−0.622	1					
	LP	0.782	−0.652	1				
	LK	0.642	−0.182	0.717	1			
	$\delta^{13}C$	−0.37	−0.355	−0.147	−0.563	1		
	$\delta^{15}N$	0.767	−0.154	0.731	0.626	−0.618	1	
	SLA	0.567	0.032	0.37	0.881*	−0.719	0.471	1
	LDMC	−0.754	0.172	−0.701	−0.845*	0.804	−0.855*	−0.765
	C/N	0.846*	−0.930**	0.775	0.456	0.102	0.397	0.288
	C/P	0.006	0.331	−0.616	−0.278	−0.314	−0.165	0.193
	C/K	0.127	0.454	−0.282	0.404	−0.676	0.059	0.779
	N/P	−0.443	0.673	−0.788	−0.156	−0.288	−0.48	0.278
	N/K	−0.298	0.896*	−0.51	0.122	−0.558	0.009	0.424
	P/K	0.109	0.545	−0.198	0.507	−0.716	0.161	0.816*

类型		LDMC	C/N	C/P	C/K	N/P	N/K	P/K
早衰	LC							
	LN							
	LP							

类型		LDMC	C/N	C/P	C/K	N/P	N/K	P/K
早衰	LK							
	δ^{13}C							
	δ^{15}N							
	SLA							
	LDMC	1						
	C/N	−0.427	1					
	C/P	0.116	−0.221	1				
	C/K	−0.345	−0.193	0.681	1			
	N/P	0.242	−0.595	0.748	0.8	1		
	N/K	−0.078	−0.69	0.524	0.778	0.788	1	
	P/K	−0.411	−0.255	0.538	0.972**	0.735	0.848*	1

注：*表示 $P<0.05$；**表示 $P<0.01$，下同。

在逆境条件下，植物为了完成其生命周期，会诱导叶片衰老，从而重新分配营养物质，减少因衰老而缺乏再生能力的叶片对养分和水分的依赖（郑炳松等，2011）。早衰人工林叶片因子间的相关性达显著或极显著水平的较正常人工林少，这与 Tan 等（2019）对不同衰退程度顶坛花椒叶片光合作用的研究结果一致，这是因为衰退引起 SLA 减小，使通过气孔进入植物体内的 CO_2 减少，造成植株体内 CO_2 浓度降低（王建林　等，2020）。故随着顶坛花椒衰老退化的加剧，花椒植株各器官性能和生理特性减弱，导致植物生理生化指标间的相互影响减弱。综上分析表明，基于叶片功能性状视角，能够揭示植物生长衰退策略。但本研究中衰退对花椒植株器官和生理特性的影响机理和顶坛花椒的衰退机制尚不清楚，需深入展开研究。

7.1.1.5　土壤理化性质特征

顶坛花椒人工林土壤 pH 值介于 $6.27\sim7.04$，以 6 月正常人工林最高，但无显著差异；SWC 为 $22.68\%\sim38.17\%$，以 6 月正常人工林最高，显著高于其他类型土壤；土壤有机碳（SOC）为 $29.34\sim32.32$g·kg^{-1}，以 3 月正常人工林最高，各样地间无显著差异；土壤全氮（STN）（$2.00\sim3.36$g·kg^{-1}）和土壤有效氮（SAN）（$110.79\sim335.62$mg·kg^{-1}）表现为 6 月早衰人工林显著高于其他类型；土壤全磷（STP）（$0.99\sim1.68$g·kg^{-1}）和土壤全钾（STK）（$17.68\sim45.86$g·kg^{-1}）为 6 月显著高于 3 月；土壤速效磷（SAP）（$0.70\sim2.73$mg·kg^{-1}）、土壤速效钾（SAK）（$88.43\sim200.95$mg·kg^{-1}）及 Ca（$1.32\sim7.14$g·kg^{-1}）是 3 月显著高于 6 月（表 7-5）。结果表明，同一物候期内早衰人工林土壤水分显著低于正常人工林，早衰人工林土壤 N 含量高于正常人工林；从 3 月到 6 月，两

种林分中的土壤水分、N 及 K 含量呈增加，P 和 Ca 含量降低。

表 7-5　土壤理化性质特征

类型	月份	pH	SWC/%	SOC/(g·kg⁻¹)	STN/(g·kg⁻¹)	SAN/(mg·kg⁻¹)	STP/(g·kg⁻¹)	SAP/(mg·kg⁻¹)	STK/(g·kg⁻¹)	SAK/(mg·kg⁻¹)	Ca/(g·kg⁻¹)
早衰	3 月	6.87±0.16a	22.68±0.81c	30.71±5.08a	2.61±0.15ab	142.04±50.91ab	1.17±0.17b	2.73±1.05b	17.68±1.33b	195.29±53.95a	7.14±2.72a
	6 月	6.70±0.49a	23.62±0.43c	29.34±0.83a	3.36±0.39a	335.62±141.97a	1.68±0.17a	1.03±0.33c	38.78±7.98a	89.31±5.36b	1.9±0.87b
正常	3 月	6.27±1a	34.15±2.56b	32.32±11.93a	3.00±0.17ab	110.79±9.6b	0.99±0.19b	5.12±0.07a	18.71±1.64b	200.95±64.4a	5.72±1.16a
	6 月	7.04±0.88a	38.17±0.31a	29.53±0.78a	2.00±0.27c	166.43±12.56ab	1.68±0.11a	0.70±0.28c	45.86±6.74a	88.43±13.41b	1.32±0.15b

7.1.1.6　叶片功能性状与土壤因子的关系

对顶坛花椒叶片功能性状及土壤因子进行冗余分析和相对重要性分析，可以探析二者之间的相关性及其强弱程度。如图 7-1 所示，灰色空心箭头连线为叶片功能性状，黑色实心箭头连线为土壤因子；箭头连线越长，表明其对花椒人工林的影响越大，反之越小；箭头与箭头连线夹角指示两者间的正负相关性，锐角为正相关，钝角为负相关。结果表明土壤因子对顶坛花椒人工林的解释率为57.90%；土壤因子中 SWC、STP、SAP、SAK、STK、Ca 对顶坛花椒叶片功能

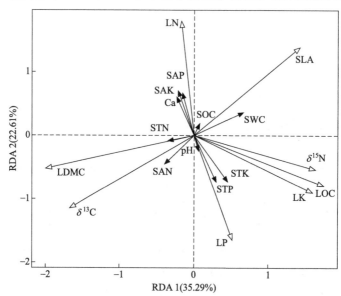

图 7-1　顶坛花椒叶片功能性状与土壤因子关系的冗余分析

性状的影响很大；其中 SAK、SAP、Ca 与 LP、LK、LOC 及 $\delta^{15}N$ 呈负相关，与 LN 呈正相关；STP、STK 则与 LN 呈负相关，与 LP、LK、LOC 及 $\delta^{15}N$ 呈正相关；SWC 与 SLA、LOC、LK、LN 及 $\delta^{15}N$ 呈正相关，与 LDMC、$\delta^{13}C$ 呈负相关；SAN 与 LDMC、$\delta^{13}C$ 呈正相关，与 SLA 呈负相关。其他土壤因子与叶片功能性状的相关性较弱。

由表 7-6 可知，SWC 对 SLA 和 $\delta^{13}C$ 影响最大，相对重要性分别为 0.43 和 0.42；STK 对 LK、LP 和 $\delta^{15}N$ 影响最大，分别为 0.29、0.27 和 0.23；SAN 对 LDMC 和 $\delta^{13}C$ 影响最大，分别为 0.29、0.21。分析表明，土壤水分和养分的亏缺及其两者间的植物生理生化、元素地球化学等反应是花椒生长衰退的主要诱因。

表 7-6 土壤因子对顶坛花椒叶片功能性状的相对重要性

指标	LOC	LN	LP	LK	$\delta^{13}C$	$\delta^{15}N$	SLA	LDMC
SWC	0.16	0.03	0.14	0.05	0.42	0.14	0.43	0.27
SOC	0.02	0.03	0.02	0.04	0.03	0.04	0.04	0.04
STN	0.13	0.03	0.17	0.06	0.08	0.13	0.05	0.08
SAN	0.09	0.08	0.07	0.12	0.21	0.13	0.11	0.29
STK	0.15	0.18	0.27	0.29	0.04	0.23	0.04	0.09
SAK	0.05	0.21	0.06	0.06	0.02	0.06	0.02	0.02
STP	0.18	0.14	0.08	0.11	0.05	0.05	0.06	0.04
SAP	0.07	0.14	0.05	0.05	0.05	0.09	0.14	0.06
Ca	0.12	0.16	0.11	0.10	0.05	0.10	0.08	0.12
pH	0.02	0.02	0.02	0.08	0.01	0.04	0.03	0.01

土壤为植物生长发育提供所需的环境，从而调控植物生长（金可默，2015），因此植物营养物质的再分配与土壤水分、养分亏缺紧密关联。相对重要性分析和冗余分析发现，土壤中 SWC 是影响顶坛花椒植物生长最大的因子，这与李昌兰（2020）对石漠化区植被退化的研究结果一致。由于喀斯特石漠化区降水较少，高温致使水分易于蒸发，地上-地下二元地质结构和河谷深切地形使水分容易下渗，土壤破碎、浅薄造成土壤持水能力差，最终导致植物生长受干旱缺水胁迫较为严重，使水分成为限制干旱地区植物生长和造成生态环境脆弱的首要因子。土壤含水率低于植物适宜含水率时，植物茎、根的养分吸收量随着土壤含水率降低而升高，叶片养分吸收量则下降（余泺　等，2011），养分不足会限制叶片的建成投入，叶面积减小，影响植物的光能捕获和碳的固定。同一物候期内，早衰花椒人工林 SWC 显著低于正常花椒人工林，其土壤 N 含量高于正常花椒人工林，K、P 及 Ca 在两种人工林中无显著差异，但早衰花椒人工林 LN、LK 却低于正

常花椒人工林。这与刘冬等（2020）对敦煌地区植物叶片的研究结果相似。原因是土壤水分作为养分的溶剂，含量高低能够影响土壤中营养元素的生物有效性及植物对养分的吸收和积累（Li et al.，2015）；可能是生长衰退造成植物器官和生理特性减弱，导致顶坛花椒养分吸收能力下降。此外，Ca 元素水平也会影响植物的生长发育、成熟衰老及抗逆等生理反应（赵鑫　等，2019；付嵘　等，2019）。综上表明，喀斯特地区土壤水分和养分的亏缺及其两者间生理生化反应的减弱或改变是顶坛花椒出现早衰的重要原因。

本节通过对正常和早衰顶坛花椒人工林叶片功能性状的研究，发现早衰降低了顶坛花椒植株对 N、P 的养分利用效率，且使得花椒人工林形成保持原水平 LDMC 的基础上进一步降低 SLA 的策略，旨在提高其水分利用效率、增强抵御外界恶劣环境的能力和维持自身生长与发育的水分和养分需求。相对重要性分析和冗余分析发现，土壤水分是影响顶坛花椒生长的最大因子，土壤水分和养分的亏缺及其两者间生理生化反应是顶坛花椒出现早衰的关键原因。

叶片功能性状能够反映植物对环境、生长变化的响应和适应策略，因此从叶片功能性状的视角可以揭示植物的生长机制。本文初步探讨了顶坛花椒早衰与叶片功能性状的关系，在后续研究中，应考虑补充正常衰退顶坛花椒叶片功能性状的影响，以更全面地揭示顶坛花椒的生长衰退机制。

7.1.2　顶坛花椒人工林生长衰退机理

研究人工林生长衰退的主要视角有生态化学计量学、全球变化效应、水肥耦合亏缺等。例如，Fan 等（2015）采用生态化学计量学的手段，研究表明桉树（Eucalyptus robusta）对养分的吸收与限制状况随林龄发生变化；随着刺槐（Robinia pseudoacacia）人工林林龄的增加，其林分生态化学计量特征发生变化，养分平衡状态存在差异，这为人工林可持续经营提供了理论支撑（Cao et al.，2017）；梭梭（Haloxylon ammodendron）叶片生态化学计量特征受土壤属性影响，养分限制因子随着树龄发生变化（Zhang et al.，2016）。已有研究结果表明，从养分含量丰缺与化学计量平衡角度研究植物群落生长衰退已经取得了一定进展并为学者们认可，但目前主要选取 C、N、P 等元素，这不利于系统地探讨矿质养分与群落生长衰退的内在关联。

在全球增温的背景下，气候变化是驱动刺槐人工林生长衰退的因素之一，林分对环境的适应策略已经超出林木正常的生长范围，进而诱发一系列生理、生化反应，导致刺槐人工林生长衰退；温度变化诱发的频繁干旱，导致青藏高原东部森林衰退（Mou et al.，2019），表明温度等气候变化驱动森林生态系统退化；亦有研究表明，不同海拔的森林对气候变化的敏感性不同（Choimaa et al.，2017），表明气候变化能够对森林生长衰退产生影响是不争的事实。但是，该方法适用于较大时间、空间尺度的研究，对小尺度的林分生长衰退现象较难予以深入分析。

干旱会导致植物群落生长衰退，受影响的林木数量、恢复力、抵抗力和弹力等与干旱的频率、强度呈现正相关（Ignacio et al.，2010），表明水分亏缺程度影响林分的生长状况；栓皮栎（*Quercus variabilis*）林的土壤微生物性状会限制水分利用效率与次生生长，影响其生长衰退（Avila et al.，2017），结果表明土壤水分是限制植物生长的关键生态因子；同时，土壤养分质量能够对顶坛花椒的生长衰退产生影响，养分的全面性和均衡性对花椒复壮均具有重要现实意义。水肥耦合通过协调水分与营养元素之间的相互作用，调节植物生长、生理、生化特性，进而优化植物与环境的关系，调控资源利用效率（Guttieri et al.，2005；Van et al.，2008；Wang et al.，2018），探讨水肥耦合亏缺与植物生长衰退的关系比较适合小尺度时空序列植物生长衰退的研究。

目前，结合土壤大量、微量矿质养分的全量和有效态分析植物群落衰退机理的研究较为鲜见，这不利于退化生态系统的综合调控。从小尺度上看，笔者认为从水分养分耦合角度研究顶坛花椒人工群落的生长衰退机理，能够为林分生长调控提供科学依据。基于此，以衰退和正常生长的贵州顶坛花椒人工林为研究对象，通过测定土壤水分、养分含量，探讨不同群落的土壤水分与养分变化特征，阐明水肥耦合对顶坛花椒生长的影响效应，揭示群落生长衰退的矿质养分机理，旨在为退化生态系统恢复奠定理论基础。

7.1.2.1 研究方法

（1）样地设置与样品采集　样地设置与7.1.1节的内容相同。判别衰退与正常生长群落后，按照海拔、坡度、坡位、坡向等地形因子近似原则，每个类型分别设置3块10m×10m的典型样地，每块样地之间的距离＞10m。调查每个样地的树高、冠幅、胸径、地径、枝下高、病腐枝条、林分郁闭度、凋落物蓄积量等生长指标。

在每个标准样方内，去除地表凋落物，按照0～10cm、10～20cm分层，采用"S"形混合采样方法设置5～7个点，剔除根系、石砾及动植物残体后取样，置于自封袋内保存。由于顶坛花椒为浅根系植物，人工施肥通常距离树干10～30cm范围内，因而取样时尽量避开这一区域，减少人工培育措施的干扰。同时，测定土壤厚度。样品带回实验室后，自然风干，研磨至95%样品依次通过2mm、0.15mm筛，置于玻璃瓶中保存，用于有机碳和矿质养分分析。于盛花期（2019年3月31日）、旺盛生长期（2019年6月8日）分别采样分析。

（2）样品分析方法　土壤自然含水量采用烘干法，pH值采用电极法（固液质量比为1:2.5）；有机碳采用重铬酸钾-外加热法，全氮采用半微量开氏法，有效氮采用碱解扩散法，全磷采用高氯酸-硫酸消煮-钼锑抗比色-紫外分光光度法，速效磷采用氟化铵-盐酸浸提-钼锑抗比色-紫外分光光度法，全钾采用氢氟酸消解-火焰光度法，速效钾采用中性乙酸铵浸提-火焰光度法；全量钙、全量镁采用

《土壤全量钙、镁、钠的测定》（NY/T 296—1995），全量锌采用《土壤质量铜、锌的测定 火焰原子吸收分光光度法》（GB/T 17138—1997），全量铁、全量锰采用《森林土壤强酸消化元素的测定》（LY/T 1256—1999），全量硼采用《城市污水处理厂污泥检验方法》（CJ/T 221—2005），全量硒采用《土壤和沉积物 汞、砷、硒、铋、锑的测定 微波消解/原子荧光法》（HJ 680—2013），有效态钙、有效态镁采用《绿化用表土保护技术规范》（LY/T 2445—2015 附录 H），有效态锌、有效态铁、有效态锰采用《土壤 8 种有效态元素的测定 二乙烯三胺五乙酸浸提-电感耦合等离子体发射光谱法》（HJ 804—2016），有效态硼采用《森林土壤有效硼的测定》（LY/T 1258—1999）。

（3）数据处理与分析 采用 SPSS 22.0 软件进行矿质养分化学计量等指标之间的单因素方差分析（one-factor ANOVA）和多重比较（LSD）（$P < 0.05$），分析元素含量对顶坛花椒群落生长衰退的影响。

7.1.2.2 土壤 pH 值和土壤含水量变化

花椒林样地土壤 pH 值为 6.49～7.36，总体为中性（表 7-7），在不同生长类型、土层深度和物候期之间均未呈现出显著差异，表明 pH 值对贵州顶坛花椒人工建植群落生长衰退无显著影响。

正常生长的顶坛花椒群落土壤含水量显著高于衰退类型（表 7-7），其中：衰退类型的表层土壤水分含量均低于 20%，与正常生长的顶坛花椒土壤相差约 2 倍，表明土壤水分亏缺诱发顶坛花椒生长衰退。

表 7-7 土壤 pH 值与含水量变化

月份	层次	类型	pH	含水量/%
3 月	0～10cm	正常	6.94±0.83a	32.13±2.77b
		衰退	7.08±0.25a	19.30±1.44d
	10～20cm	正常	6.49±0.37a	36.17±2.54a
		衰退	6.65±0.44a	26.07±2.01c
6 月	0～10cm	正常	7.34±0.57a	37.80±0.56a
		衰退	7.05±0.29a	19.80±0.27d
	10～20cm	正常	7.36±0.82a	38.53±0.57a
		衰退	6.73±0.42a	27.43±0.61c

土壤水分和养分的耦合亏缺可能引起顶坛花椒群落生长衰退。土壤水分和养分是植物生长的关键，影响植物生长、繁殖、产量、根系性状和氮素吸收等（Wang et al.，2019a），不仅制约着生物量、品质等生长性状，还对养分吸收、运输等生理性状产生影响，因此水肥耦合有助于提高作物品质和水分利用效率等（Fu et al.，2014），合理的水肥配置能够实现顶坛花椒人工林可持续经营。他人

研究结果显示，不同的水分管理措施影响土壤中 Cd 的生物有效性及植物对 Cd 的吸收和积累（Li et al.，2015），表明土壤水分亏缺导致土壤养分的可利用性降低，原因是土壤水分是养分的溶剂，且影响土壤生物的活动范围、程度和活性，进而对根系分泌物的形成、提取以及养分循环产生制约作用；同时，土壤水分含量与氮吸收之间存在密切关联（Aynehband et al.，2011），水分胁迫和氮素供应状况是影响植物生长的关键因素，且两者之间的作用方式较为复杂（Tang et al.，2017），涉及系列植物生理生化、元素地球化学等反应。前述表明土壤水分状况会影响植物对矿质养分元素的利用效率。由此可见，土壤水分影响矿质养分元素的形态和利用，土壤水分不足诱发人工林生长衰退。及时补充水分能够增强人工林的稳定性，提高生态系统对水分的调蓄能力。

7.1.2.3 土壤碳氮磷钾元素变化

总体上，土壤有机碳以正常生长的顶坛花椒人工林较低，但多呈不显著差异；全氮在3月份以正常生长的林地土壤高，但差异不显著，6月份的变化规律则相反；速效氮在两种类型之间未表现出显著差异；全磷在两种类型之间多呈不显著差异；速效磷在3月份时，以正常生长的花椒林土壤显著高于衰退类型；全钾以正常生长的花椒林地土壤要高，但仅在6月份表现出显著差异；速效钾在两种类型之间多为无显著差异（图7-2）。

C、N、P 作为主要的生源要素，是植物体生长的结构性与功能性元素；Ca 是喀斯特地区的特征元素之一，在植物体中具有诸多生理功能，具有稳定细胞壁、促进细胞伸长和分泌、维持细胞膜的稳定性等生理功能，在植物生长、生理、生态过程中发挥着重要作用，喀斯特地区植物具有钙依赖机制；Fe 在生物地球化学循环中发挥"齿轮"作用，亦是重要的元素。因此，下一步可考虑水分与 C、N、P、Ca、Fe、Mg、B 等元素的耦合作用效应，深入揭示顶坛花椒人工林生长衰退机制。

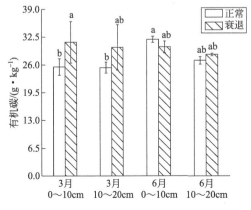

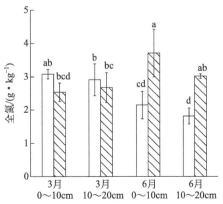

图 7-2

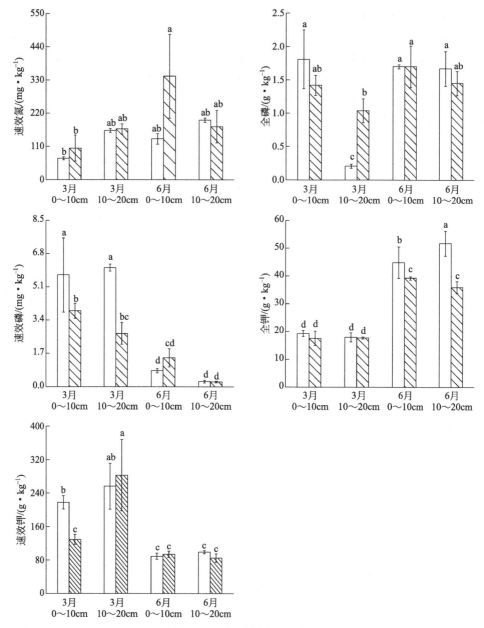

图 7-2　土壤碳氮磷钾变化
图中不同字母表示在 0.05 水平差异显著，下同

7.1.2.4　土壤其他矿质元素变化

如表 7-8、表 7-9 所示，土壤全钙、全镁、全铁、速效镁、速效铁在正常与衰退林分之间未表现出显著差异；全锰以正常生长的顶坛花椒林土壤较高，但仅 6 月份差异显著；速效钙多以正常生长类型显著较低；速效锌以正常生长花椒林

土壤较低、速效锰的变化规律则相反，但显著性规律不明显。

　　土壤全铜总体以正常生长类型显著高于衰退类型，速效铜仅在6月份表现出相同规律；全锌在两种类型之间无显著差异，速效锌以正常生长类型为低，但仅在0～10cm土层呈现出显著差异；全硼和全硒多为不显著差异，速效硼以正常生长类型为高。

表 7-8　土壤钙、镁、铁、锰含量

月份	层次	类型	全钙/(g·kg⁻¹)	速效钙/(mg·kg⁻¹)	全镁/(g·kg⁻¹)	速效镁/(mg·kg⁻¹)	全铁/(g·kg⁻¹)	速效铁/(mg·kg⁻¹)	全锰/(g·kg⁻¹)	速效锰/(mg·kg⁻¹)
3月	0～10cm	正常	7.72± 1.61ab	47.40± 0e	9.33± 0.21a	104.00± 12.36b	28.15± 11.81b	529.33± 57.74b	3.18± 0.47bcd	28.20± 3.58de
		衰退	8.75± 0.62a	57.25± 6.44de	8.52± 0.95a	79.30± 11.46b	30.00± 6.93b	564.00± 54.95b	2.56± 0.33d	25.55± 3.04de
	10～20cm	正常	6.40± 1.75b	78.65± 8.70cd	7.90± 2.57a	109.67± 14.19b	34.20± 0.28b	538.00± 80.72b	3.52± 0.50abc	34.47± 4.67cd
		衰退	8.16± 2.48ab	193.50± 20.51a	8.55± 0.86a	85.30± 6.65b	35.55± 0.07b	577.33± 36.67b	2.98± 0.50cd	24.87± 0.76e
6月	0～10cm	正常	1.00± 0.14c	75.95± 5.16d	5.90± 0.27b	183.67± 38.79a	66.53± 3.60a	906.67± 69.82a	4.05± 0.21a	46.23± 6.78b
		衰退	1.25± 0.07c	105.27± 11.12c	3.83± 0.78c	205.67± 16.44a	60.77± 6.56a	877.00± 41.87a	2.80± 0.20d	42.43± 3.77bc
	10～20cm	正常	1.40± 0.20c	84.33± 13.43cd	5.73± 0.70b	231.67± 24.79a	67.20± 2.19a	937.00± 65.34a	7.01± 0.14ab	56.73± 10.05a
		衰退	1.55± 0.07c	141.67± 22.50b	3.75± 0.07c	207.00± 40.73a	65.90± 5.40a	921.33± 42.16a	2.90± 0.10cd	43.60± 1.99b

表 7-9　土壤铜、锌、硼、硒含量

月份	层次	类型	全铜/(mg·kg⁻¹)	速效铜/(mg·kg⁻¹)	全锌/(mg·kg⁻¹)	速效锌/(mg·kg⁻¹)	全硼/(mg·kg⁻¹)	速效硼/(mg·kg⁻¹)	全硒/(mg·kg⁻¹)
3月	0～10cm	正常	12.86± 0.13cde	1.20± 0.05de	252.33± 10.02abc	1.59± 0.17d	19.40± 0c	1.57± 0.09a	2.11± 0.08a
		衰退	12.32± 0.73de	1.04± 0.31e	281.67± 8.96a	2.25± 0.30c	23.25± 1.77c	0.31± 0.07c	2.05± 0.16ab
	10～20cm	正常	13.65± 1.24bcd	3.20± 0.06b	240.67± 32.04bcd	1.83± 0.30cd	16.40± 0c	0.48± 0.09b	1.91± 0.16b
		衰退	11.82± 1.86e	3.62± 0.53b	256.67± 18.15ab	2.09± 0.29cd	30.10± 5.37c	0.22± 0.09cd	2.11± 0.08a

续表

月份	层次	类型	全铜/(mg·kg⁻¹)	速效铜/(mg·kg⁻¹)	全锌/(mg·kg⁻¹)	速效锌/(mg·kg⁻¹)	全硼/(mg·kg⁻¹)	速效硼/(mg·kg⁻¹)	全硒/(mg·kg⁻¹)
6月	0～10cm	正常	17.46±0.59a	4.74±0.84a	222.00±9.01cd	3.63±0.10b	80.70±2.69a	0.32±0.05c	0.44±0.18c
		衰退	14.26±0.56bc	2.09±0.84cd	226.33±24.95bcd	4.78±0.09a	63.07±1.57b	0.25±0.06cd	0.50±0.07c
	10～20cm	正常	19.33±0.83a	2.82±0.08bc	223.00±9.64cd	3.43±0.41b	67.95±2.05ab	0.35±0.03bc	0.46±0.06c
		衰退	14.73±1.19b	1.31±0.28de	215.67±17.90d	3.66±0.56b	68.37±12.27ab	0.15±0.04d	0.39±0.04c

7.1.2.5　生态化学计量特征

据表 7-10，正常生长类型的土壤 C/N 比在 6 月份显著高于衰退类型，但 3 月份无显著差异；Ca/Mg、Fe/Mn 均以衰退类型要高，但多在 0～10cm 土层土壤差异显著；C/P、N/P、Ca/P 未发现明显的变化规律。结果表明中、微量元素比例失衡是引起顶坛花椒生长衰退的原因。

表 7-10　土壤生态化学计量值

月份	层次	类型	C/N	C/P	N/P	Ca/Mg	Fe/Mn	Ca/P
3月	0～10cm	正常	8.18±1.01b	17.87±3.79bc	1.79±0.4429bcd	0.77±0.18b	9.14±2.35c	4.02±0.74bc
		衰退	12.39±2.19ab	22.40±5.72bc	1.80±0.19bc	1.03±0.04a	22.82±3.91a	6.18±0.33bc
	10～20cm	正常	11.01±3.19ab	122.12±11.19a	13.23±0.99a	0.90±0.15ab	9.38±1.32c	31.49±12.85a
		衰退	11.33±1.73ab	26.43±5.19b	2.40±0.04b	0.92±0.17ab	13.11±1.87bc	10.25±0.85b
6月	0～10cm	正常	15.17±2.49a	18.83±0.64bc	1.27±0.27cd	0.21±0.07d	14.75±3.68bc	0.73±0.24c
		衰退	7.92±1.46b	16.79±6.08bc	2.06±0.88bc	0.48±0.19c	21.78±2.96a	0.97±0.41c
	10～20cm	正常	15.21±1.70a	16.41±1.96c	0.91±0.25d	0.24±0.01d	15.74±4.31b	0.84±0.07c
		衰退	9.33±0.08b	20.93±2.48bc	2.11±0.29bc	0.42±0.02cd	22.71±1.34a	1.34±0.58c

7.1.2.6　顶坛花椒培育的有机综合管理

顶坛花椒培育过程中，由于农村劳动力外出务工、农村产业结构深度调整，以及山区耕作成本较高等问题，大量施用化肥，改变了土壤溶液的势能，制约微量元素的含量水平和计量平衡，使土壤肥力质量降低，限制了花椒对土壤养分元素的吸收、运输、循环和转化。因此，急需对顶坛花椒生长进行有机综合管理，以提高资源利用效率，实现生长衰退的花椒复壮。

在顶坛花椒栽培管理过程中，较难根据供需关系对特定元素进行针对性管理，因而应开展有机肥配施，以达到调控植物生长性状的目的（Kyeong et al.，2018）。推荐施用有机肥，有助于实现矿质元素的生物小循环，补充和调节土壤中有益元素，增加植物所需的微量元素尤其是有效态成分，为顶坛花椒高产、稳产、稳质提供丰富的矿质元素；同时，扩大人类获取元素的途径，实现人类健康和代际质量提升。但在施用动物粪便之前，应当进行有效的预处理，以控制抗生素抗性基因和丰度（Zhou et al.，2017），防止产生新的土壤污染，避免破坏土壤有益生物菌群的稳定性和计量平衡特征。由于大量施用化肥和除草剂，抑制了土壤不同生物功能群的数量和活性，并且林龄对土壤微生物性状的影响规律尚不确定（Li et al.，2018；Wang et al.，2019b），加之喀斯特石面、石槽、石沟、石缝等小生境发育，顶坛花椒林地土壤板结、窝根严重，限制了植株对土壤水分与养分的吸收，因而培育团粒结构尤为重要。土壤有机综合管理能够改善林地孔隙性状，协调和优化水、肥、气、热的关系，促进矿质化和腐殖化过程，为生物提供丰富的碳源，促进花椒人工林生态系统物质循环。

7.1.2.7 顶坛花椒群落生长衰退机制研究展望

第一，将土壤的概念拓展到环境介质。具体包括母质、凋落物、土壤层等能够提供养分元素的地球关键带组分，喀斯特石漠化地区土层浅薄、根系构型复杂，根系的伸长与地质结构、岩性、裂隙发育、水分流动、母岩风化等有密切关联，通过与周围环境介质接触而获取养分，环境承载力已经超出了表层土壤的范畴。

第二，探讨根系分泌物的类型及其对养分提取的能力。测定不同生长状态顶坛花椒植株的根系功能性状，辨识根系分泌物种类，明晰环境条件对根系分泌物产生的促进或抑制效应，探究不同根系分泌物对养分的提取能力，阐明根系分泌能力与养分质量状况的耦合关系，集成调控根系分泌能力的措施，为贵州顶坛花椒复壮提供理论和实践依据。

第三，研究植物内源激素的含量与计量平衡关系。测定植物组织中的内源激素含量，测度其生态化学计量特征，探讨环境因子对内源激素含量和计量的影响规律，计算正常与衰老的内源激素阈值转折点，构建植物激素与土壤养分含量的耦合关系，提出基于植物生长调节剂的调控技术措施，通过激素控制延缓植株衰老，实现人工林生产力提升。

第四，揭示顶坛花椒生长衰退的土壤微生物作用与驱动机制。探讨衰退与正常生长的顶坛花椒人工群落土壤微生物数量、生物量及其化学计量比的变化规律，综合阐明土壤质量特征，构建土壤微生物性状与顶坛花椒生长的相关关系，揭示群落土壤微生物对顶坛花椒群落生长衰退的影响机制，为顶坛花椒人工调控奠定科学依据。

第五，构建水肥耦合与顶坛花椒生长效应的关联。设计不同的水肥组合方案，评价水肥配比与顶坛花椒适应、生理、生长、产量和品质等性状的关系，综合评估不同水肥耦合下的生态和经济效益，构建水肥耦合与功能效应之间的关系模型，集成适宜的水肥组合方案，从水分和养分管理角度提出顶坛花椒人工林可持续经营措施。

第六，研究顶坛花椒生长衰退的尺度效应。从物候期、林龄等时间序列，植物器官生理生态、群落生境水肥组合、区域气候变化等空间尺度，诊断引起顶坛花椒生长衰退的原因，便于从不同时空尺度上采取生态调控措施。

本节通过分析水分和养分等肥力质量指标，探讨水肥组合状况对顶坛花椒人工林生长衰退的影响机理。表明顶坛花椒人工林生长衰退可能是土壤水分含量降低导致水肥耦合亏缺效应，相关机制尚不完全明确。未来需要从环境介质、根系分泌物、植物内源激素、土壤微生物、水肥耦合等方面，从不同尺度开展顶坛花椒生长衰退机理与机制研究。

7.2 育苗和移栽

关于顶坛花椒尤其是花椒育苗、移栽方面的资料已经较多，技术成熟度高。本节结合顶坛花椒的生长习性，在生产实践和科学观测的基础上，再次进行系统梳理和整理。

(1) 种子来源与采摘

① 母树确定。选择品种纯正、生长健壮、结果较多、果实饱满、丰产稳产、无病虫害的盛果树作为母树。不同品种在同一区域内，物候期存在较大差异，尤其是西南山地生境破碎、异质性高、水热条件差异大，因此确保种子的纯度尤为重要，在生态产业可持续经营过程中，应权衡好多样化和规模化的关系。在准备种子时，要防止不同区域的花椒种子混杂，增加后期育种和苗木管理的难度。

② 采种时期。待果实充分成熟后采集，比采摘用作药用、食用材料的花椒大约晚 30 天。采摘时间通常选择在二十四节气之白露以后，此时花椒种子颜色青色偏黄，总体以 15%～20% 的果皮开裂时采摘为宜。种子留晚，果实饱满，养分储存量高，能够提高发芽率。应当在晴天采摘种子，不能选择雨天尤其是连续雨天采种。由于采种时间较晚，因此不能修大枝，防止椒树在第二年不能充分木质化而导致挂果率较低。

③ 采种后的处理。采摘的果实，在阳光下晒干，及时脱壳。果实干燥后，

将种子与果皮自然分离，去除果皮与其他杂物，得到纯净的种子（陈训，2010）。制得的种子最迟在第二天播种，防止种子因久置发热而损坏。若种子不能及时播种，应该薄层摊开在地上，及时散发热量。

（2）种子处理　用于撒播的花椒种子，无需进行特殊处理，直接播种于苗床；由于花椒种子发芽率总体不高，因而可以适当增加撒种量。播种后 20～30 天即陆续开始发芽。但是，由于花椒籽粒较为坚硬，为了提高发芽率，未来可以探索种子播种前处理方法。

（3）选地整地　选取平整、肥沃、连续的地块作为苗床，要求土壤团粒结构发育较好、肥力质量较高、蓄水保土能力较强，通常土壤厚度在 40～50cm 以上为宜。所选取地块要求水源供应充足。

（4）播种　采用撒播的方式，直接撒种于平整后的地块表面，轻轻覆土使种子与表土充分混合。幼苗长到 10cm 左右时，间苗使其苗间距在 8～10cm 左右，防止密度过大对养分的竞争。

（5）苗床管理　苗床宜用农家肥等有机肥做底肥，增强养分供应潜力，提高苗木发芽率，实现壮苗。在生产过程中，要根据苗床水分条件浇透水，使土壤含水量在 35％～40％以上，防止土壤水分亏缺引起苗木萎蔫或枯死。

（6）移栽　待幼苗长到 80cm 左右时，移栽到大田。优先选择在阴天或雨天移栽，晴天移栽时可选择早晨或傍晚进行。移栽时尽量不要破坏根系和抖落根际土壤，以保护微生物群落环境。有条件的地区，在经济、人力条件允许的前提下，可以培育容器苗，以提高造林成活率。

7.3　落叶防控技术

叶片掉落是影响光合产物积累的重要因素，尤其是秋冬季落叶造成光合产物降低，直接影响花芽分化和次年产量，因此防控秋冬季落叶成为顶坛花椒栽培过程中需要突破的关键技术。

7.3.1　落叶防控技术摘要

目前公开的一种防止顶坛花椒秋冬季落叶的方法及其应用，属于作物种植技术领域。该方法主要包括以下 3 个步骤：①水肥管理；②红锈病防治；③枝条管理。该方法可以显著改善顶坛花椒的落叶情况，同时提高顶坛花椒的产量，改善果皮中必需氨基酸、非必需氨基酸、鲜味氨基酸、苦味氨基酸、药效氨基酸、胡萝卜素和维生素 E 等的含量，以及果实的干物质含量。本技术提供的防止顶坛花椒秋冬季落叶的方法，可提高其产量和品质，为顶坛花椒生态产业的稳定、可持续发展奠定基础。

7.3.2 落叶防控技术说明

顶坛花椒是贵州喀斯特干热河谷地区特有的生态修复植物，从生态型来看，属于干热型，与湿热型九叶青花椒的习性存在较大差别，因此其经营管理技术也应当与其他花椒品种有所区别。本技术的一个特色是，充分考虑顶坛花椒的生态习性，使制订的措施更有针对性和适用性，也较为具体。避免了其他技术直接引用的缺陷，有效防止机械引进技术产生水土不服的情况。

在顶坛花椒人工林培育过程中，存在一个突出的问题，即秋冬季成熟叶片掉落现象较为严重，由于叶片是花椒光合产物形成的主要场所，又是应对水力失调的安全阀门，因而阻碍了光合作用的正常进行，影响光合合成和代谢产物的积累，限制了次年产量和品质的形成，部分椒农据此准备放弃花椒种植，甚至出现退树还耕的局面。同时，老叶掉落后，新叶不断萌发，反而消耗更多的树体储存养分用于生长器官构建，加剧了营养匮乏生境的养分限制，使生殖生长受阻，经营管理的难度明显增加。因此，解决顶坛花椒秋冬季落叶问题，是生产上面临的突出问题之一。

目前，顶坛花椒专用施肥方法（申请公布号 CN 108848841 A）由底肥、地施追肥与叶面喷施追肥、生物菌肥与水肥耦合自给构成，主要是解决喀斯特石漠化地区土壤养分贫瘠和花椒需肥平衡的问题，技术涉及上更为宽泛；而本技术主要是解决花椒树体养分积累的问题，目标是协调营养生长和生殖生长的关系，并调控营养生长转向生殖生长，施肥技术的使用有较强的针对性。

顶坛花椒矮化密植方法（专利号 ZL 2018 1 1011911.9）包括造林地清理、整地规格、施底肥、起苗、苗木处理、栽植、补植、整形、施肥、保花保果、松土除草等技术环节，主要是协调花椒生长与光、温、水、气、热关系，提高资源利用效率；而本技术主要是增加顶坛花椒叶片数量，提高捕获光照能力的问题，核心是针对生产性器官进行保护，使光合作用进行得更为充分。

顶坛花椒病虫害防治方法较多，包括药剂涂抹、喷洒、火烧病虫害枝条等措施，主要是解决顶坛花椒生长树体健康问题，延缓植株生长衰退；而该技术主要解决红锈病引起的花椒叶片掉落问题，预防害虫对嫩叶的寄宿和取食，通过保叶实现保花保果的目标。

具体包括以下步骤：

（1）水肥管理

① 第一年7月，花椒树以采代剪后施用有机肥；

② 第一年8月、11月和第二年3月，分别施用1次复合肥；

③ 第一年8～10月，每月各施用2次磷酸二氢钾水溶肥；

④ 第一年10月施用1次生物菌肥；

⑤ 整个生长季的土壤水分含量保持在30%以上；

⑥ 第一年 11 月施用微量元素 Zn 肥。

（2）红锈病防治 第一年 8 月施用 2 次吡唑醚菌酯，9～10 月每月各施用 1 次吡唑醚菌酯。

（3）枝条管理

① 第一年 7～8 月，手工摘除花椒冒条；

② 第一年 10～11 月，压枝；

③ 第一年 11～12 月，疏除直径小于 1cm 的弱枝；

④ 枝条规格：留枝数量为 90～95 条/株、长度 0.9～1.2m、直径 1.0～2cm，枝条木质化程度达到 100%（本技术主要针对大树冠，小树冠应当适当降低枝条数量）。

优选地，所述（1）水肥管理步骤②中，第二年 4 月还需施用有机肥 1 次。

更优选地，所述（1）水肥管理步骤③中第一年 8～9 月，每月各施用 2 次磷酸二氢钾水溶肥，10 月施用 1 次磷酸二氢钾水溶肥。

更优选地，所述（1）水肥管理步骤⑥为第一年 10 月施用微量元素 B 肥。

更优选地，所述（2）红锈病防治步骤①为第一年 8 月、10 月各施用 2 次吡唑醚菌酯，9 月施用 1 次吡唑醚菌酯。

更优选地，所述（2）红锈病防治中还应包括步骤生物防治：保持林下草本植物的高度在 40～50cm。

更优选地，所述（3）枝条管理步骤③为第一年 12 月底，疏除直径小于 1.5cm 的弱枝。

更优选地，所述（3）枝条管理步骤④枝条规格为：留枝数量为 85 条·株$^{-1}$。

更优选地，所述（3）枝条管理还包括步骤⑤：对长度超过 1.2m 的枝条，于第一年 11～12 月采取回缩的方式，剪除枝条顶端木质化不充分的部分，使其长度控制在 1.2m 以下。

本技术的目的之二在于提供上述方法在防止顶坛花椒秋冬季落叶中的应用。

与现有技术相比，本技术具有如下有益效果：

第一，提高了植被覆盖率、叶面积指数等生态恢复效果。由于该技术较好地保住了顶坛花椒的叶片，且绿叶比例在 98% 以上，因此植被覆盖率和叶面积指数得到较大提高。由于顶坛花椒是该区域内大规模种植的生态修复树种，对生态退化和水土流失防控起到了积极作用，因此该方案有效地提高了生态恢复效果，巩固了来之不易的石漠化治理成效，具有较为广阔的运用前景。

第二，提高了顶坛花椒产量和品质。由于本技术措施很好地保住了叶片这一光合作用的主要器官，因此光合合成能力得以极大提高，次生代谢物质也更为丰富，使顶坛花椒的产量和品质得到较大提高和优化，前期的监测数据也较为有力地印证了这一观点。影响花椒香度和麻度等品质的因素主要是次生代谢物质，这就对合成和分解代谢的物质及时间位移等提出了更高的要求，本方案正是较好地满足了这一前提。

第三，维持了顶坛花椒产业的稳定性和可持续性。如果顶坛花椒持续退化，势必影响产业的可持续发展，打击椒农种植顶坛花椒的热情，不利于生态产业振兴，不利于脱贫攻坚成效巩固与乡村振兴的有效衔接。该技术的应用和推广，能够保持顶坛花椒的稳定性，增强椒农种植顶坛花椒的信心。从长远来看，该技术的推广，可以实现顶坛花椒的可持续经营，使产业得以稳定、健康发展。

7.3.3　落叶防控技术具体实施方式

实施例 1

一种防止顶坛花椒秋冬季落叶的方法，包括以下步骤：

（1）水肥管理

① 2019 年 7 月 20～21 日，在完成花椒以采代剪工作后，施一次新鲜猪粪腐熟 30 天制得的有机肥作为底肥，用量为 $4kg \cdot 株^{-1}$，距离树干 60cm，深度 35cm，环沟状施肥，有机肥与土壤按照 1∶2 的质量比充分混合均匀。

② 根据顶坛花椒的生长习性，于 2019 年 8 月初、11 月中旬和 2020 年 3 下旬，施用贵州诺威施生物工程有限公司生产的西洋优$^+$复合肥（$N-P_2O_5-K_2O$ 为 15-15-15）3 次，每次用量 $0.25kg \cdot 株^{-1}$。为了提高肥料的利用效率，施肥时土壤含水量应大于 30％，不足时先进行灌水；选择阴天或晴天上午 10 时以前或 17 时以后施肥。

③ 磷酸二氢钾水溶肥（贵阳金黔实业科技有限公司生产，$KH_2PO_4 \geqslant$ 98％），自 8 月 5 日起，1g 水溶肥兑水 0.4kg，每株花椒依据树冠大小均匀施用 3kg 水溶液，采用喷雾的施肥方式。共施用 6 次，分别为 8 月 5 日、8 月 22 日、9 月 10 日、9 月 30 日、10 月 14 日和 10 月 19 日。

④ 生物菌肥（北京中农富源集团有限公司生产），于 10 月 28 日施用，用量为 $0.5kg \cdot 株^{-1}$，沿花椒树冠滴水线开 3 条宽和深均为 5cm、长 10cm 的浅沟，均匀撒施，与土壤按照 1∶10 质量比混合均匀。

⑤ 全年土壤水分含量保持在 30％以上，每株成熟期花椒每年需水 0.8t，采用喷灌形式补充土壤水分，每公顷顶坛花椒节省了劳动力 70～90 个。

⑥ 期间存在少量叶片发黄的现象，于 11 月 10 日施用微量元素 Zn 肥（四川国光农化股份有限公司），用量为 $0.05kg \cdot 株^{-1}$，施用后与土壤混匀，土壤含水量在 30％以上。

（2）红锈病防治　用吡唑醚菌酯进行防治，8 月 5 日、8 月 25 日、9 月 18 日、10 月 6 日共施用 4 次。每次的施用方法相同，均为 1g 吡唑醚菌酯兑自来水 2kg。每株花椒用药水 1.5kg，通常以叶面开始滴水为宜。实际使用过程中，若花椒树势、冠幅较小且枝条稀疏，可以适当降低药水用量。

（3）枝条管理

① 2019年7~8月，手工摘掉花椒树冒条，不用电锯去除枝条，防止高温天气造伤过大，避免营养流失严重。对于采摘过晚的，采摘时留长枝，不采取大剪的方式。

② 2019年10~11月压枝，以地面为水平线，保持枝条开张角度在5°~10°，不同层次枝条的垂直高度空间控制在20cm以上。

③ 在2019年11~12月，疏除直径小于1cm的弱枝，为其他枝条生长留出空间，促进花芽分化。尽量保留表皮光滑、颜色较深的枝条。

④ 枝条规格：留枝数量为90~95条·株$^{-1}$、长度0.9~1.2m、直径1.0~2cm，枝条木质化程度达到100%。

实施例2

一种防止顶坛花椒秋冬季落叶的方法，包括以下步骤：

（1）水肥管理

① 2020年7月24日，在完成花椒以采代剪工作后，一次性施入新鲜猪粪腐熟30天制得的有机肥作为底肥，用量为4.5kg·株$^{-1}$，距离树干70cm，深度40cm，环沟状施肥，与土壤按照1:2的质量比充分混合均匀。施肥时要防止有机肥裸露地表。

② 根据顶坛花椒的生长习性，于2020年8月中旬，11月下旬，2021年3上旬，2021年4月中旬，施用贵州诺威施生物工程有限公司生产的西洋优$^+$复合肥（N-P$_2$O$_5$-K$_2$O为15-15-15）4次，每次用量为0.2kg·株$^{-1}$。为了提高肥料的利用效率，施肥时土壤含水量在35%以上（通过土壤水分快速测定仪进行监测），不足时首先进行灌水。多选择阴天进行；晴天则为上午10时以前或17时以后；雨天不进行复合肥施用，避免肥料中养分流失。

③ 磷酸二氢钾水溶肥（贵阳金黔实业科技有限公司生产，KH$_2$PO$_4$≥98%），8月1日、8月18日、9月6日、9月25日和10月16日共施用5次。每次施用方法相同，均为1g水溶肥兑水0.4kg，每株花椒依树体大小均匀施用3.5kg水溶液。

④ 生物菌肥（北京中农富源集团有限公司生产），于10月25日施用，用量为0.6kg·株$^{-1}$，沿花椒树冠滴水线开3条宽和深均为3~4cm、长8cm的浅沟，均匀撒施，与土壤按照1:8质量比混合均匀。

⑤ 全年土壤水分含量保持在30%以上，每株成熟期花椒每年需水0.85t。

⑥ 期间少量叶片存在卷曲等现象，于10月下旬施用微量元素B肥（四川国光农化股份有限公司），用量为0.05kg·株$^{-1}$，施用后与土壤充分混合均匀，土壤含水量为30%以上。

（2）红锈病防治

① 药物防治　由于顶坛花椒地处干热河谷地区，因而要做好红锈病防治。

用吡唑醚菌酯进行防治，分别于 2020 年 8 月 2 日、8 月 20 日、9 月 19 日、10 月 5 日、10 月 21 日施用，共 5 次。每次均为 1g 吡唑醚菌酯兑洁净自来水 2kg，每株花椒用药水 1.0kg，以叶面湿润为宜。发现个别枝条红锈病较为严重的，将其剪除集中销毁。

② 生物防治　保持林下草本植物的高度在 40～50cm，既可以起到水土保持、调节林下生境、增加生物多样性的作用，还为病虫害提供新的宿主植物，可以降低红锈病发生的风险和程度。

（3）枝条管理

① 2020 年 10～11 月压枝，以地面为水平线，保持枝条开张角度在 5°～8°。

② 在 2020 年 12 月底前，疏除直径小于 1.5cm 的弱枝。

③ 枝条规格：数量为 85 条·株$^{-1}$、长度 0.9～1.2m、直径 1.0～2cm。

④ 对一些长度超过 1.2m 的枝条，在 11～12 月即采取回缩的方式，剪除枝条顶端木质化不充分的部分，使其长度控制在 1m 左右。

本实施例中，土壤水肥管理是强枝、壮枝形成的重要前提，也是秋冬季落叶防控的关键，应予以加强。

对比例 1

本对比例中的顶坛花椒只进行常规的管理，具体管理措施包括：每年 10～11 月期间，待顶坛花椒花芽分化期间，每株施用贵州诺威施生物工程有限公司生产的西洋优$^+$复合肥（N-P$_2$O$_5$-K$_2$O 为 15-15-15）0.3kg，施用方法为撒施，未使用土壤进行覆盖；施肥时仅考虑便利程度，没有结合天气情况，未充分考虑影响养分吸收的环境因素。同时，根据劳动力情况适当修除病枝、重叠枝和枯枝，由于人力限制，采取短截的形式，尚未营造出利于光合作用的树形空间。未采取水肥同步管理手段，未对常见病虫害进行预防，经营较为粗放，不利于顶坛花椒的高效培育。

对比例 1 与实施例 1 的对比结果如下：

① 实施例 1 中顶坛花椒秋冬季落叶为总叶数的 15%～20%，叶片直到次年 3～4 月才陆续掉落，逐渐被新叶替代；光合能力得到较大提高，水分利用效率在 6.6μmol·m^{-2}·s^{-1} 左右，净光合速率约为 12μmol·m^{-2}·s^{-1}。对比例 1 中的顶坛花椒，叶片掉落比例在 60% 以上，黄叶比例在 30% 以上。

② 实施例 1 中顶坛花椒叶片偏深绿色，叶绿素含量在 40 SPAD 以上，叶片网络结构更加清晰。

③ 第二年实施例 1 花芽数量较对比例 1 增加 30%～40%，鲜椒产量可达 9～11kg·株$^{-1}$，实施例 1 较对比例 1 提高了 1 倍左右。

④ 实施例 1 中土壤养分供应充足，养分浪费较少，枝条养分储量充足，果皮总游离氨基酸含量大于 150g·kg^{-1}，微量元素 Zn、Fe、Se 含量分别大于 20mg·kg^{-1}、50mg·kg^{-1}、0.04mg·kg^{-1}。花椒香度、麻度等品质得到明显

改善。

⑤ 实施例1中花椒的干物质含量明显提高，平均 $4.5 \sim 5 \mathrm{kg}$ 鲜椒可以烘制成 $1 \mathrm{kg}$ 干花椒，比对比例1提高了 10% 以上，说明实施例1的鲜椒含量水分更低。

⑥ 对比例1顶坛花椒的平均必需氨基酸、非必需氨基酸、鲜味氨基酸（为赖氨酸、谷氨酸和天冬氨酸3种之和）、苦味氨基酸（为缬氨酸、亮氨酸、异亮氨酸、蛋氨酸和精氨酸5种之和）、药效氨基酸（为谷氨酸、天冬氨酸、精氨酸、甘氨酸、苯丙氨酸、酪氨酸、蛋氨酸、亮氨酸、赖氨酸9种之和）的积累量依次为 $16 \mathrm{g} \cdot \mathrm{kg}^{-1}$、$31 \mathrm{g} \cdot \mathrm{kg}^{-1}$、$19.6 \mathrm{g} \cdot \mathrm{kg}^{-1}$、$20 \mathrm{g} \cdot \mathrm{kg}^{-1}$、$29 \mathrm{g} \cdot \mathrm{kg}^{-1}$ 左右，总体较实施例1低 $20\% \sim 30\%$；胡萝卜素和维生素E的含量，对比例1均在 $3 \mathrm{mg} \cdot \mathrm{kg}^{-1}$ 左右，不足实施例1的 50%。

对比例2

现有技术人员多采用施肥技术改善顶坛花椒的落叶情况，主要技术措施是：在每年 $11 \sim 12$ 月，采取有机肥和复合肥配施的方式，具体为每株施用 $5 \sim 7 \mathrm{kg}$ 有机肥和 $0.3 \sim 0.4 \mathrm{kg}$ 复合肥，其中有机肥为猪粪充分腐熟制得，复合肥为市售，来源厂家较多。施肥范围是距离花椒主干 $40 \mathrm{cm}$ 的区域，待雨后用土覆盖 $1 \sim 2 \mathrm{cm}$。由于顶坛花椒多种植在喀斯特石质山区，管护成本相对较高，这一技术措施虽然实现了缓效肥和速效肥的有机结合，并且能够节省劳动力，但是总体效果仍不太理想。

对比例2与实施例2的对比结果如下：

① 实施例2中顶坛花椒秋冬季落叶为总叶数的 20% 左右，叶片直至次年 $3 \sim 4$ 月才陆续掉落，逐渐被新叶所替代，有效保证了光合产物的积累；光合能力得到较大提高，水分利用效率在 $6.7 \mu \mathrm{mol} \cdot \mathrm{m}^{-2} \cdot \mathrm{s}^{-1}$ 左右，净光合速率约为 $12.1 \mu \mathrm{mol} \cdot \mathrm{m}^{-2} \cdot \mathrm{s}^{-1}$。对比例2中的顶坛花椒，叶片掉落比例在 $40\% \sim 50\%$，黄叶比例在 20% 以上，整体防控效果依然不太理想，表明水肥虽然是防控的基础，但应当多种措施相结合进行使用。

② 实施例2中顶坛花椒叶片偏深绿色，叶绿素含量在 40 SPAD 以上，对比例2的数值则多在 $30 \sim 40$ 之间，表明本实施例的光合能力明显增强。

③ 第二年实施例2花芽数量较对比例2增加 $20\% \sim 30\%$，且花芽更富有光泽；鲜椒产量可达 $6 \sim 12 \mathrm{kg} /$ 株，对比例2的鲜椒产量多在 $3 \sim 5 \mathrm{kg} \cdot$ 株 $^{-1}$。

④ 实施例2中土壤养分供应充足，养分浪费较少，枝条木质化程度较高，果皮总游离氨基酸含量大于 $152 \mathrm{g} \cdot \mathrm{kg}^{-1}$，微量元素 Zn、Fe、Se 含量均在 $21 \mathrm{mg} \cdot \mathrm{kg}^{-1}$、$19 \mathrm{mg} \cdot \mathrm{kg}^{-1}$、$0.04 \mathrm{mg} \cdot \mathrm{kg}^{-1}$ 以上。对比例2的顶坛花椒果皮总游离氨基酸含量在 $140 \mathrm{g} \cdot \mathrm{kg}^{-1}$ 左右，微量元素 Zn、Fe、Se 含量均显著低于实施例2，表明本技术取得了显著的效果。

⑤ 对比例2顶坛花椒的平均必需氨基酸、非必需氨基酸、鲜味氨基酸、苦味氨基酸、药效氨基酸的积累量依次为 $15 \mathrm{g} \cdot \mathrm{kg}^{-1}$、$32 \mathrm{g} \cdot \mathrm{kg}^{-1}$、$20 \mathrm{g} \cdot \mathrm{kg}^{-1}$、

$20.2g \cdot kg^{-1}$、$28.8g \cdot kg^{-1}$左右,总体较实施例 2 低 15%～20%;胡萝卜素和维生素 E 的含量,对比例 2 均在 $4mg \cdot kg^{-1}$左右,不足实施例 2 的 1/3。

7.4 花芽分化促进技术

7.4.1 花芽分化促进技术摘要

公开了一种促进顶坛花椒花芽分化的方法及其应用,属于作物种植技术领域。该方法包括以下步骤:①土壤肥力管理:其中主要包括复合肥、有机肥和叶面肥的施用以及水分的补给;②植物生长调节剂的使用:其主要由三十烷醇 80～120mL＋98%磷酸二氢钾 300～350g＋氨基酸水溶肥 150～180g＋国光植生源 120～140mL 混匀兑水后制得;③天气要求:气温为 15～35℃;④枝条修剪与摘尖:其主要包括弱枝、病枝和徒长枝的去除、压枝和枝条顶端嫩尖的去除。采取该技术的方法后,顶坛花椒的花芽更趋于饱满和圆大,通体发亮,抗干旱胁迫的能力更强,同时还提高了花椒产量和品质。

7.4.2 花芽分化促进技术说明

花芽分化是枝条上的生长点由分生出营养芽转变为分化出花芽的过程,为顶坛花椒开花结实的关键阶段之一,是产量和品质的决定性因素。针对花芽分化采取调控措施,是促进生态产业振兴的必然手段。顶坛花椒是喀斯特干热河谷地区特有的生态经济植物,在长期适应环境的过程中,形成了干热型的典型习性;针对其独特性和环境异质性,研发顶坛花椒花芽分化技术,具有重要的现实意义。因此,采取积极措施调控花芽分化,是种植上重要的生产措施。

目前,已经公开的花芽分化促进技术中,主要集中在肥料制备(申请号:CN202110960675.0,一种促进花芽分化的肥料配方及制备方法;申请号:CN201610915467.8,一种梅花花芽分化复混肥配方及其制备与使用方法)、药剂制备(专利号:CN201811464369.2,一种抑制园林常绿树种花芽分化的药剂及其使用方法)、种植调控(申请号:CN201710610864.9,一种葡萄花芽分化调控的种植方法)、环境光照调控(专利号:CN201811322809.0,一种诱导蓝莓花芽分化结果的方法)等方面。核心是采取光、温、水、肥等某一方面的调控手段,促进花芽分化。但是,缺乏从土壤肥力、植物生长调节剂、枝条管理等方面形成系统的花芽分化促进技术,导致生产实践中的实际效果不够理想。同时,目前对芸香科植物顶坛花椒,缺乏花芽分化促进技术,限制了花椒林分培育。

为了解决上述技术问题,本方案提供一种促进顶坛花椒花芽分化的方法及其应用,包括以下步骤:

（1）土壤肥力管理

① 复合肥（N∶P∶K 为 15∶15∶15）施用。次数为 3～4 次，首先是 9 月上旬、12 月中旬，次年 3 月上中旬施用 3 次；其次在次年 5 月上旬根据实际情况确定，若需要则施用 1 次。依据树体大小和供肥情况，用量为每次 0.2～0.3kg·株⁻¹。

② 有机肥施用。在 11～12 月施用，用量为 2～3kg·株⁻¹，施有机肥可以诱发长出更多花苞，且可防止土壤板结。

③ 叶面肥施用。330～530g 尿素＋320～520g 磷酸二氢钾＋130～200g 氨基酸叶面肥，混合均匀后，兑水 80～120kg，制得药水。根据花椒树体、冠幅大小，可喷洒花椒树 65～130 棵。2 月份开始施用，2～3 次，间隔 15 天左右施用一次。

④ 微量元素肥施用。如叶片存在发黄等现象，可以喷洒氨基酸叶面肥。130～200g 氨基酸叶面肥兑水 100kg，喷洒花椒树 65～130 棵，无次数限制，需要即施。

⑤ 水分补给。全年土壤含水量保持在 35%～60%。平整、土壤肥沃的地块，间隔 1～2m 应设置排水沟 1 条。

（2）植物生长调节剂的使用

① 方法。三十烷醇 80～120mL＋98% 磷酸二氢钾 300～350g＋氨基酸水溶肥 150～180g＋国光植生源 120～140mL，混匀后兑洁净自来水 80～120kg，依据花椒树体大小和冠幅、冠高等参数，喷洒 65～130 棵树。共喷洒 3 次，分别于 11 月中旬，次年 2 月上旬、2 月下旬进行，其中次年 2 月份的两次施用时间间隔要在 15 天以上。国光植生源主要成分为 2% 苄氨基嘌呤，为市售。

② 天气要求。大风天不施用，实际以肉眼观察花椒叶子不摆动判断依据；气温以 15～35℃ 为宜，气温过低或过高不施用，最适宜在阴天施用。

（3）枝条修剪与摘尖

① 去除弱枝、病枝和徒长枝。直径＜1cm 和＞3cm 的二级分枝以上枝条予以去除，使养分回流，营养太少、太多均不能长出花苞，严重影响花芽分化。

② 枝条压平 5°～8°，枝条长度 100～130cm、枝条 40～80 条。留枝量不应低于 30 条，否则容易发生徒长枝。

③ 依据木质化程度，去除枝条顶端嫩尖 1～5cm。若木质化程度较高，摘除 1～2cm；若木质化程度较低，摘除 2～5cm。于 11 月 20 日～12 月 20 日期间进行。若劳动力不足，可以适当延迟，但不宜晚于 1 月份。

本申请还提供了上述方法在促进顶坛花椒花芽分化中的应用。

CN109456134 公开了一种青花椒果后促梢复壮肥配方及其追施方法，其中0010～0018 段公开了具体的追施方法，与本申请相比差异较大。CN112913863 公开了一种青花椒控梢处理剂及控梢处理方法，其中 0008 段公开了烯效唑具有缩短花椒枝干节间、促进花椒花芽分化的作用，而本申请中根本没有采用其公开的烯效唑。CN110537547公开了一种花椒增产组合及其应用、施用方法，其中0007～0008段、0018段公开了由烯效唑和三十烷醇构成的增产组合物可以缩短花椒秋梢枝条长度、促进枝条木质化、促进结果枝花芽分化等，但是本申请并没有采用其中公开的组合物，而是采用了三十烷醇80～120mL+98％磷酸二氢钾300～350g+氨基酸水溶肥150～180g+国光植生源的植物生长调节剂。

与现有技术相比，该技术具有如下有益效果：

第一，花芽分化质量提高，结合实施例和对照例可见，采取本方案的技术措施后，花芽更趋于饱满和圆大，通体发亮，抗干旱胁迫的能力更强，这为高产稳产稳质奠定了基础。

第二，明显提高了花椒产量和品质，由测产数据可知，实施例的产量较对照组提高1倍以上，果实直径、果皮色泽、厚度等外观品质也得到改善，香麻度更浓。

第三，增加了山区椒农的收入，由于顶坛花椒产量提高，且品质更佳，总体市场竞争力得到提升，价格优势也愈加显著，使山区花椒种植主体的收入明显增加，这在较大程度上增强了椒农种植积极性。这些效果，为石漠化治理成效巩固提供了保障。

7.4.3　花芽分化促进技术实施例

实施例1

2019～2020年，在贵州省关岭自治县花江镇北盘江流域开展了技术实施案例，旨在对技术环节进行说明，具体操作如下：

(1) 土壤肥力管理

① 贵州诺威施生物工程有限公司生产的西洋优$^+$15：15：15复合肥施用。于2019年9月7日、12月14日、3月16日和5月6日，共施用4次；每次用量为0.25kg·株$^{-1}$。施肥后，采用已有的喷灌装置，喷水至土壤含水量在40％左右为宜，辅助肥料溶解。

② 有机肥施用（猪粪充分腐熟30天以上制得）。在11月30日施用，用量为2.5kg·株$^{-1}$。

将过磷酸钙混入有机肥施用，有机肥：过磷酸钙的质量比为100：1。施肥后，与泥土拌匀盖土，采用已有的喷灌装置，喷水至土壤含水量不低于40％。

③ 叶面肥施用。于2月2日、2月18日和3月5日施用，用法为：400g尿素（四川泸天化股份有限公司生产）+400g磷酸二氢钾（四川润尔科技有限公司生产）+160g氨基酸叶面肥（四川润尔科技有限公司生产），混合均匀后，兑水100kg，制得药水，每棵成年花椒树喷药水1kg，树体过小的可以适当降低用量，但要确保喷施均匀。

④ 微量元素肥施用。2020 年 3 月发现顶坛花椒叶片存在发黄现象，于 3 月 10 日、3 月 22 日补充喷洒氨基酸水溶肥料。用量为：160g 氨基酸水溶肥料兑水 100kg，喷洒花椒树 100 棵。采用叶面施肥是通过叶片直接快速吸收。

⑤ 水分补给。全年土壤含水量保持在 35％以上，但应该低于 60％。期间确保顶坛花椒土壤排水良好。

（2）植物生长调节剂的使用

① 方法。三十烷醇（四川润尔科技有限公司生产）100mL＋98％磷酸二氢钾 330g（四川润尔科技有限公司生产）＋氨基酸水溶肥 160g（四川润尔科技有限公司生产）＋国光植生源 130mL，混匀后兑水 100kg，喷洒 90 棵树。共喷洒 3 次，分别于 11 月 17 日、2 月 1 日、2 月 23 日进行。国光植生源主要成分为 2％苄氨基嘌呤，来源为市售。

② 天气要求。大风天不施用，以肉眼观察到顶坛花椒叶片发生摆动即停止施用；气温以 15～35℃为宜，最适宜在阴天施用。由于地处干热河谷地区，气温过高的中午，由于蒸发量过大、蒸发速率快，应停止施用。

（3）枝条修剪与摘尖

① 去除弱枝、病枝和徒长枝。直径＜1cm 和＞3cm 的二级分枝以上枝条予以去除，使养分回流，减少养分消耗和浪费。通过调控枝条直径，确保养分供应平衡，维持合适的比例，促进花芽分化。

② 枝条压平 5°～8°，枝条长度 110～120cm、留枝量共 60 条，培育开心形的树形，使植株能够充分进行光合作用。

③ 对于木质化程度较高的顶坛花椒枝条，摘尖 1～2cm；对于木质化程度较低的枝条，摘尖 3～4cm。于 11 月 25 日～12 月 18 日期间完成。为防止枝条干枯，摘尖处保留的第一个花芽前保留枝条长度 1cm 左右。

摘尖应避免过早进行，预防枝条侧芽萌发而影响产量；温度偏高和干旱时不进行摘尖，以免花芽转化为叶芽，造成减产。

对比例 1

本对比例选择林龄（均为 5 年）、长势（高度 2～3m，平均冠幅 2.5～3m）等生长指标较为近似，海拔（620～630m）、坡度（5°～10°）、坡向（阳坡）相似的顶坛花椒林分作为对照，未采取该技术提及的技术措施，观察花芽分化情况和产量情况。

本对比例（对照组）多在 3～4kg·株$^{-1}$，很多甚至不足 1～2kg·株$^{-1}$，低于该区的平均水平；实施例 1 的花椒产量多在 5～8kg·株$^{-1}$，最高产量达到 11kg·株$^{-1}$，平均产量为 6.5kg·株$^{-1}$，比对照组高 120％。经过统计分析发现，实施例 1 的产量显著高于对照组。

从外观品质上看，较对比例 1，实施例 1 的花椒发亮、油胞多而突出，果皮较厚，含水量更低，香麻味较足。由于实施例 1 的花芽分化数量较多、质量较高，且养分更为充足，颗粒较大、色泽鲜艳，市场认可度更高。

实施例 2

2020～2021 年，为检验技术的稳定性，再次在贵州省关岭自治县花江镇北盘江流域开展了技术实施案例。

（1）土壤肥力管理

① 15：15：15 复合肥施用。共施用 3 次，时间分别为 9 月 2 日、12 月 19 日和次年 3 月 16 日，用量为每次 0.3kg·株$^{-1}$；由于施肥次数减少，每次的用量适当提高。施入复合肥后，采用已有的喷灌装置，喷水至土壤含水量在 40％以上。复合肥为贵州西洋实业有限公司生产，总养分≥45％，属环保生态肥料。

② 有机肥施用。在 12 月初施用，用量为 2.5kg·株$^{-1}$，土层浅薄的地方可以施用至 3kg·株$^{-1}$。施肥后同步喷水，以叶面开始滴水 2～3min 为宜。

③ 叶面肥施用。430g 尿素（四川泸天化股份有限公司生产）＋430g 磷酸二氢钾（四川润尔科技有限公司生产）＋150g 氨基酸叶面肥（四川润尔科技有限公司生产），混合均匀后，兑水 100kg，制得药水。由于实施例的顶坛花椒树体、冠幅相对较大，喷洒花椒树 90 棵。施用时间：2 月 10 日、2 月 27 日和 3 月 18 日，共施 3 次。

④ 微量元素肥施用。顶坛花椒生长期间，喷洒氨基酸叶面肥以补充微量元素，以防止叶片变黄、卷曲和掉落等。具体为：150g 氨基酸叶面肥兑水 100kg，喷洒花椒树 90 棵，于 3 月 25 日施用。施用叶面肥要避免高温蒸发和降水稀释。

⑤ 水分补给。全年土壤含水量保持在 40％～60％范围内，并防止根系淹水。要做好土壤排水工作，防止淹根。维持相对适宜的土壤水分含量，使之能够实现水肥耦合自给，提高肥料利用效率。

（2）植物生长调节剂的使用

① 方法。三十烷醇 120mL＋98％磷酸二氢钾 350g＋氨基酸水溶肥 180g＋国光植生源 140mL，混匀后兑水 100kg，喷洒 90 棵花椒树；分别于 11 月 20 日、2 月 10 日与 2 月 25 日进行，共 3 次，每次的用量和施用方法相同。

② 天气要求。在风力较小的天气施用，以肉眼观察花椒叶子不摆动为风力较小的判断依据；用药期间的气温在 20～30℃。由于干热河谷地区正午温度较高，使用植物生长调节剂应避开这一阶段。

（3）枝条修剪与摘尖

① 去除弱枝、病枝和徒长枝。直径＜1cm 和＞3cm 的二级分枝以上枝条予以去除，使养分回流，避免养分消耗。枝条养分太弱或过剩，均不利于花芽分化。

② 枝条压平 5°～8°，枝条长度 100～120cm，留枝 50 条。留枝 30 条以下时，由于养分相对过剩，容易发生枝条徒长，不利于提高产量和品质。

③ 对于木质化程度较高的顶坛花椒枝条，摘尖约 2cm，通常为 1 片叶片；

对于木质化程度较低的枝条，摘尖 2～5cm，于 11 月 20 日～12 月 20 日期间完成。摘尖的位置不能离花芽太近，防止枝条抽水干枯导致花芽死亡。为防止枝条干枯，摘尖处保留的第一个花芽前保留枝条长度 1cm 左右。同时，摘尖技术要结合气候条件、生长环境和植株长势而定。

本实施例顶坛花椒的平均产量达到 6.9kg·株$^{-1}$，比对照组（对比例 2）高 80%～90% 以上；花椒果皮厚度增大，干物质含量明显增加，4.5kg 鲜椒即可制出 1kg 干椒；外表皮油胞成疣状突起、饱满、发亮。相比实施例 2，对比例 2 的花椒果皮色泽更暗、千粒重要低 20% 以上、果皮较薄，香麻味等感官指标明显下降。通过对比分析结果可知，实施例 2 较对比例 2 具有更高的产量和更优的品质。

对比例 2

目前，现有技术主要采取使用有机肥和尿素等方式调控顶坛花椒花芽分化，主要目的是调节土壤 C/N 平衡，将这一计量关系作为花芽能否分化，以及分化质量高低的主要环境因子。具体实施方式为：每株成熟期顶坛花椒施用有机肥 3～4kg，尿素用量为 0.1～0.2kg，依据树势大小进行调整，通常在 7 月底前完成，在以采代剪之后立即进行，通常只实施 1 次；由于 7 月份已经进入雨季，通常选择雨后进行施肥。在该技术中，要把握好尿素的施用时间和剂量，防止氮元素过量而造成枝条徒长。

7.5　顶坛花椒性状与生长

7.5.1　植物功能性状的内涵与影响因素

植物功能性状是植物在长期适应周围环境过程中，通过内部不同功能之间的协同进化，形成影响植物体定植、存活、生长、繁殖、死亡和最终适合度的形态、生理和物候等属性。它是探索植物适应环境变化研究的有力工具（Blonder et al.，2017），与植物生长密切相关（Fan et al.，2015；Cao et al.，2017），能够影响生态系统的过程与功能（Guittar et al.，2016）。同一植物叶片功能性状受到林木年龄与生境特征（韩玲　等，2017）、生长发育阶段（耿梦娅　等，2018），以及扩展过程（刘希珍　等，2015）等影响，表征了植物生长过程中对生境的适应能力和资源利用效率，是资源权衡/协同策略的结果（陈莹婷　等，2014）。

土壤水分与植物生长关系密切，是影响功能性状的主要因子。植物与水分关系的报道较多（Mei et al.，2018），干旱胁迫使树木更容易遭受虫害和病原体入侵（Whyte et al.，2016），抵御逆境能力减弱，尤其是浅根系物种更容易受到水分亏缺的影响（Anthony et al.，2018）。水分与养分运输、循环和利用之间联系紧密（Zhou et al.，2016），在一定程度上决定植物生长的状态和属性。石漠化地区土壤水分具有明显的空间依赖性和空间结构，时空异质性较高（张川 等，2015），加之岩溶发育强烈，形成了水土资源不协调的二元三维空间结构，导致水分对植物生长的影响更为强烈。顶坛花椒作为喀斯特典型石漠化地区的生态型治理物种，林分与水分的互馈关系制约着可持续经营水平。

土壤元素与植物生长关系密切。矿质元素是植物有机体、蛋白酶等的组分和土壤肥力的关键指标，影响植物生理、生化反应。元素生态化学计量学有机整合生物学、生态学、化学和计量学等学科的基本原理，研究生态交互过程中能量与多种化学元素平衡，可指示养分限制、循环、归还等状况。林龄通过影响人工林结构、物质组成和林内微气候等影响土壤养分分配格局（Lucas-Borja et al.，2016），改变养分含量和化学计量特征，矿质养分亏缺或比例失衡反过来又制约光合作用与服务功能。随林龄变化，森林生态系统的化学计量特征与功能性状具有差异性，如水杉叶片的化学计量随林龄和器官而变化（Wang et al.，2019$_b$）；随着林龄增加，不同生活型植物的化学计量比例与养分利用策略发生改变（Chen et al.，2018）；油茶人工林土壤 P 限制随林龄增加而增加（邓成华 等，2019）；秦岭落叶松叶片中 N、P、K、Ca、Mg、Fe、Al 等营养元素则不随林龄而变化（Chang et al.，2017）。

土壤微生物亦会影响植物生长和功能性状。土壤微生物是生态系统中最为活跃的部分，具有分解有机质、合成腐殖质、富集重金属、分泌抗生素等作用，制约物质循环和能量流动过程。其数量、生物量、活性、群落结构与土壤有效养分关系密切（王静 等，2019），亦受根系分泌物（Brackin et al.，2013）和土壤环境（Delgado-Baquerizo et al.，2017）等影响。因此，土壤微生物也会在一定程度上对植物功能性状产生影响，作用机理是土壤微生物通过影响元素含量、形态等，进而对植物生长产生影响。

植物功能性状还受到品种（马香艳 等，2021）、地下水埋深（魏圆慧 等，2021）、气候等多种因素的影响，并且这些影响具有综合性。因此，可采用植物功能性状的研究手段和途径，指导生产经营活动，使其成为求解植物与环境之间关系研究的重要纽带，为生态环境恢复提供理论依据。

7.5.2 农艺性状及作用

张景慧等（2021）在整合文献分析的基础上指出，植物性状是影响植物生存生长、繁殖和最终适合度的植物属性；其中，能够表征生态系统功能的植物性状称为植物功能性状。农艺性状是指植物的生育期、株高、叶面积、果实重量等可以代表植物品种特点的相关性状，重要农艺性状包括产量、品质等，与植物的整体代谢密切相关（段礼新 等，2015）。从几个概念的界定来看，相互之间具有重叠和交叉，在不同的地方，其名称存在差异，但是指标的生态学内涵具有一致性，可以应用和指导于生产实践。

李晓荣等（2021）从 11 个数量性状和 5 个质量性状出发，分析了西南地区 96 份小麦育种材料重要农艺性状的遗传多样性；余锦林等（2021）研究了果园生草对锥栗农艺性状的影响。既有研究表明，农艺性状已经被生产上广泛采纳和使用，为推动生态产业可持续发展提供了参考依据。这些优异性状的发掘，为种质资源创新、高效栽培、良种良法等奠定了坚实基础。

现有研究成果已经充分表明，顶坛花椒培育过程中，在优良性状与稳定植物功能性状研究的基础上，筛选重要、简易和实用的农艺性状指标，能够为养分管理、生长调控、品质优化等提供理论依据。构建一套实用的农艺性状指标，能够较好地服务于生产实践活动。

7.5.3　顶坛花椒生长衰退指标分级

20 世纪以来，人工林大面积生长减缓、冠层干枯甚至整株死亡，成为学者们研究的热点科学问题（Liu et al.，2013；Zhou et al.，2019）。石漠化地区人工林亦面临衰退问题，生态系统服务能力亟需提升，引起学术界的关注（王克林　等，2019）。顶坛花椒是石漠化山区生态恢复较好的植被类型（廖洪凯　等，2012），满足石漠化治理对生态经济树种的需求（见表 7-11）。

表 7-11　石漠化治理对物种需求与顶坛花椒特性的吻合度（韦昌盛　等，2016，有补充）

序号	对物种的需求	顶坛花椒特性	吻合度
1	适应高钙、干旱生境	喜钙、耐旱、喜排水性好的石灰性土壤，适应性强	吻合
2	以乡土树种为主	贵州花江峡谷等地特有的经济植物，已有数百年的栽培和 40 余年的大规模栽培历史	吻合
3	具有独特的品质	香味浓、麻味重、产量高，是地理标志保护产品	吻合
4	生态效益显著	水土流失防治率达 94%、土地石漠化治理率达 92%	吻合
5	经济与社会效益好	每公顷产值 10 万～15 万元，可解决 6～10 个劳动力	吻合

但是，经长期生物学检验，连续监测结果表明人工植被出现挂果率低、挂果年限缩短、抗病虫害能力减弱、早衰甚至死亡等生长衰退现象。本团队在生长衰退机理认识方面开展了一些研究工作（表 7-12）。

表 7-12　贵州顶坛花椒生长衰退特征

序号	属性	生长衰退特征
1	面积	由 2007 年的 110km² 缩减至目前的约 40km²
2	林龄	由 30～40 年缩短至 20～25 年，旺盛挂果期在 5 年以内
3	挂果	挂果率低于正常的 40%甚至不挂果；果实直径小、色泽暗淡、枝条加速死亡

序号	属性	生长衰退特征
4	土壤	容重增加、孔隙度减小，养分亏缺、生物活性低，质量退化、生态功能下降
5	产量	普遍在 $1 \sim 2kg \cdot 株^{-1}$ 以下，远低于正常植株 $3 \sim 4kg \cdot 株^{-1}$ 的平均值

在全球变化背景下，林木、草地等生长减缓甚至衰退现象较为普遍（Liu et al.，2013；Wang et al.，2016），即使气候湿润地区亦有报道（Allen et al.，2010）。诸多学者对此开展了研究（表 7-13），表明水分、土壤在不同尺度上诱发植被衰退。其中水分影响土壤生态效应，土壤调蓄水分和养分的有效性，二者关系密切并共同影响植被生长衰退。但是，目前关于顶坛花椒生长衰退的研究还较零散。

表 7-13　部分植被衰退研究成果

尺度	退化类型	退化原因	文献
全球	林草植被	气候变化	Mou et al.，2018
区域	喜马拉雅白桦林	气候变暖和土壤水分干化等	Achyut et al.，2017
	黄土高原刺槐林	土壤干化和水力学故障等生理生态机制	韦景树　等，2018
	喀斯特生态	工程建设改变水文生态效应，加剧石漠化	蒋勇军，2019
群落	顶坛花椒	土壤矿质养分退化和持续干旱	韦昌盛　等，2016

植物与土壤之间存在互馈机制（Ma et al.，2020），前人对顶坛花椒生长发育与土壤的关系进行了深入研究。顶坛花椒种植后，对土壤 N、P、K 等有较好的改良效应，土壤养分和活性组分含量较高，可作为典型石漠化区生态恢复过程中优先考虑的植被类型（廖洪凯　等，2012；杨丹丽　等，2018）。随林龄增加，顶坛花椒人工林土壤有机碳的矿化量增加、稳定性降低（张文娟　等，2015），14 年生花椒林较 35 年生表现出更强的土壤固碳能力（廖洪凯　等，2015），表明顶坛花椒人工林的生态效应和养分利用策略随林龄而变化。本研究团队结合顶坛花椒生长、产量和品质数据，对顶坛花椒的生长衰退程度进行了划分，具体见表 7-14，这个划分标准能够为研究顶坛花椒生长衰退机理、复壮等提供参考。

表 7-14　顶坛花椒生长衰退程度分级

项目	未退化	轻度退化	中度退化	重度退化
树高/m	>2.5	>2	<2	<2
平均冠幅/m	>2.5	>2	<2	<1.5
病虫害叶比例/%	<10	10～40	40～80	>80
黄叶比例/%	<5	5～30	30～60	>60
黄花比例/%	<5	5～30	30～60	>60
较正常植株挂果率/%	90～100	60～90	30～60	<30

续表

项目	未退化	轻度退化	中度退化	重度退化
产量/(kg·株$^{-1}$)	>3	2～3	1～2	<1
其他描述	果实饱满、色泽鲜艳	叶面积小、枝条下垂	叶片萎蔫、有死枝	1/2 以上枝条枯死、籽粒色泽偏黄

7.5.4　顶坛花椒农艺性状与生长简易诊断

在前期研究中，总结了顶坛花椒果实的外观简易评价性状指标，具体有：果实直径、果实千粒重、果实含水率、果皮含水率、果皮厚度、果皮干物质含量等。其中：果实直径越大，则越饱满，与千粒重有相关关系，因此果实直径能直接表征颗粒大小，是指示顶坛花椒果实最直观的品质性状。果实含水率过高，表明干物质含量降低，相同重量鲜椒制得的干椒重量下降，且更不利于贮存，因此含水率是判断花椒果实品质的指标之一。在生产中发现，果皮越厚，通常千粒重越高，香麻味也较优，所以果皮厚度可以作为评价顶坛花椒品质的关键农艺性状。果皮干物质含量是干椒产量的直观指标，也是干椒产量的重要组成部分。在生产过程中，采用简易性状指标对果实质量进行评价，结果可以反馈经营措施的科学性和合理性。

本书还总结了生产上使用的叶片功能性状简易指标，包括厚度、面积、叶长、叶宽、颜色（色泽）、含水率、干物质含量、平整度、氮含量、叶绿素等。需测定叶片鲜重、干重、饱和鲜重。通常叶片厚度越厚、面积越大，则其养分储量愈高，养分供给能力越强，花芽分化得更好，次年的花椒产量也较高。叶片颜色是表征元素亏缺最直接的性状，如叶片出现暗红色或紫红色，通常是氮、磷等元素亏缺；叶片出现褐色斑点或斑块，可能是钾含量偏低；叶片皱缩，茎及叶柄开裂、易碎，通常是因为硼元素缺乏；叶片颜色与元素丰缺状况的关系密切，在生产过程中应当注意观察和总结。叶片氮和叶绿素含量能够反映光合能力的大小，且能够通过便携式仪器获取数据，在生产经营中的应用前景较广。同时，农艺性状还可以指示顶坛花椒对生境的适应策略，间接反映生境质量，比如通过叶片变小、变厚等性状变化，以适应旱生环境。

植物功能性状已经成为求解结构和功能关系的桥梁，农艺性状和功能性状有较多重叠和交叉之处，在生产上已经得到诸多应用和推广（蒋舒蕊　等，2021；田岗　等，2021），并有效解决了农业生产上的关键技术问题，为产业健康发展做出了突出贡献。

优异资源的农艺性状分析与评价，能够为挖掘和利用优良种质资源奠定基础，也是资源高效利用的关键和前提。由于农艺性状评价的直接性和不可替代性，在实践中具有重要作用（冷家归　等，2021；余锦林　等，2021）。未来，可以深化植物功能生态学的研究，具体内容包括种子性状和繁殖方式、细胞生长和组织形式、生长动态与物候、元素的获取及投资分配与消耗、群落构建过程、植物对光温水土养等环境变化的响应和适应、生物量与生产力、性状沿环境变化的梯度变化规律、功能性状形成与功能表征等（吴宁　等，2017），这对于指导生产活动意义显著。

◉ 参考文献

陈龙池，汪思龙，陈楚莹，2004.杉木人工林衰退机理探讨 [J].应用生态学报，15（10）：1953-1957.

陈训，2010.喀斯特地区顶坛花椒培育的生理生态特性研究 [D].长沙：中南林业科技大学.

陈莹婷，许振柱，2014.植物叶经济谱的研究进展 [J].植物生态学报，38（10）：1135-1153.

邓成华，吴龙龙，张雨婷，等，2019.不同林龄油茶人工林土壤-叶片碳氮磷生态化学计量特征 [J].生态学报，39（24）：9152-9161.

段礼新，漆小泉，2015.基于 GC-MS 的植物代谢组学研究 [J].生命科学，27（8）：971-977.

付嵘，孟小暇，柴胜丰，2019.植物与钙环境关系的研究进展 [J].北方园艺，（3）：161-166.

耿梦娅，陈芳清，吕坤，等，2018.濒危植物长柄双花木叶功能性状随生长发育阶段的变化 [J].植物科学学报，36（6）：851-858.

官纪元，2018.氮、磷胁迫对刺梨根系的影响及其与内源激素含量的关系 [D].贵阳：贵州大学.

韩玲，赵成章，冯威，等，2017.张掖湿地芨芨草叶脉密度和叶脉直径的权衡关系对 3 种生境的响应 [J].植物生态学报，41（8）：872-881.

韩潇潇，林力涛，于占源，等，2020.N、P 停止施入后植物叶片主要元素含量及化学计量特征的响应 [J].生态学杂志，39（7）：2167-2174.

胡文强，2014.石门国家森林公园猴耳环种群结构及其功能性状研究 [D].北京：中国林业科学研究院.

惠阳，廖周瑜，王邵军，2016.滇中高原云南松养分的回流及利用特征研究 [J].生态环境学报，25（7）：1164-1168.

蒋舒蕊，王怀正，李静，等.云南野生茄科砧木资源农艺性状调查与 4 种土传病害抗病鉴定 [J].南方农业学报，2021，52（10）：2786-2796.

蒋勇军，2019.喀斯特槽谷区生态退化与修复专题导读 [J].生态学报，39（16）：6058-6060.

金可默，2015.作物根对土壤异质性养分和机械阻力的响应及其调控机制研究 [D].北京：中国农业大学.

冷家归，李德文，周亚丽，等，2021.大蒜种质资源农艺性状分析及综合评价 [J].南方农业学报，52（11）：2952-2961.

李昌兰，2020.石漠化山区森林植被退化与水源涵养服务的关系研究进展 [J].林业世界，9（2）：49-55.

李春俭，2015.高级植物营养学（第 2 版）[M].北京：中国农业大学出版社.

李红，喻阳华，2020.干热河谷石漠化区顶坛花椒叶片功能性状的海拔分异规律 [J].广西植物，6（40）：782-791.

李晓荣，张中平，孙永海，等，2021.西南麦区 96 份小麦育种材料重要农艺性状的遗传多样性分析 [J].南方农业学报，52（9）：2358-2368.

廖洪凯，龙健，李娟，等，2015.花椒（*Zanthoxylum bungeamun*）种植对喀斯特山区土壤水稳性团聚体分布及有机碳周转的影响 [J].生态学杂志，34（1）：106-113.

廖洪凯，龙健，李娟，2012.土地利用方式对喀斯特山区土壤养分及有机碳活性组分的影响 [J].自然资源学报，27（12）：2081-2090.

刘冬，张剑，包雅兰，等，2020.水分对敦煌阳关湿地芦苇叶片与土壤 C、N、P 生态化学计量特征的影响 [J].生态学报，40（11）：3804-3812.

刘建国，刘卫国，朱媛媛，等，2017.古尔班通古特沙漠某些短命植物叶片 N、P 化学计量特征的季节变化 [J].植物学报，52 (6)：756-763.

刘希珍，封焕英，蔡春菊，等，2015.毛竹向阔叶扩展过程中的叶功能性状研究 [J].北京林业大学学报，37 (8)：8-17.

龙健，廖洪凯，李娟，等，2012.基于冗余分析的典型喀斯特山区土壤-石漠化关系研究 [J].环境科学，33 (6)：2130-2138.

龙明军，2017.不同有机碳与氮源互作对作物生长的影响 [D].广州：华南农业大学.

马香艳，刘乐乐，尹美淇，等，2021.基于野外调查和同质种植园实验的芦苇植物功能性状变异研究 [J].生态学报，41 (10)：3755-3764.

苏维词，杨华，2005.典型喀斯特峡谷石漠化地区生态农业模式探析——以贵州省花江大峡谷顶坛片区为例 [J].中国生态农业学报，13 (4)：217-220.

谭代军，熊康宁，张俞，等，2019.喀斯特石漠化地区不同退化程度花椒光合日动态及其与环境因子的关系 [J].生态学杂志，38：2057-2064.

田岗，刘鑫，王玉文，等，2021.遮光处理对谷子农艺性状、小米品质及蒸煮特性的影响 [J].中国农业科技导报，23 (11)：47-54.

王璐，喻阳华，秦仕忆，等，2019.不同衰老程度顶坛花椒土壤养分质量的评价 [J].西南农业学报，32 (1)：139-147.

王建林，温学发，赵风华，等，2012.CO_2 浓度倍增对 8 种作物叶片光合作用、蒸腾作用和水分利用效率的影响 [J].植物生态学报，36 (5)：438-446.

王静，王冬梅，任远，等，2019.漓江河岸带不同水文环境土壤微生物与土壤养分的耦合关系 [J].生态学报，39 (8)：2687-2695.

王克林，岳跃民，陈洪松，等，2019.喀斯特石漠化综合治理及其区域恢复效应 [J].生态学报，39 (20)：7432-7440.

王绍华，曹卫星，丁艳锋，等，2004.水氮互作对水稻氮吸收与利用的影响 [J].中国农业科学，37 (4)：497-501.

韦昌盛，左祖伦，2016.顶坛花椒产业衰退原因分析及对策研究 [J].贵州林业科技，44 (1)：60-64.

韦景树，李宗善，冯晓屿，等，2018.黄土高原人工刺槐林生长衰退的生态生理机制 [J].应用生态学报，29 (7)：2433-2444.

魏圆慧，梁文召，韩路，等，2021.胡杨叶功能性状特征及其对地下水埋深的响应 [J].生态学报，41 (13)：5368-5376.

吴宁，石培礼，易绍良，等译，2017.高山树线-全球高海拔树木生长上限的功能生态学 [M].北京：电子工业出版社.

吴统贵，吴明，刘丽，等，2010.杭州湾滨海湿地 3 种草本植物叶片 N、P 化学计量学的季节变化 [J].植物生态学报，34 (1)：23-28.

杨丹丽，喻阳华，钟欣平，2018.干热河谷石漠化区不同土地利用类型的土壤质量评价 [J].西南农业学报，31 (6)：1234-1240.

于德良，雷泽勇，赵国军，等，2019.土壤酶活性对沙地樟子松人工林衰退的响应 [J].环境化学，38 (1)：97-105.

余泺，高明，王子芳，等，2011.土壤水分对烤烟生长、物质分配和养分吸收的影响 [J].植物营养与肥料学报，17 (4)：989-995.

余锦林，龙光辉，徐惠昌，等，2021.果园生草改善土壤质量和锥栗农艺性状的效果 [J].草业科学，38 (2)：2460-2470.

喻阳华，秦仕忆，2018.黔中顶坛花椒衰老退化原因及其防治策略 [J].贵阳学院学报（自然科学版），13 (2)：103-107.

喻阳华，杨丹丽，秦仕忆，等，2019.黔中石漠化区衰老退化与正常生长顶坛花椒根区土壤质量特征 [J].广西植物，39（2）：143-151.

张川，张伟，陈洪松，等，2015.喀斯特典型坡地旱季表层土壤水分时空变异性 [J].生态学报，35（19）：6326-6334.

张景慧，王铮，黄永梅，等，2021.草地利用方式对温性典型草原优势种植物功能性状的影响 [J].植物生态学报，45（8）：818-833.

张珂，何明珠，李新荣，等，2014.阿拉善荒漠典型植物叶片碳、氮、磷化学计量特征 [J].生态学报，34（22）：6538-6547.

张文娟，廖洪凯，龙健，等，2015.种植花椒对喀斯特石漠化地区土壤有机碳矿化及活性有机碳的影响 [J].环境科学，36（3）：1053-1059.

赵鑫，王文娟，王普昶，等，2019.不同钙浓度对宽叶雀稗幼苗的生长和抗性生理的影响 [J].植物生态学报，43（10）：71-82.

郑炳松，朱诚，金松恒，2011.高级植物生理学 [M].杭州：浙江大学出版社.

Achyut T，Fan Z X，Alistair S J，et al，2017. Warming induced growth decline of Himalayan birch at its lower range edge in a semi-arid region of Trans-Himalaya, central Nepal. Plant Ecology, 218（5）: 621-633.

Anthony H S，Zac G，Laura A B，2018. Growth and physiological responses of subalpine forbs to nitrogen and soil moisture: investiigating the potential roles of plant functional traits [J]. Plant Ecology, 219: 941-956.

Avila A M，Linares J C，García-Nogales A，et al，2017. Across-scale patterning of plant-soil-pathogen interaxtions in *Quercus suber decline* [J]. European Journal of Forest Research, 136: 677-688.

Aynehband A，Valipoor M，Fatch E，et al，2011. Stem reserve accumulation and mobilization in wheat (triticum aestivum 1.) as affected by sowing date and N-P-K levels under meditertranean condictions [J]. Turkish Journal of agriculture and Forestry, 35（3）: 3-70.

Blonder B，Salinas N，Bentley L P，et al，2017. Predicting trait-environment relationships for venation networks along an Andes-Amazon elevation gradient [J]. Ecology, 98（5）: 1239-1255.

Brackin R，Robinson N，Lakshmanan P，et al，2013. Microbial functional in adjacent subtropical forest and agricultural soil [J]. Soil Biology and Biochemistry, 57（3）: 68-77.

Cao Y，Chen Y，2017. Coupling of plant and soil C：N：P stoichiometry in black locust (*Robinia pseudoacacia*) plantations on the Loess Plateau, China [J]. Trees, 31: 1559-1570.

Chang Y J，Li N W，Wang W，et al，2017. Nutrients resorption and stoichiometry characteristics of different-aged plantations of *Larix Kaempferi* in the Qingling Mountains, central China [J]. Plos One, 12（12）: 1-15.

Chen L L，Deng Q，Yuan Z Y，et al，2018. Age-related C：N：P stoichiometry in two plantation forests in the Loess Plateau of China [J]. Ecological Engineering, 120: 14-22.

Choimaa D，Markus H，Gisbert K，et al，2017. European beech responds to climate change with growth decline at lower, and growth incresae at higher elevations in the center of its distribution range (SW Germany) [J]. Trees, 31: 673-686.

Delgado-Baquerizo M，Reich P B，Khachane A N，et al，2017. It is elemental: Soil nutrient stoichiometry drivers bacterial diversity [J]. Environmental Microbiology, 19（3）: 1176-1188.

Falster D S，Duursma R A，FitzJohn R G，2018. How functional traits influence plant growth and shade tolerance across the life cycle [J]. Proceedings of the National Academy of Sciences, 115: E6789-E6798.

Fan H B，Wu J P，Liu W F，et al，2015. Linkages of plant and soil C：N：P stoichiometry and their relationships to forest growth in subtropical plantations [J]. Plant and Soil, 392: 127-138.

Fu Q P，Wang Q J，Shen X L，et al，2014. Optimizing water and nitrogrn inputs for winter wheat cropping system on the loess Plateau, China [J]. Journal of Arid Land, 6 (2): 230-242.

Gray E F, Wright I J, Falster D S. et al, 2019. Leaf wood allometry and functional traits together explain substantial growth rate variation in rainforest trees [J]. Aob Plants, 11: 1-11.

Guittar J, Goldberg D, Klanderud K, et al, 2016. Can trait patterns along gradients predict plant community responses to climate change [J]. Ecology, 97 (10): 2791-2801.

Guttieri M J, Mclean R, Stark J C, et al, 2005. Managing irrigation and nitrogen fertility of hard spring wheats for optimum bread and noodle quality [J]. Crop Science, 45 (5): 2049-2059.

Ignacio A M, Veronica A E M, Marcelo H P, et al, 2010. *Austrocedrus chilensis* growth decline in relation to drought events in northern Patagonia, Argentia [J]. Trees, 24: 561-570.

Karbstein K, Prinz K, Hellwig F. et al, 2020. Plant intraspecific functional trait variation is related to within-habitat heterogeneity andgenetic diversity in *Trifolium montanum* L. [J]. Ecology and Evolution, 10: 5015-5033.

Kihachiro K, David A, 2002. Significance of leaf longevity in plants [J]. Plant species biology, 2002, 14: 39-45.

Koerselman W, Meuleman A F M, 1996. The vegetation N：P ratio：A new tool to detect the nature of nutrient limitation [J]. Journal of Applied Ecology, 33: 1441-1450.

Kyeong G M, In S U, Seung H J, et al, 2018. Effect of organic fertilier application on growth characteristics and saponin content in *Codonopsis Lanceolata* [J]. Horticulture, Environment, and Biotechnology, 59: 129-130.

Li J, Tong X G, Awasthi M K, et al, 2018. Dynamics of soil microbial biomass enzyme activities along chronosequence of desertified land revegetation [J]. Ecological Engineering, 111: 22-30.

Li J R, Xu Y M, 2015. Immobilization of Cd in a paddy soil using moisture management and amendment [J]. Chemosphere, 122: 131-136.

Liang H B, Xue Y Y, Li Z S. et al, 2018. Soil moisture decline following the plantation of *Robinia pseudoacacia* forests：Evidence from the Loess Plateau [J]. Forest Ecology and Management, 412: 62-69.

Liu H Y, Park Williams A, Allen C D, et al, 2013. Rapid warming accelerates tree growth decline in semiarid forests on Inner Asia [J]. Global Change Biology, 19 (8): 2500-2510.

Lucas-Borja M E, Hedo J, Cerdá A, et al, 2016. Unravelling the importance of forest age stand and forest structure driving microbiological soil properties, enzymatic activities and soil nutrients content in Mediterranean Spanish black pine (*Pinus nigra* Ar. ssp. *salzmannii*) Forests [J]. Science of The Total Environment, 562: 145-154.

Ma H K, Pineda A, Hannula S E, et al, 2020. Strreing root microbiomes of a commrecial horticultural crop with plant-soil feedbacks [J]. Applied Soil Ecology, 150: 1-11.

Massaoudou M, Abasse T A, Habou R. et al, 2020. Seasonal variation and modeling of leaf area growth in *Jatropha curcas* L. plants：Implication for understanding the species adaptation in the Sahel of Niger [J]. African Journal of Plantence, 4: 205-212.

Mei X M, Ma L, Zhu Q K, et al, 2018. Responses of soil moisture to vegetation restoration type and slope length on the loess hillslope [J]. Journal of Mountain Science, 15 (3): 548-562.

Miner G L, Bauerle W L, 2019. Seasonal responses of photosynthetic parameters in maize and sunflower and their relationship with leaf functional traits [J]. Plant Cell Environment, 42: 1561-1574.

Mou Y M, Fang O F, Cheng X H, et al, 2018. Recent tree growth decline unprecedented over the last four centuries in a Tibetan juniper forest [J]. Journal of Forestry Research, 30: 1429-1436.

Poorter H, Niklas K J, Reich P B. et al, 2012. Biomass allocation to leaves, stems and roots：Meta-analyses of interspecific variation and environmental control [J]. New Phytologist, 193: 30-50.

Rong Q Q, Liu J T, Cai Y P. et al, 2015. Leaf carbon, nitrogen and phosphorus stoichiometry of *Tamarix chinensis* Lour. in the Laizhou Bay coastal wetland, China [J]. Ecological Engineering, 76: 57-65.

Stanik N, Lampei C, Rosenthal G, 2020. Summer aridity rather than management shapes fitness-related functional traits of the threatened mountain plant *Arnica montana* [J]. Ecology and Evolution, 10: 5069-5078.

Tan D J, Xiong K N, Zhang Y, et al, 2019. Daily photosynthesis dynamics of different degraded *Zanthoxylum bungeanum* in karst rocky desertification area and its relationship with environmental factors. Chinese Journal of Ecology, 38 (7): 2057-2064.

Tang B, Yin C Y, Yang H, et al, 2017. The coupling effects of water deficit and nitrogen supply on photosynthesis, WUE, and stable isotope composition in *Picea asperata* [J]. Acta Physiolgiae Plantarum, 39: 3-11.

Valencia E, Quero J L, Maestre F T, 2016. Functional leaf and size traits determine the photosynthetic response of ten dryland species to warming [J]. Journal of Plant Ecology, 9: 773-783.

Van D D R, Thomas B R, Kamelchuk D P, 2008. Effects of N, NP, and NPKS fertilizers applied to four-year-old hybrid poplar plantation [J]. New Forests, 35 (3): 221-223.

Wang X K, Yun J, Shi P, et al, 2019a. Root growth, fruit yield and water use efficiency of greenhouse grown tomato under different irrigation regimes and nitrogen levels [J]. Journal of Plant Growth Regulation, 38: 400-415.

Wang Y, Liu X S, Chen F F, et al, 2019b. Seasonal dynamics of soil microbial biomass C and N of *Keteleeria fortunie* var. *cyclolepis* forests with different ages [J]. Journal of Forestry Research, DOI: 10.1007/s11676-019-01058-w.

Wang Z H, Bian Q Y, Zhang J Z, et al, 2018. Optimized water and fertilizer management of mature jujube in Xinjiang arid area using drip irrifation [J]. Water, 10 (10): 1-13.

Wang Z Q, Zhang Y Z, Yang Y, et al, 2016. Quantitative assess the driving forces on the grassland degradation in the Qinghai-Tibet Plateau, in China [J]. Ecological Informatics, 33: 32-44.

Whyte G, Howard K, Hardy G E S, et al, 2016. The tree decline recovery seesaw: a conceptual model of the decline and recovery of drought stressed plantation trees [J]. Forest Ecology and Management, 370: 102-113.

Woo S Y, 2010. Forest decline of the world: A linkage with air pollution and global warming [J]. African Journal of Biotechnology, 825: 7409-7414.

Zhang K, Su Y Z, Liu T N, et al, 2016. Leaf C : N : P stoichiometrical and morphological traits of *Haloxylon ammodendron* over plantation age sequences in an oasis-desert ecotone in North China [J]. Ecological Research, 31: 449-457.

Zheng L L, Zhao Q, Yu Z Y, et al, 2017. Altered leaf functional traits by nitrogen addition in a nutrient-poor pine plantation: A consequence of decreased phosphorus availability [J]. Scientific Reports, 7: 1-9.

Zhou L L, Shalom D A D, Wu P F, et al, 2016. Leaf resorption efficiency in relation to foliar and soil nutrient concentrations and stoichiometry of *Cunninghamia lanceolata* with stand development in southern China [J]. Journal of Soils Sediments, 16 (5): 1448-1459.

Zhou X, Qiao M, Wang F H, et al, 2017. Use of commercial organic fertilizer increases the abundance of antibiotic resistance genes and antibiotics in soil [J]. Environmental Science and Pollution Research, 24: 701-710.

Zhou X G, Zhu H G, Wen Y G, et al, 2019. Intensive management and declines in soil nutrients lead to serious exotic plant invasion in Eucalyptus plantations under successive shrot-rotation regimes [J]. Land Degradation and Development, 31 (3): 297-310.

第8章 贵州花椒培育实践案例

8.1 关岭自治县顶坛花椒栽培适宜性区划

对顶坛花椒种植区域进行科学规划，是产业布局和培育优化的关键环节。顶坛花椒已有30余年大规模培育历史，在生态保护和山区经济发展中发挥了举足轻重的作用。关岭自治县作为较早栽培顶坛花椒的县域，已经成为顶坛花椒的主产区。根据顶坛花椒的生态学习性，以关岭自治县为对象，开展顶坛花椒栽培适宜性区划，具有现实意义。李雪（2021）在前期海拔、坡度、坡向、降水、气温等单要素研究的基础上，考虑了生境的综合特性，利用 ArcGIS 空间分析工具中的叠加分析，开展影响花椒适宜性生长的自然单指标图层叠加；根据各因子的权重，通过加权总和和评价模型对其适宜性得分计算，得到花椒生长的相关因子的适宜性区划，划分为不适宜、较不适宜、一般适宜、较适宜和非常适宜，其中坡贡、白水和断桥是非常适宜，关岭县城区、花江、上关和顶云较适宜，永宁和岗乌是不适宜。这一结果为关岭自治县优化顶坛花椒产业发展布局，推进乡村产业振兴提供了理论参考。

同时，通过对属性表计算几何面积，得到适宜性等级面积及比例（见表8-1）。表明关岭自治县适宜种植花椒的区域所占比例较大，占全县总面积的68.34%，其中大部分乡镇（街道）属于一般适宜种植等级，这一结果为关岭自治县发展顶坛花椒产业奠定了区划基础。在此基础上，还对各个乡镇的适宜性等级面积及比例开展分析，具体如表8-2，其中关岭自治县城区包括关索街道、顶云街道、龙潭街道、百合街道。

由表8-2可知，关岭自治县种植花椒适宜性分区中处在一般适宜等级的分布范围最广，为 695.47km^2，占全县总面积的 47.43%；较不适宜的次之，共464.31km^2，占 31.66%；较适宜等级的面积排第三，共285.64km^2，占 19.48%；

表 8-1　关岭自治县花椒种植适宜性区划各等级面积及所占比例（李雪，2021）

适宜性等级	非常适宜	较适宜	一般适宜	较不适宜	不适宜
面积/km²	20.98	285.64	695.47	464.31	0.024
比例/%	1.43	19.48	47.43	31.66	0

表 8-2　各乡镇（街道）花椒种植适宜性区划个等级面积（李雪，2021）

单位：km²

乡镇	非常适宜	较适宜	一般适宜	较不适宜	不适宜
花江镇	0	61.29	166.02	68.93	0
永宁镇	0	3.32	38.68	78.43	0
岗乌镇	0	4.24	37.84	80.33	0.02
上关镇	0	19.59	73.18	10.97	0
坡贡镇	7.94	37.11	17.16	1.68	0
断桥镇	4.29	68.51	75.58	8.63	0
新铺镇	0	11.20	81.48	62.68	0
沙营镇	0	2.77	36.25	46.54	0
普利乡	0	2.34	30.52	75.36	0
白水镇	6.84	38.60	11.82	0.03	0
关岭县城区	1.91	36.66	126.93	30.73	0
汇总	20.98	285.64	695.47	464.31	0.02

非常适宜和不适宜的面积较少，分别为 20.98km²、0.02km²，非常适宜等级的面积占全县的面积的 1.43%。全县非常适宜种植花椒的乡镇有坡贡镇、断桥镇、白水镇和关岭县城区，分别为 7.94km²、4.29km²、6.84km²、1.91km²，总计 20.98km²；全县各乡镇均含有较适宜种植花椒的区域，其中，断桥镇、花江镇、白水镇占地面积较广，分别为 68.51km²、61.29km²、38.60km²；一般适宜种植花椒的区域全县各镇均有分布，以花江镇、关岭县城区、新铺镇占地面积居多，分别为 166.02km²、126.93km²、81.48km²。

顶坛花椒种植区划过程中，首先应当考虑地形和气象要素，因为通过人为改造的难度极大，因此本案例所得的结果具有较好的参考价值。同时，土壤也是影响顶坛花椒产量积累和品质形成的重要因素，未来可以结合土壤质量评价指标，将地形、土壤、气候等因素综合考虑，进行产业布局规划。

8.2　遵义市花椒精细化气候生态区划

气候在产业布局中具有非常重要的作用，在以往的研究中往往被忽略，导致气象灾害防控、修枝整形、品质优化调控等措施制订不够具体。敖芹等（2019）从气象与气候学出发，开展遵义市花椒生态区划，具有较高的借鉴价值。

8.2.1 区划指标

目前遵义市发展的花椒品种主要为江津九叶青花椒，属喜热型品种，占种植面积的80%；其次是大红袍，属喜温喜凉品种。根据不同花椒品种栽培对气象条件的需求，结合遵义市气候特点，并与重庆江津的气候条件开展对比分析，得出遵义市下辖各区县市降水量和日照时长差别不明显，且同重庆江津差别不大，基本满足九叶青花椒生长需求，主要受热量条件限制。发展大红袍等喜温喜凉树种，在全市不受热量条件限制，气温和积温均能满足其生长发育。

根据花椒的生态习性，选取年平均气温、日平均气温稳定通过活动积温、日最低气温<−2℃为5天以上的概率、极端最低气温为主要区划指标，年降水量、年日照时间作为遵义市花椒气候生态区划的辅助指标。区划指标如表8-3。

表8-3 遵义市花椒气候生态区划指标（敖芹 等，2019）

类型	年平均气温/℃	日平均气温稳定通过活动积温/℃	日最低气温<−2℃为5天以上的概率/%	极端最低气温/℃	年日照时间/h	年降水量/mm
喜热型花椒适宜栽培区	15～17	≥5500	≤25%	≥−4	1050～1200	900～1100
喜热型及喜凉型花椒次适宜栽培区	14～15	5000～5500	25%～50%	≥−6	900～1050	1100～1200
喜热型花椒（九叶青）不适宜区、喜凉型花椒适宜栽培区	10～14	4000～5000	>50%	≥−18	1050～1200	900～1100

8.2.2 区划结果

（1）喜热型花椒（九叶青）适宜栽培区 主要分布在遵义市西部（赤水、仁怀）和北部（桐梓、正安、道真、务川）海拔在900m以下的地区，区内年均温在15～16℃，活动积温>5500℃，年极端最低气温>−4℃，冬季遭受低温冻害风险<25%，气候适宜种植九叶青等喜热型花椒品种。特别在西部赤水、仁怀等低热河谷，海拔在600m以下、年均温>16℃、活动积温>6000℃、年极端最低气温>−2℃、受低温风险概率<5%，光照充足、降水资源丰富，是夏伏旱少发区。

（2）喜热型及喜凉型花椒次适宜栽培区 该区主要分布在中南部（遵义、播州）和东南部（湄潭、凤冈、余庆）等海拔600～1000m地区，以及北部（桐梓、正安、道真、务川）海拔 900～1100m 地区，区内年均温为 14～15℃，活动积温 5500～5000℃，年极端最低气温＞－6℃，种植九叶青花椒冬季遭受低温冻害风险为 25％～40％，是九叶青等喜热型花椒品种的次适宜栽培区。该区夏季炎热，高温天数多，是喜凉型花椒品种的次适宜栽培区，如大红袍、大红椒等。

（3）喜热型花椒（九叶青）不适宜区、喜凉型花椒适宜栽培区　主要分布在习水、大娄山脉等海拔在 1000～1100m 以上区域，区内年平均气温在 10～14℃，活动积温 4000～5000℃，年极端最低气温＞－10℃，种植九叶青花椒冬季遭受低温冻害风险在 50％以上，建议种植喜凉型花椒品种如大红袍、大红椒。

笔者在调研过程中也发现，遵义市花椒产业发展面临冻害严重、病虫害发生频率高、小气候差异大、修枝整形与气候的契合度还不够等现实难题。进一步用好气象资料，加强其在区划、管护、培育等方面的应用，能够推动遵义市花椒产业稳定发展。

8.3　贞丰县将小花椒做成大产业

贞丰县依托"中国花椒之乡"称号和"顶坛花椒"国家地理标志品牌优势，以《贵州省特色林业产业发展三年行动方案（2020～2022 年）》为指南，成立了以县委书记为组长的花椒产业发展领导小组，举全县之力推进以花椒产业为主导的特色林业产业发展。截至目前，全县完成花椒种植约 67.33km²，已挂果 30km²，产量 6000t，产值 1.2 亿元，不断增强群众稳定脱贫和后续发展能力。

一是聚焦资源禀赋，规划发展蓝图。贞丰县把花椒产业作为农业支柱产业，充分利用本地独特气候优势，出台《贞丰县花椒产业发展规划》，聚焦"北盘江河谷沿岸一线"花椒主产区，通过"以点连线"和"点线结合"产业发展模式，辐射带动全县环境条件适合的 9 个乡镇进行花椒种植，形成覆盖面积 67.33km² 的花椒产业发展带，实现让石山荒山变为绿水青山、金山银山的宏伟目标。

二是强化要素保障，聚集发展动能。根据产业发展需要，充分利用政策资源，全面配齐发展要素。资金保障方面，按照"项目跟着产业走、项目围着基地转"的原则，积极整合土地整治、椒水配套、产业路、科技示范等项目 21 个，投入发展资金 6360 万元、产业发展基金 3750 万元，全力夯实发展保障。政策保障方面，2017 年以来，县委县政府召开花椒产业专题会议 16 次，专题调研 4 次，出台《贞丰县花椒产业发展实施方案》等文件推动产业发展。风险保障方面，将花椒全部纳入农调扶贫险与价格指数险，切实降低生产风险。技术保障方面，依托贵州省林业科学研究院、贵州大学、贵州师范大学等技术优势，搭建科研推广技术平台，从品种优选、基地建设、产品加工、技术研发等全程跟踪服务，并组织花椒种植区域群众开展岗前培训、实地培训和技术提升培训达 3600 余人

（次），建立优质花椒育苗基地约 9ha，年产苗 488 万株。

三是强化主体培育，产业裂变发展。坚持以"强龙头、建示范、延链条、扩市场"为基本要求，积极鼓励龙头企业、专业合作社发展花椒产业，目前全县有 3 家企业（其中 2 家配套精深加工厂）、27 家专业合作社从事花椒产业发展。内拓外引强龙头。借助"顶坛花椒"品牌优势，积极培育打造本土省级龙头企业 1 家。通过招商引资，引进优质花椒企业 2 家。累计投资 2.2 亿元，新植花椒超 40km^2，其中，花椒高产示范基地近 10km^2，创建省级现代高效农业示范园区 1 个，为贞丰花椒产业的发展提供了新动力。延长链条强增收，投资 1 亿元，建成占地 16ha，集交易、加工、研发为一体的天牧花椒全产业链集散中心（一期），日生产保鲜椒 40t、干花椒 20t，花椒药用、保健系列产品 1t。二期项目已全面启动建设，建成后年生产花椒系列产品达 10 万吨以上，是西南地区最大的花椒产业加工集散中心。通过延长产业链，推动花椒多层次、多环节转化增值，多措并举扩市场，不断做大做强做优贞丰"顶坛花椒"特色品牌，积极参加国家花椒产业联盟活动推介，借助"贞丰一品"和"一码贵州"电商平台，为花椒插上"云翅膀"。与重庆东硕、成都味之缘等农副产品销售企业以及西安、兰州、南京等地大型调味品经销商签订产销协议，稳定助推花椒产业蓬勃发展。

四是强化利益联结，助农增收致富。探索"135"产业利益联结增收机制，即搭建"龙头企业＋科研院所＋合作社＋农户"一个平台，采取反租倒包、公司主投、农户自投三种模式推动产业发展，农户获得土地入股、就近就业、自主种植（订单收购）、反租倒包、政策扶持五重收益。2021 年全县花椒产业可为农户增收 6700 余万元。带动就近就业 0.8 万人，增收 800 余万元。土地流转增收 1300 万元。带动 4600 余户参与种植、管理、反租倒包，增收 4600 余万元。

8.4 德江县发展花椒产业的做法

德江县全面聚焦产业发展"八要素"，强化要素保障，围绕"上规模、强龙头、创品牌、带农户"的发展思路，全力选优品种、提升品质、打造品牌，探索出一条绿色生态的扶贫产业之路。

（1）聚焦资源禀赋，精准选定产业 德江属典型的喀斯特地貌，土层浅薄、易受干旱，土地多零星分散，调整产业结构一直是该县的一项重大课题。2014 年，德江县从重庆引进九叶青花椒在稳坪镇金庄村进行试种，2016 年初挂果实现每公顷产值 37500 元。随后，该县立即成立调研组对全国青花椒市场、花椒生长特性及本地土地资源进行多方考察，反复论证，最终选定花椒作为全县主导产业，规划了到 2022 年发展 200km^2 的目标任务，研究制定了《德江县花椒产业助推脱贫攻坚三年行动实施方案》，为花椒产业发展奠定了坚实基础。选择花椒产业，能够很好适应德江县土壤环境，将全县较为贫瘠的土地有效利用起来，实现生态效益与经济效益的双重提升。花椒产业投入低、见效快、产值高，群众参与性强，对助推脱贫攻坚有积极作用。花椒幼龄期为2~3年，3年后开始挂果，5年后进入盛果期，盛果期10~15年，产值是普通玉米的4~5倍。

（2）聚焦农民主体，强化技能培训　始终抓住技术培训这个关键环节，对全县花椒种植主体全面开展技能培训，着力提升发展水平。邀请四川农业大学教授和重庆江津高级农艺师到该县开展技术培训指导，对农技干部、合作社成员、种植农户进行科学全面的技术培训指导。组建技术服务团队，从重庆聘请10名"土专家"、在本地花椒专业合作社精选27名技术人员组成全县花椒技术专业指导人员，对351个花椒专业合作社实施点对点技术服务指导。充分用好农村致富带头人培训项目，通过集中分期培训实现每个花椒专业合作都有1~2名核心技术人员，有效解决了花椒产业发展技术难题，2019年培训花椒技术人员150人，培训农户达1200人次。

（3）聚焦科学高效，提升技术服务　坚持走出去与请进来相结合，着力加强花椒技术服务体系建设。多次到重庆江津、四川汉源等地考察学习，与重庆江津花椒协会、贵州省林业科学研究院、贵州师范大学等建立合作关系，组建技术服务团队，着力于花椒技术规程研究、品种选育、产品研发和品牌创建等，逐步建立完善花椒产业技术服务体系。同时，该县始终坚持绿色有机标准，全面禁止使用除草剂，杜绝国家禁用农药进入椒园，花椒加工全面采用清洁能源，使用电力烘烤，始终将产品质量作为花椒产业持续发展的第一核心，切实保证了花椒产品质量。贵州省中国科学院天然产物化学重点实验室分析测试和品质评价中心在稳坪金庄村采样检测结果为：干花椒含油量 $9.91\text{mL}\cdot\text{g}^{-1}$，其中桧烯占9.91%、月桂烯占2.93%、柠檬烯占13.28%、芳樟醇61.61%、4-萜品醇3.77%；鲜花椒含油量 $1.73\text{mL}\cdot\text{g}^{-1}$，其中桧烯占6.72%、月桂烯占1.74%、柠檬烯占8.38%、芳樟醇71.09%、4-萜品醇4.15%。

（4）聚焦政策保障，发挥资金效益　将花椒产业进行全产业链包装规划，申报到位绿色产业扶贫投资基金（原扶贫产业子基金）2.4亿元，研究制定花椒产业子基金管理办法，对花椒经营主体按每公顷22500元的标准分三年进行扶持，财政贴息，第一年种植和管护扶持800元，第二年管护扶持400元，第三年管护扶持300元，促使合作社有效进行种植管护，确保发展一片、成功一片。产业见效后，逐年按"11233"比例进行还款，确保扶贫产业子基金"退得出"，促进基金循环滚动使用。目前完成花椒产业子基金投资2.4亿元，扶持合作社351家。同时，德江县还积极整合新一轮退耕还林资金，对符合新一轮退耕还林区域的，用退耕还林政策资金予以扶持，累计投入政策补助资金4224万元。

（5）聚焦企业带动，创新组织方式　一是成立德江县花椒产业工作专班，由县委副书记、县长任专班班长，对全县花椒产业发展进行顶层设计、科学规划、统筹推进，为花椒产业发展提供坚强的政策保障。二是注册成立德江县贵之源花椒产业投资有限公司和德江县花椒产业协会，充分发挥国有平台公司和产业协会职能优势，进一步优化完善工作机制，有机衔接政府-市场-银行，为统筹全县资源，推进花椒产业技术合作、配套建设、市场发展、产品研发创造了有利条件。三是全力培育新型农业经营主体，将合作社作为承接花椒产业发展的主要载体，全面加大培育扶持力度，组建工作组指导合作社建立完善运行机制和财务制度，对"空壳社"进行清理整顿，有效推动花椒专业合作社实体化发展。目前，全县实体化运营的花椒专业合作社达351家。

（6）聚焦德货出山，抓实产销对接　目前德江县花椒逐步投产，通过与四川花椒协会合作，签订花椒销售协议，成功销往四川花椒市场；同时通过经营主体自身渠道销往四川、重庆、湖北等消费市场，销售渠道畅通。2022年，全县花椒投产面积已达 53.33km^2，产量达 2 万吨。针对花椒陆续投产，县里主动出击，积极拓展花椒销售市场，建立统一销售平台，由国有金扁担公司负责保底收购花椒，实行全县统价销售，让经营主体保本盈利。金扁担公司与重庆中冶赛迪集团、四川花椒协会达成产销协议，在成都国际商贸城及县内市场开设花椒销售点，多渠道促销，有效解决花椒销售难题。同时，加强配套设施建设，完善花椒产品贮藏、保鲜等基础设施建设，缓解花椒集中上市压力。在煎茶镇加快建设农特产品加工园区，规划 7000m^2 建设花椒冷链物流、加工厂房、展示交易大厅等配套基础设施，全力将其打造成为省级花椒批发市场，聚集交易资源，形成统一市场，按照产地直销、订单销售、体验式直销、网络销售等方式多渠道销售花椒。

（7）聚焦产业扶贫，做实利益联结　德江县始终将产业发展与脱贫攻坚紧密结合，建立健全利益联结机制，全力推进产业扶贫，探索形成了以"5311"为主的利益联结机制（即产业发展利润合作社占 50%，入股农户占 30%，村集体经济组织占 10%，贫困户公益分红占 10%）。贫困户以土地等资源经营权、到户的财政扶贫资金、产业扶贫奖补资金等入股合作社，促进合作社和农户形成"利益共享、风险共担"的经济共同体，通过入股分红、就业劳务等多渠道获得产业发展红利，有效提高了农户参与花椒产业发展的积极性和主动性。产业未获得收益期间，由合作社支付农户土地流转费，农户通过劳动务工获取收益；产业见效后实行按股分红，优先保障贫困户分红资金，确保农户获得持续稳定增收。全县 100km^2 花椒产业累计覆盖贫困户 8750 户 35000 人，2019 年实现贫困户户均增收 1800 元，有效助推了脱贫攻坚。

（8）聚焦党建引领，夯实"村社合一"　"农村富不富，全靠党支部"。德江县始终将基层党建作为助推产业发展的有力抓手，充分发挥农村基层党组织在组织群众、发动群众中的先锋模范作用和战斗堡垒作用，大力推广"塘约经验"，夯实"村社合一"，群众参与花椒产业的积极性、主动性显著增强。

8.5 贞丰县某花椒种植公司

8.5.1 公司概况

该公司位于贵州省黔西南州贞丰县北盘江镇，成立于 2005 年，是一家从事顶坛花椒种植、加工、科研和社会服务的民营企业，注册资本 500 万元。公司主要集中在顶坛花椒栽培、食品加工、市场营销和财务管理等专业领域，取得了丰富的业绩。

公司建有顶坛花椒试验、示范、生产基地近 $1km^2$，主要种植技术包括矮化密植、水肥一体、定向培育等，并辐射带动北盘江流域黔西南州、安顺市、六盘水市等地推广顶坛花椒种植超 $200km^2$，平均每公顷生产鲜椒 4500kg（干椒 1050kg）。顶坛花椒以"香味浓、麻味纯、品质优"而著称，是国家地理标志产品。公司主要经营产品有鲜椒、干椒、花椒油、花椒粉、油番茄酱、油辣椒等，品质定位为麻得舒服、香得安逸。

公司先后获得了中国供销合作社农业产业化重点龙头企业、中国森林食品示范品牌、贵州省名牌产品、贞丰县 AAA 级信用企业等 16 项荣誉称号，获得了社会各界的高度认可。

8.5.2 科研发展历程

公司目前联系对口专家有 10 余人，主要集中在贵州师范大学、贵州省林业科学研究院和贵州大学。在专业结构上，涉及土壤学、植物学、植物保护学、森林培育学、生态学和农林经济管理等学科专业，形成了一支专业功底雄厚、专业知识全面、服务水平较高的专家队伍，完全能够满足顶坛花椒产业发展过程中的专业技术需求。在年龄结构上，以 30～40 岁的青年专家为主，在科学研究、技术研发、示范推广、产业培育等方面各有专长和特色。在产业结构上，凝聚了前端、中端、后端和全链条服务的专家团队，能够解决产业发展过程中的理论和实践问题。

该公司前期在与相关花椒专家合作、对接的过程中，取得了丰富的成果。发表了顶坛花椒领域的期刊论文，较好地揭示了顶坛花椒产业培育过程中存在的规律、机理和机制问题；申请顶坛花椒产业培育方面的国家发明专利 3 件，充分凝练了顶坛花椒栽培方面的技术体系，为同类型产业发展提供了模式和样板；培育了顶坛花椒产业研究团队，为贵州省花椒专班提供了产业发展建议；建设了顶坛花椒产业研究与示范基地 3 个，为贵州省花椒特色产业发展提供了教学实践基地；形成矮化密植、水肥一体化等顶坛花椒培育技术示范，实现经济价值 2000 万元以上。

在前期的科研和生产实践过程中，有效解决了顶坛花椒长期存在的生长衰退问题，使花椒平均产量提高 1 倍左右，每公顷增收 45000 元以上，极大地巩固了石漠化治理成效，保障了顶坛花椒产业的可持续发展。通过技术改进，使顶坛花椒的品质得到优化，氨基酸和维生素含量显著提高，增强了花椒的市场竞争力，为顶坛花椒高产稳质奠定了坚实基础，较好地维护了顶坛花椒这一优势品牌。经过技术改进和创新，每年创造就业岗位 2000 人次以上，带动周围百姓就业，形成劳务收入 200 万元以上。借助基地示范和辐射，在周围地区形成花椒矮化密植栽培面积 67km^2 以上，且协调了营养生长和生殖生长的关系。

通过前期技术推广和应用，贞丰县在 2020 年实现全县整体脱贫，迈向了全面小康、乡村振兴的新阶段。由于技术参数稳定、技术服务跟进、技术优势凸显，使脱贫攻坚成效得到较大巩固，为贞丰县乡村振兴建设做好了铺垫。目前，乡村振兴工作已经在贞丰县如火如荼地开展，稳定的顶坛花椒生态产业，是该项工作有序推进的重要基础。

8.5.3 公司取得的成果

近年来，公司和贵州师范大学、贵州大学、贵州省林业科学研究院等科研院所合作，主持了贞丰县特色中药材——顶坛花椒与砂仁丰产栽培技术研究及示范、顶坛花椒标准化管理示范、贵州省特色林业产业示范基地建设项目、顶坛花椒定向培育研究及示范项目共 4 项；参与了顶坛花椒生产力提升与新产品研发技术、贵州顶坛花椒主要病虫害绿色防控技术研究与示范、干热河谷石漠化区花椒水肥耦合自给关键共性技术研究与示范等项目共 6 项。

公司已取得 6 项科技成果。其中：贵州省地方标准《地理标志产品　顶坛花椒》（DB52/T 542—2016）对顶坛花椒地理标志保护范围、自然环境、栽培技术与管理、质量等级和实验方法等进行了规定；该标准为顶坛花椒干椒生产与加工奠定了理论基础，尤其是对干椒品质定位和确定具有参考价值。《顶坛花椒培育与低产林改造技术规程》（Q/zfdj）成果帮助低效林、低产林的花椒基地进行技术改造，面积达 6.7km^2 以上。前述表明，公司实现了科研和生产的有机结合。

8.5.4 正在主持的科研项目

作为龙头企业，公司积极申报各级各类项目。以此为契机，提升公司的科研水平，并将成果在顶坛花椒种植区域内辐射示范推广，形成生产推动科研、科研反哺生产的良好局面。

（1）顶坛花椒标准化管理　按照《花椒栽培技术规程》（LY/T 2914—2017）和《顶坛花椒培育技术规程》（LY/T 1942—2011）的规定。主要通过土水肥管理、抚育管理、整形修剪及病虫害防治标准化等措施，在贞丰县北盘江镇实施顶坛花椒标准化管理示范，辅以栽培管理技术培训等措施，开展苗木培育、造林技术、林地管理、花椒病虫害防治等技术培训。采取"政府引导、政策扶持、示范带动、规范提升"的发展思路，以"龙头企业引领带动"战略，做大做强产业。

（2）定向培育技术 核心是依据立地条件进行产品定位，再采取定向培育技术措施。在立地指数较低的地块，以培育生长时间相对较短、养分需求较为集中的鲜椒为主；在立地指数中等的地块，以培育生长时间相对较长、养分积累较为充分的干椒为主。在立地指数中上等的地块，以培育生长时间相对更长，营养物质积累更为充分的椒目仁椒为主。在立地指数最优的地块，以培育生长时间最长，种子成熟度最高的种椒为主，营造采种园。关键技术环节包括立地质量确定、整形修剪和土壤水肥管理等，对前期取得的技术进行优化和熟化，解决生产中存在的问题。

整形修剪强度，是在培育目标、气候、土壤和修剪时间等因素的基础上综合确定；修剪方式包括全修剪、半修剪和不修剪，主要是要协调好生殖生长与营养生长的关系。具体技术要点包括修枝强度确定，春、夏、秋梢的利用和管理，枝条萌发与木质化，修剪和采摘等。该技术需与土壤养分管理同步进行，以促进花芽分化为目标。

水肥管理技术的要点有：一是水分和养分配置的比例，合适的比例缓效态养分转化为速效态的前提，也是养分有效吸收和高效利用的基础；二是水肥协同对产量和品质的影响效应，旨在找出水肥组合与品质形成的拐点，这是集成定向培育技术的关键；三是水分和肥料的补给时间和数量，这是水养高效利用的关键，也是减少养分损失的途径。

在前期成果的基础上，公司还将在种质创新、高效栽培、产品加工、产业构建等领域加强科研投入，服务于以贞丰县北盘江镇为主体，辐射干热河谷地区的顶坛花椒产业发展。

8.5.5 社会贡献

近年来，公司在社会服务中发挥了重要作用，带动 100 余户建档立卡户种植顶坛花椒，年均提供约 100 个就业岗位，帮助 20 家微型企业和专业合作社发展，培育花椒种植大户 40 余户，培训了新型职业农民 2000 多人，成为顶坛花椒产业发展的"领头羊"。辐射带动周边关岭自治县、册亨县、兴仁市、望谟县、晴隆县、六枝特区等地发展花椒产业，已成为脱贫攻坚成效巩固和乡村振兴的主力军。

未来，公司将加强顶坛花椒基地建设，力争使顶坛花椒产量提高 30% 以上；果皮干重、氨基酸、维生素、活性成分等品质性状较对照提高 20% 以上，维持"香味浓、麻味纯"的品质特色，每公顷增收 37500 元左右；产量和品质提升后，可增强顶坛花椒的品牌效应。通过一系列技术的研发和辐射推广，可以使顶坛花椒旺盛生长期延长 8～10 年，有效提升花椒林在水土保持、土壤保育等方面的功能；降低对除草剂、农药和化肥等农业物资的依赖，使土壤质量得到较好改善。

8.6 关岭自治县某花椒合作社

该合作社是一家依托大户成立的合作社，充分发挥了大户带动作用，在顶坛花椒产品培育和发展中，发挥了重要的带头作用；并且注重与科研院所、同行交流和合作，在顶坛花椒产业发展上取得了较大成功。本书将该合作社作为典型案例进行分析，为顶坛花椒产业发展提供借鉴和参考，不断推进顶坛花椒事业向前发展。

8.6.1 合作社概况

该合作社成立于2014年1月6日，位于关岭自治县花江镇，注册资金140万元，法定代表人为坝山村村民。主要专业技术人员是合作社创办人及其儿子，典型的"父子兵"，周边一些农户参与合作社。合作社主营顶坛花椒生产和加工，同时提供顶坛花椒药剂代购服务，带动周围农户共同发展花椒产业。现在，坝山村的顶坛花椒在周围地区已经形成优势，主要体现在花椒长势好、产业道路通畅、花椒烘烤设施齐全、百姓种植花椒信心较高等，成为政府、公司和椒农等观摩、学习的样板。

8.6.2 近期取得的成果

（1）引进和改进矮化密植技术 从环境因素来看，花江干热河谷地区土层浅薄、降水量低（海拔800m以下地区的年均降水量明显低于800mm），且河谷地形导致水土流失严重。从花椒栽培来看，林分结构单一，管理粗放，导致生长发生衰退，影响了椒农的积极性。此时，外商发出善意提醒，不引进新的花椒种植技术，产业发展难以为继，高产稳质高收入就是一句空话。对方随口一句话，却给了合作社创办人莫大的启示，随即前往重庆江津、贵州贞丰等地学习顶坛花椒矮化密植技术，倒逼转变经营方式，做大做强花椒产业。学习返回后，决定将自家的花椒树开展矮化密植实验。一年后，这些花椒产量和香麻味比自然生长的花椒要好，之后慢慢引进矮化密植技术。但是，技术也有水土不服的时候，前期由于照搬照抄别人的技术，甚至时间节点、用药量、施肥措施等都一成不变，也人为造成修剪较晚的花椒产量极低，走了不少弯路。后来，父子俩不断对技术进行改进，使技术日渐成熟。目前，该项技术已经适应了当地的环境条件，在顶坛花椒种植区域推广使用。

（2）水肥一体化示范 2018年，贵州师范大学盈斌副教授站在贞丰县北盘江镇银洞湾村瞭望坝山花椒，发现有一片大约2～3ha的花椒特别绿，跟周围花椒对比鲜明，有种"鹤立鸡群"的感觉。当得知采用矮化密植种植顶坛花椒前景较好，但是干热河谷地区干旱、高温的环境，容易导致该技术效果适得其反时，盈斌副教授立即决定，将该顶坛花椒基地列入"十三五"重点研发计划课题（喀斯特高原峡谷石漠化综合治理与生态产业规模化经营技术与示范）的水肥一体化实验点，并当即安排专项经费，决心找出水对生态产业的影响。通过实施，当年就产生了显著效果，产量较没有水肥一体化设施的增加了 1 倍，最高的产量达到 $11.5kg \cdot 株^{-1}$，投资不到一年就回本了。第二年，父子俩自己投资投劳，又新建了 2ha 以上的设施，使花椒产量得到明显提高，年纯收入很快达到六位数，从欠债大户一下子变成小康人家。在后续的研究过程中，该合作社也对科研人员给予大力支持，形成了良好的合作关系。

（3）规模化加工干椒　鲜椒贮藏较难，果皮容易变色，市场周期很短；加之采摘时间较为集中，部分椒农总想赶紧"甩卖"。他们意识到，如果不发展花椒烘烤，将会影响花椒投入市场，辛辛苦苦种植的花椒，最后挣不到多少钱。因此，他们首先自费购置了花椒烘烤设备，准备规模化加工干椒。由于产能较大，不仅自己的花椒采摘后可以及时烘干，还帮助周围农户烘制。在加工过程中，还对比了煤和电作为能源对干椒品质的影响，最后选取受热更为均匀、没有引入二氧化硫的电烘干技术。有了烘烤设备，花椒的贮存就变得容易许多，市场的话语权也增加了，以往被个别商贩压价收购鲜椒的情况也一去不复返。除了烘烤花椒，合作社还大量收购周边地区的砂仁，制得干砂仁，有效利用了烘干设备，用他们的话是农闲时候发展"副业"，增加收入的多样性。

8.6.3　成功的启示

一是生态产业应当考虑修复区域的土壤、气候、人文等环境状况，弄清农业资源的布局与组合特征，这是技术产生的前提。如果脱离环境背景值，采取的生物技术便难以获得成功，这方面的教训和案例已经很多，也为贵州花椒发展提供了很好的参考价值。特别是干热河谷地区，气候和土壤等的垂直带谱特征非常明显，更应该充分厘清小生境特征，在此之上采取经营措施，否则就是事倍功半，很容易挫伤积极性。

二是要结合当地的生态环境条件，研究植物的适应过程、物候规律、生理生态特征等，特别是贵州这个"地无三尺平""十里不同天"的地方，甚至干热河谷地区可以说是"一里不同天"，不能被动学习、机械引用、盲目调控，这是技术产生的基础。应当明白，不同的技术参数，都有其适用范围和边界条件，要具体问题具体分析，充分结合当地实际，以发挥更好的效果。

三是生物学实验需要长期的观察、观测和总结，这是技术产生的过程。顶坛花椒虽然也有 30 余年的大规模栽培历史，但对较多农户而言还是一个新兴事物，因此更要加强总结、积累。可以说，技术开发是一个引进、变革和修正的过程。

以关岭自治县某花椒种植合作社为例，在前期摸索过程中，也走了一些弯路，承受了一些风险，受到过别人的质疑，甚至是家人的不理解，但是他们始终选择顶坛花椒产业，不断观察物候特征，总结病虫害发生规律，提炼出了适合河谷地区的培育技术。

四是植物生长周期中，关键的时间节点和控制阶段要把握准确，有时悬殊十来天，都可能造成不可挽回的损失，这是技术产生的细节。比如采摘与摘尖时间、氮肥施用时间等，一旦把握不当，都会对产量造成较大影响。因此，在顶坛花椒培育过程中，对其物候与生境的关系等，要多观察、多总结、多提炼，并与其他类型地区相比较，综合分析不同技术的优势和劣势。

五是生态治理的模式可以借鉴，但是不能直接使用相关技术参数，尤其在贵州更要考虑小生境类型和特征，否则经济效益会悬殊几倍，这是技术产生的要领。这方面的案例已经很多，贵州花椒栽培方面也有一些实例，今后一定要结合生境特征"区别对待"。

六是做技术首先要弄清原理、机理，但不能仅仅停留在这个层面，要上升到技术体系，毕竟知识的价值在于服务。在生产过程中，笔者发现如果原理理解透彻，对技术的总结和凝练都更为快速，接受程度也更高，执行起来就更接地气、灵活自如。

此外，从事山区生态产业，要发扬自力更生、艰苦奋斗的精神，不能只是被动等待，主观能动性更为关键，这是重要的内生驱动；同时，能够静下心去潜心钻研，就是对事业的最大热爱，就会体现出很高的社会服务价值。该合作社之所以经营顶坛花椒非常成功，有其不怕失败、刻苦钻研的一面，也有其不断总结、因地制宜的一面，这给我们提供了很好的启示。

8.6.4　产业贡献

通过该合作社的带动，花江镇坝山村花椒产业在周边村落中发展得比较好。近6ha的水肥一体化花椒地，起到了很好的示范效应，一是带动左邻右舍一同种植顶坛花椒，基本采用了矮化密植技术，且在用药和浇水等环节把握更加精准，齐心协力把产业做大、做优、做强；二是施肥、摘尖、除草、采摘等农事活动，也创造了许多就业机会，带动周围百姓共同奔小康；三是该基地已经被中央电视台、贵州电视台、抖音、微信朋友圈等广泛报道，形成了较好的宣传效果。2021年，该合作社创办人被选举为关岭自治县人大代表，在不同层面为顶坛花椒产业发声、呼吁，形成了良性循环。

此外，目前已有诸多学者对云南省（李柱存，2020）以及下辖的鲁甸县（丁永平，2017）、永善县（邵光才，2011）、宁蒗县（王文明，2006），山西省（冯鑫，2021），重庆市（况觅等，2020），四川省（王丽华等，2018），陕西省（原野，2018），甘肃省（马君义等，2011），湖北省谷城县（佘远国等，2008）等地的花椒产业发展现状及对策进行报道。这些研究成果也能够为我们提供很好的借鉴作用。

● 参考文献

敖芹，左晋，谢和林，等，2019.遵义市九叶青花椒气候适宜性区划研究［J］.中低纬山地气象，43（6）：50-55.

德江县人民政府网，2020.德江县农村产业革命花椒产业发展情况报告［N］.

丁永平，李正银，2017.鲁甸县花椒产业发展现状与对策研究［J］.林业调查规划，42（1）：130-132.

冯鑫，2021.山西省花椒产业发展现状及对策［J］.山西林业（S2）：12-13.

况觅，张露，李姗蓉，等，2020.重庆市花椒产业发展现状问题及对策［J］.南方农业，14（1）：11-13.

李雪，2021.基于景观格局的喀斯特石漠化地区产业适宜性评价与布局——以关岭自治县花椒产业为例［D］.贵阳：贵州师范大学.

李柱存，2020.云南省花椒产业发展现状及对策［J］.内蒙古林业调查设计，43（1）：60-62.

廖洪凯，龙健，李娟，等，2015.花椒（Zanthoxylum bungeamum）种植对喀斯特山区土壤水稳性团聚体分布及有机碳周转的影响［J］.生态学杂志，34（1）：106-113.

马君义，张继，冯洋洋，等，2011.甘肃花椒产业发展现状及对策分析［J］.安徽农业科学，39（16）：10055-10057＋10091.

邵光才，2011.加快永善县花椒产业化发展的对策［J］.林业调查规划，36（4）：96-99.

佘远国，张运山，汪洋，等，2008.湖北省谷城县花椒产业发展的现状与对策［J］.经济林研究，2：101-104.

王丽华，赵卫红，彭晓曦，等，2018.四川花椒产业发展现状及对策分析研究［J］.四川林业科技，39（2）：50-55.

王文明，2006.浅谈宁蒗县花椒产业发展现状及对策［J］.林业调查规划（S2）：218-220.

袁路阳，杨帅帅，邓德伟，等，2021.喷雾干燥对花椒精油成分及应用的影响［J］.食品科技，46（10）：243-248.

原野，2018.陕西花椒产业发展现状及对策［J］.陕西林业科技，46（1）：74-76.

第9章 顶坛花椒产业发展探讨

在前期理论研究、技术集成和案例分析的基础上，探讨顶坛花椒发展的新路径，能够为顶坛花椒产业稳定、可持续发展提供参考。本章主要阐述了顶坛花椒林地规划设计、基本情况调查、内外业工作、基础设施规划等内容，为产业规模化发展服务。

9.1 顶坛花椒林地规划与设计

林地规划和设计，是经济林营造的重要基础工作，也是产业发展最关键的环节。规划是全局性和战略性安排，具有统领性；设计是具体思维的深入、体现和落实，具有实操性，两者相辅相成、互为促进。

9.1.1 规划与设计的内容

谭晓风等（2018）指出了林地规划和实际的内容。在此基础上，根据顶坛花椒产业发展实际，提出了规划与设计内容方面的一些建议。

（1）通过调查分析，提出营建的依据、必要性及可行性（属于背景分析的内容）　当前，纵深推进特色林业产业和林下经济发展，巩固推进脱贫攻坚成效，有效衔接乡村产业振兴，成为重要的现实需求。实施乡村振兴战略，是我国构建现代化经济体系的重要基础，是新时代农业、农村和农民工作的总抓手。产业兴旺是乡村振兴的关键所在，是脱贫攻坚成效巩固的重要推手，发展生态产业是推动乡村振兴的首要途径。生态产业的发展，应当以习近平总书记的"两山理论"为指导，旨在构建产业兴、百姓富、生态美的乡村新景象，描绘产业兴旺、生态宜居、乡风文明、治理有效、生活富裕的农村新画卷。加强林业科技成果转化和关键技术研究，推进科技兴林，符合林业产业发展的需求。目前，顶坛花椒产业发展面临土壤水肥管理措施不精准、整形修枝的针对性不强、可持续经营技术欠缺、产业链不完整等诸多问题，影响了生态产业的稳定性，限制了其生态经济功能的发挥，不利于石漠化治理成果的巩固，亦不利于石山区、深山区和贫困地区百姓脱贫致富奔小康。贵州喀斯特高原峡谷区已有多年发展顶坛花椒产业的历史，形成了相当的规模并取得了显著成效，在生态经济建设方面具有突出贡献，但当前产业面临局部衰退状况，急需对关键问题进行研究和攻关。

（2）评价待建经济林基地各种资源的利用价值及生产潜力　针对顶坛花椒而言，果皮是最主要的产品，椒目仁次之。此外，叶片、嫩尖、加工副产物等都有一定的利用价值，均要对其价值和潜力进行分析。以鲜椒为例，又衍生出干椒、椒目仁椒和其他功能产品等，延长了顶坛花椒产业链，提高了产业的附加值，这些内容在实施方案中均要予以明确和深入分析。

（3）提出待建种植地的经营方向、经营强度、规模、树种和品种选配、建设进度、产期产量、产前产中及产后配套辅助设施的布局和建设计划，营建资金概算及资金筹集途径，营建成本分析及经济效益估算　以顶坛花椒为例，对其小班区划、品种特点、配套设施、监测点位、资金计划、效益分析等进行阐述。以抚育监测为例，要明确每次修枝时间、方法、用工量估计；抚育时间、方法、用工量预算，进行成本核算；施肥时间、数量、用工量估测，核算施肥成本；每年进行测产记录，包括径生长量、新发枝长度及直径、鲜果产量及果型大小、果皮厚度等，条件具备时可以监测花椒果实品质。在方案中，这些内容都要具体，这样在后期过程中才能得以实施。

（4）整地方式及改土措施、种植形式及种植密度、种植季节及种植方法、种植材料及其规格和数量、抚育管理措施等技术设计，以及排灌系统、交通道路、防护措施等具体实施计划，并给树种提出典型设计　主要阐述抚育设计，包括整地、施肥（时间、类型、数量、方法、目的等）、种植或改造（密度、方法、人力等）、基础设施布局（道路、排水、管道等）等等，这部分内容要具体，可操作、能落实。

（5）编制各树种的面积、产量及效益预测统计表、资金概算及投资效益概算表，绘制规划图　具体到顶坛花椒产业，主要是对产量及效益等进行统计，测算收入和支出，初步评估经济效益，并对生态效益、社会效益等进行分析，对产业发展的综合效益进行评估。有条件时，可以对土壤、果实等性状进行监测，更全面地开展效益分析。结合三大效益进行综合评价，对产业发展潜力更具有说服力。

（6）提出确保规划设计实施，达到经济林基地营建目标的保障措施等　包括完善机制体制、培训、人力保障等诸多内容。以培训为例，要坚持"实际、实用、实效"的原则，策划如何组织项目区务工人员以及周边种植或拟种植花椒村民学习种植管理技术，增强参训人员的科技意识，使参训人员基本掌握花椒栽培管理主要生产环节的技术要领。方法上要围绕提高基础理论水平和实操能力展开，由相关主体单位组织技术人员进行必要的理论知识讲解，现场传授技术操作要点，做到面对面互动、手把手传授，确保培训效果。

总之，顶坛花椒产业规划与设计的内容较多，涉及面广，包含的知识点较为广泛，在实施过程中，应通盘考虑、详略得当，确保方案具有可行性、实用性，能够有效指导生产实践。在实施过程中，还需要对方案进行优化和细化，进一步丰富技术参数和评价体系。

9.1.2 外业工作

具体由基本情况调查、踏勘等内容组成。其中，基本情况主要包括地形、土壤、气候因子等，还可以根据人力物力等开展种植历史、方法、制度等调查。掌握的资料越详实，越能够指导生产实践。

地形因子包括海拔、经度、纬度、坡度、坡位、坡向等，要与顶坛花椒产业规划布局相对应。海拔和坡度是较为关键的指标，决定顶坛花椒生长分布和适宜栽培区域，但是这些因子都不是绝对的，要将小生境作为一个综合系统进行权衡分析，不建议以单一指标作为依据。顶坛花椒培育实践也表明，采取不同的技术措施，其适应的边界范围也不一样，因此区划是和技术水平相关联的。这一点在农业生产上具有较强的指导意义。

土壤因子包括：①物理性质：土壤含水率、容重、机械组成等。土壤含水量可以采取电极电位法或环刀法，容重采用环刀法测定，土壤机械组成使用搅拌沉降法测定。②化学性质：pH、有机碳、全氮、碱解氮、铵态氮、硝态氮，及全量和有效量磷、钾、钙、镁、铁、硼、锌、硒等；并计算土壤供肥潜力。土壤pH值表征了土壤的酸碱性，土水比按照一定比例混匀后，采用电极电位法测量；不同形态元素含量是指示土壤养分元素供给潜力最直接的指标，也是产量形成的基础，还是施肥等农事活动的依据，采用经典化学法或原子吸收分光光度法等。土壤质量可以采取层次分析法、主成分分析法等计算得到。③生物性质：细菌、真菌、放线菌、微生物生物量碳、微生物生物量氮、微生物生物量磷等，作为具备条件时的选测指标，主要采用比色法或计数法等测定，结果可作为评价微生物活性的依据。

气候因子包括年均温度、光照强度、活动积温、有效积温、降水量、平均风速等。其中，温度是限制植物生长及其分布边界的关键因子，光照强度表征光照资源的供给情况，积温可以评估其布局区域、生长状况等，降水量是量化其是否满足最低水分生长、生理需求的关键指标，风向与风速可以供修枝整形、药物喷施时参考。气象灾害的调查和分析也尤为重要，是开展灾害防控、病虫害防治的参考依据。

在有条件的地区，还可以对现有种植历史与制度、产业发展概况、种质资源特征、投入产出关系、常见问题剖析、核心技术应用、市场前景等进行全面的调查和分析，充分掌握产业现状，为科学规划和合理布局奠定良好基础，为方案设计提供丰富资料。

9.1.3 内业工作

主要包括数据整理与分析、图件制作和报告编制等。还包括管理措施制订，比如资金管理、人员管理、制度建设等内容。对资料的掌握越充分、分析越详实，编制的报告就越精准、指导性越强。报告的组成部分包括项目概况、指导思路和编制依据、项目区条件、建设方案、培训安排、实施进度安排、资金预算、考核指标、管理措施等，还包括必要的附图和附表，如小班现状调查表、小班区划表、项目进度表、投资预算表、项目位置示意图、小班区划图等。

9.1.4 基础设施规划

这在林地规划设计中是非常重要的，且难以套用其他模式。顶坛花椒培育中，水源、道路等是相对重要的基础设施。比如，顶坛花椒不耐水淹，在地势平坦、土层较厚的地区，就要开设排水沟，否则顶坛花椒根系会因长期淹水而死亡；而在土层浅薄、地下漏失严重的石漠化地区，则要布设管道等水源补给设施，否则会因干旱等导致生长衰退，影响产量和品质。在集中连片的地区，可以规划产业路，这样能够大大降低生产成本，尤其是运输成本，也有利于对花椒进行管理。此外，水池、肥料发酵池等的布置、管道的走向等都要精心设计，既要减少使用原材料，又要提高效率。

综上可知，不同地区的产业规划设计具有特殊性和异质性，要充分掌握自然环境条件和社会经济条件，深入研判产业现状和发展趋势，提出能落地、可操作、有成效的措施，促进顶坛花椒产业稳定发展。

9.2 产量与品质调控技术集成

9.2.1 调控技术

产量和品质是评价生态产业是否高效的关键指标，是重要出口。在前期研究的基础上，再次对主要关键技术环节进行梳理，便于生产过程中采取合理、可行的措施，促进顶坛花椒高产稳质。

（1）品种选择是关键　顶坛花椒是一个变种，是一种适应低海拔河谷地区的物种，但不是一个单一品种，是品种群。屠玉麟等（2001）根据花椒种群个体相对稳定的形态、生长发育期及经济性状特征，将顶坛花椒划分为 3 个品种，包括大青椒、团椒和小青椒。从树形来看，大青椒植株高大，可达 5～7 m；团椒稍大，一般高达 3～4m；小青椒植株较矮小，为 2～2.5m。在长期的自然驯化过程中，由于环境和遗传分异，又发现了一些在适应性状和品质性状上存在一定差异的品质，等待新品种审（认）定。因此，在生产实践中，要尽量选择品质性状更优的品种。在已经命名的 3 个品种中，大青椒果皮含油量高、香麻味充足，是优质高产的优良品种（具体见表 9-1）。在一些尚未审定的品种中，在抗旱性、抗病性等性状上都具有显著的差异，在种苗选择时要注意甄别。

表 9-1　3 个主要顶坛花椒品种的典型性状

品种	株高/m	叶形	腺点	枝条	产量
大青椒	5～7	长卵形，椭圆形	多	稍稀疏，枝干青绿色、枝刺小短	高
团椒	3～4	长椭圆形	多	长枝多，枝刺基部宽而短，钝尖	较差
小青椒	2～2.5	卵状椭圆形	有	稍稀疏，枝刺及刺长而尖	较低

（2）土壤管理是基础　归纳起来，顶坛花椒林地土壤管理要注重以下几个方面：一是保持合适的土壤湿度，虽然顶坛花椒耐旱性强，但前期研究数据已经充分表明，适当的水分供应能够提高其产量和品质，但水分管理不当也容易导致顶坛花椒果皮中苦味氨基酸含量过高，这可能与影响次生代谢过程有关。二是养分供给全面、均衡、适时。全面可以采取施用农家肥的手段，提高养分的全量和供肥潜力；均衡要注意元素之间的化学计量比，比如 C/N 平衡是影响花芽分化的关键因素；适时是在不同的物候期施用不同肥料，比如以年为周期，氮要早施、钾则在后期重施。三是杜绝使用除草剂。现有研究结果表明，除草剂使用不当对土壤容重、孔隙度、生物以及植物根系等的影响较大；部分椒农在生产过程中，由于林下草本不断生长，则逐渐加大除草剂用量，不仅没有节省成本，反而造成较大经济损失。需要强调的是，土壤水肥要协同进行管理，二者密不可分。

（3）枝条管理是提升　枝条管理水平的高低，直接决定了对光照、温度、水分等生态因子的利用效率，是提高产量、促进次生代谢物质积累的关键；同时，枝条也是易于调控的因素，因而枝条管理水平应加强。喀斯特石漠化地区土壤水分亏缺，枝条修剪、降低树高能够减小干旱风险。枝条的木质化水平直接决定了植株抵抗力、产量和品质，因此保证充分的生长时间，使枝条木质化意义显著；枝条修剪时间要考虑花椒的生态习性，以及生长期内积温大小等，不能盲目修剪，否则是人为制造"小年"。建议推广矮化密植技术，但是否采用修剪大枝的方式，需要根据实际情况确定：通常水肥条件好的地区，可以适当采用；对于海拔低、热量好的地区，以及海拔较高，气候向温凉过渡的区域，应以修小枝为主。顶坛花椒的枝条忌有其他攀援植物，否则对花椒生长、结果等影响很大，甚至会造成枝条枯死，因此林分复合配置应注意调控。

（4）病虫害防控要做足　夏祖萍等（2018）研究表明，随着气温不断上升，顶坛花椒遭受病虫害的概率也逐渐增加。在参考文献资料的基础上，结合实际调查，总结了花椒植株常见的病虫灾害，包括流胶病、根腐病、锈病、天牛等。现有研究表明，顶坛花椒的病虫害发生不是单一因素造成的，而是与树势、气候、林龄、土壤营养条件、管理等多种因素有关。首先，要提高土壤营养条件，使树势强壮，枝条健壮，提高抗性，增强抵御病虫害的能力；通常植物将更多的碳投入到枝条，有利于提高其抗性。其次，要加强防控，做到早发现、早预防，必要时还可以引入病虫害喜好的其他宿主植物。再次，对感染病虫害的植株，要第一时间采取措施，控制病害蔓延，比如花椒开黄花，虽然发生机制是土壤水肥亏缺还是病毒感染等尚无明确定论，但及时将其移除，能够避免黄花蔓延，降低损失。

（5）光合调控是推动　光合作用是生长和生理的基础，调控光合作用过程，有利于促进植株生长和果实积累。如何开展调控，根据现有研究成果，集成以下技术措施，一是土壤养分要充足，比如，镁等元素是叶绿素合成的成分，钼是促进光合作用的微量元素，养分供给充分，能够提高光合作用效能，促进物质转换和积累。二是枝条管理方面要强化，合适的树形、结构是提高光合作用的途径。当然，光合作用的主要器官是叶片，因此在资源胁迫的地区，冬季保住叶片尤其是老叶尤为关键。因此，产量和品质调控是一项系统工程，要兼顾多因素、多手段，采取协同措施。但是，喀斯特地区特征性元素钙与镁等，是否对光合作用产生特殊的影响机制，目前还不清楚。

（6）选择合适的贮藏与加工技术　此外，需要指出的是，贮藏、加工亦会影响品质，虽然这不属于栽培措施，但贮藏和加工技术的选择也与栽培技术、产业规模等密不可分。例如，顶坛花椒果皮易变色，生物化学物质容易挥发，采取不同的措施，其风味物质的持久性存在差异。此外，顶坛花椒的规模化水平已经较高，采取统一的贮藏和加工方式，会对产业发展产生一定影响。

9.2.2　产品质量评价

① 根据贵州大学生命科学学院喻理飞教授团队的成果，顶坛花椒产品质量分级评定标准如下：

a. 特级顶坛花椒：成熟果实制品，具有本品应有的特征及色泽，颗粒均匀、身干、洁净、无杂质，香气浓郁、麻辣味持久，无霉粒、无油椒。闭眼、椒籽两项不超过 3％，果穗梗≤1.5％，含水量≤11％，挥发油含量≥2.5％。

b. 一级顶坛花椒：成熟果实制品，具有本品应有的特征及色泽，颗粒均匀、身干、洁净、无杂质，香气浓郁、麻辣味持久，无霉粒、无油椒。闭眼、椒籽两项不超过 5％，果穗梗≤2％，含水量≤11％，挥发油含量≥2.5％。

c. 二级顶坛花椒：成熟果实制品，具有本品应有的特征及色泽，颗粒均匀、身干、洁净、无杂质，气味正常，无油椒，霉粒≤0.5％。闭眼、椒籽两项不超过 10％，果穗梗≤3％，含水量≤11％，挥发油含量≥2.5％。

d.三级顶坛花椒：成熟果实制品，具有本品应有的特征及色泽，颗粒均匀、身干、洁净、无杂质，气味正常，无油椒，霉粒≤0.8%，闭椒籽两项不超过12%，果穗梗≤4%，含水量≤11%，挥发油含量≥2.5%。

② 产品包装、标志标签、贮存、运输。

a.包装容器应保持干燥、清洁、无污染，并应符合相关标准的要求，应按同品种、同规格分别包装。无公害顶坛花椒标志，应标明产品名、数量、产地、包装日期、生产单位、执行标准代号。

b.运输时应做到轻装、轻卸，严防机械损伤。运输工具要清洁、卫生、无污染、无杂物。运输途中严防日晒、雨淋，为预防产品质量受到影响，临时贮存应在阴凉、通风、清洁、卫生的条件下，防日晒、雨淋，防鼠害、虫蛀及有毒有害物质的污染，短期贮存应按品种、规格分别堆码整齐、货堆不得过大，防止挤压，保持通风散热，控制适宜温、湿度。

9.3　贵州花椒产业提升对策

本节在诊断花椒产业发展过程中存在问题的基础上，根据团队成员的理论水平和实践经验，提出了一些解决措施。由于花椒栽培涉及的理论知识很多、实践要求较高，相关内容可能存在不妥之处，期待在今后的工作中不断予以完善。

9.3.1　贵州花椒产业概况

花椒作为西南地区餐桌上重要的调味品和药食同源植物，已经明确列入贵州省"十二大"农业特色产业之一，与太子参、半夏、黄精、白芨等同属于中药材产业。贵州省相关文件明确提出，培育 20 个 67km^2 以上的中药材种植大县，建设中药材产业大省、强省和全国道地中药材重要产区，可见花椒已经成为贵州的主导生态产业之一，在科研、生产、加工等诸多方面受到越来越高的重视。关于贵州花椒的主栽品种和区域，在本书第 2 章有所介绍，包括遵义、安顺、黔西南、铜仁和六盘水等，目前种植面积在 1000km^2 以上，且挂果花椒林面积还在不断增加。为了做好花椒产业，较多县（市、区）均成立了花椒专班，对产业化过程中的问题进行协调和攻关，有效促进了产业发展和提升。贵州省林业科学研究院王港、罗红等，贵州师范大学熊康宁、杨庆雄、喻阳华等，贵州大学秦礼康、任廷远、杨茂发等，遵义师范学院周朝彬，遵义市林业科学研究所陈春旭等团队，均开展了许多卓有成效的工作，解决了花椒种质、生产和加工中的一些关键科学问题。

9.3.2　存在问题

本团队在对贵州花椒尤其是顶坛花椒产业调研过程中，通过实地调查、随机走访、查阅文献等方式，对花椒产业中存在的一些问题进行了初步诊断，旨在与同行交流，促进花椒产业持续稳定发展。

（1）缺乏统筹和顶层设计　在花椒种植过程中，政府、公司、合作社和农户等主体之间统筹不够，缺少统一的规划设计。比如，对品种、种植区域、市场、加工等都缺乏顶层设计，一方面是因为政府不能过多干预市场，另一方面也是因为市场主体之间没有形成凝聚力。在花椒生态产业调查发现，个别地方种苗较乱，有九叶青花椒、云南椒等，同一地块中有3～4种花椒（含变种），导致经营管理技术难以统一，影响施肥、用药和采摘等农事活动的开展。花椒种植虽然是以公司或农户为主体，可以说是一种自发行为，但是也应该在更高层面有规划设计，这样可以降低花椒种植的风险，提高收益。

（2）力量较为分散　目前，花椒种植的力量过于分散，比如科研单位、政府、公司、农户等之间的整合不够，信息不对称。科研单位多关注一些基础或应用基础方面的课题，考核指标以论文发表和专利申报为主；政府侧重种植区域的划分，考核指标是完成种植面积；公司侧重产品收购和销售，直接指标是经济效益；农户负责生产环节，以产量为目标，但又受到市场价格的影响。以上各种信息之间缺少沟通和反馈，有时候甚至造成认识误区，比如，种植区域是否具备良好的生产条件，是否适宜花椒种植，产品品质与产地有何关系等，都缺少集中会诊机制，导致形成一些低产林，急需加强改造，实现高生产力。

（3）部分地方缺乏总体规划和设计　个别地方虽然规划了花椒集中种植区域，并且具有规模化和产业化思路，但是对这些区域为何适合种植、怎样种植、如何根据自然条件进行管护等，没有系统的论证，对不同立地的产品也缺乏定位，仅仅考核造林面积，就形成了造林不见林的情形。还有一些地方重种植轻管护，导致收益不高。在花椒种植上，还有两个极端，一是过度上山，对一些陡坡、荒草坡也开垦后种植花椒，导致管护成本极高，而且难以成林；二是为了节约成本，在土壤肥力较好的耕地种植花椒，造成土地资源利用不合理。因此，规划应该具有全局性、系统性和衔接性，不能只考虑某一个环节。

（4）对环境背景认识不够　一些地方的花椒种植，没有先对环境背景进行充分调查，比如对土壤酸碱度、有机质、全量和有效养分等缺乏了解，对种植地的种植历史、方式、收益等缺少调查，导致对立地环境认识不足，影响了后期管护措施的制订，因而采取的技术就缺乏较强的针对性。同时，对不同地区的气象、气候、自然灾害等缺乏调研，资料掌握的丰富度不够，因此指导生产的力度和效能也随之降低。个别地方虽然也调查了背景状况，但是指标选择过于笼统，只重视普适性的指标，对花椒栽培的一些特殊指标缺乏了解。由于对背景认识不够，一些地方的花椒产业发展遇到瓶颈，对低产林改造的措施不够具体。

（5）科研助力产业还需提升　科研应该是解决产业发展过程中关键性、决定性和卡脖子的问题，是产业提升的重要力量；科研成果的推广，也能够解决产中存在的问题。但是，目前科研对产业的指导力度还需要提高，主要是产业培育过程中的一些核心问题和科技需求没有及时反馈，科研人员和生产人员之间存在信息错位，对彼此的需求了解不够深入。以顶坛花椒为例，其是喀斯特干热河谷地区的特有植物，对其的观测需要注意地域性和长期性，部分科研人员受到时间、项目等限制，也难以很好地提炼生产中的问题。现场管护人员由于理论认识不足，对理论问题的凝练能力欠缺，从而导致几方信息不对等。

（6）个别技术与服务脱节　目前很多花椒种植的技术都是从普适性的角度研发的，从技术的适用范围和边界条件来看，总是希望一项技术的辐射范围越宽越好。但是，喀斯特地区小生境复杂，某些技术难以在一个大的区域内通用，需要现场人员根据技术特点进行灵活调整。一旦实操人员对技术的理解不够深刻时，容易导致技术和服务不匹配。如矮化密植技术，在花江干热河谷地区，不同海拔范围的修剪时间、强度等均存在差异，要结合植株长势、土壤和气候综合确定，一旦"一刀切"地使用技术，就容易造成减产甚至没有收成的情况，这也对技术的适用性和实用性提出了较大挑战。

（7）存在靠天吃饭现象，轻管护　部分椒农存在靠天吃饭的思想，只种植、轻管护，导致收入不稳定，逐渐就把花椒带来的收益当成附带收入，没有把花椒当作产业和事业去做。在花椒上的投入总体较少，仅施用1～2次复合肥，然后就是采摘，认为只要挣到肥料钱就是赚。更有甚者，若因特殊天气造成花椒歉收，则不会采摘花椒果实，对次年花椒产量造成较大影响。也有部分椒园因承包人外出务工等，缺少管护，花椒林杂草丛生，水分、肥料和光照等资源供给不足，造成林地退化。如此1～2年，人也较难进入椒园，逐渐放弃管护，经过自然演替形成次生灌木和乔木林。分析可知，花椒园需要加强管护，否则难以产生效益。

（8）能人带动的辐射范围不够　整体来看，种植花椒的能人较少，其辐射带动范围也较为有限。部分人对用药和用肥也存在偏见，认为只要用药就是不好，因此对一些管护较好的高产椒园存在偏见。笔者在调研过程中发现，公司带动、合作社带动和能人带动中，能人带动的效果总体是比较好的，因此在花椒主产区培养更多能人，让他们发挥辐射带动作用，成为"领头羊""领头雁"，具有较好的示范带头作用。正如本书第8章案例分析中提到的花椒关岭自治县某花椒种植合作社，目前已经辐射带动关岭自治县花江镇坝山村一带农户大力发展花椒产业，取得了较好的生态效益和经济效益，使其成为村集体的主导产业。

（9）示范样板数量过少　在调研过程中发现，许多椒农对种植技术掌握不够扎实，甚至一些技术还是摸索着使用。因而他们对风险的预判不够，承担风险的能力也较低，部分人也不愿意主动承担风险，因为一次影响可能达到1～2年；加之大部分椒农的文化程度不高，获取知识的途径较为局限，学习先进技术的能力有限。因此，在各地形成尽可能多的示范样板，具有重要而现实的作用，这实际是在椒农身边摆放一本活生生的教材和案例，可以供他们直接学习。示范样板越多，越有利于区域花椒产业发展，并且不同示范技术之间的交流和融合，能够产生新的技术，对提高花椒产量和品质具有促进作用。

（10）示范基地辐射推广力度不够　总体上，各地示范基地的数量不多，且示范基地之间的空间分布距离较远，辐射效应不够明显。各地在培育示范基地时，没有考虑空间分布、地理条件、品种类型、技术类别等，都是本着扶优扶强的原则，这就导致示范基地的数量过少，且示范内容过于同质化。由于花椒是需要精细化管理的植物，用百姓的话说就是"活路多"，一年四季都有特定的管理措施，基本没有农闲，因此示范基地太远，难以抽出更多时间去系统学习。此外，基地的培训应当是高频次的，因为对花椒培育技术的学习应当随物候规律不间断，否则难以达到示范推广作用，偶尔一两次的学习达不到理想效果。

9.3.3　提升对策

在调研过程中，根据存在的问题，提出了一些解决办法，期待对花椒产业发展有所帮助。需要说明的是，由于团队成员理论知识有限，研究花椒的时间不长，实践经验也较为不足，一些措施可能不具有较强的操作性，在今后会不断加以补充和完善。

（1）加强统筹，多方联动　政府要从更大的时间和空间尺度上，统筹好花椒园规划和布局，并对一些品种的适宜性种植区域提出意见，便于椒农选择适应性较好的地块，且要符合土地利用政策，这样能够做到科学规划；同时，不能为了追求产业化和规模化而过度扩大种植面积，要统筹兼顾、多方权衡，做到面积适中、产业多元、风险降低。公司要对产品质量进行统筹，有条件的地方，可以对农资进行统筹，一是要对用药时间和用量给出指导性意见，二是要对药品的来源进行统筹，三是要统筹好用药和品质的关系。作为村集体经济的合作社，要统筹好本村的花椒种植，为花椒高产稳质提供保障和技术指导。

（2）整合力量，形成合力　花椒种植过程中，涉及很多主体，不同市场主体发挥的功能各异。比如，产品加工和销售的主体多以公司为主，还有种苗、农资等的销售主体，要优化体制机制，整合各个主体之间的力量，建立较为畅通的沟通对话渠道。形成合力有以下优势：一是研判和防范风险，降低损失，增强椒农抵御风险的能力；二是节约成本，合理用药、用肥，减少不必要的损耗；三是统一品质标准，"一把尺子量到底"，形成品质导向。比如，贞丰县顶镡椒业公司对区域内的鲜椒产品进行调度和收购，规避了百姓的市场风险，也有利于形成顶坛花椒统一的出口，有利于推动顶坛花椒产业健康可持续发展。

（3）合理规划，科学布局　对于花椒种植，多次深入调研后最大的认识是：一定要合理规划，能种则种，不能种的坚决不种，不能为了造林面积增加而盲目种植，否则会造成大量的人力和物力浪费。在选择好花椒地块后，一定要搞清楚为何适宜种植，其优势是什么，土壤肥力质量状况怎样；以及可能存在哪些问题，采取何种措施弥补；等等。同时，对这些地块，可以培育何种类型、何种产品定位的花椒，都要有所涉及，做到科学布局。只有基础工作做得详实，实施效果才更为理想。总之，规划和布局的功夫下得越足，花椒人工林的稳定性就越高，产量和品质才更有优势，能在较大程度上促进花椒产业提升。

（4）因地制宜，适地适树　如果立地与树种的生态习性不符合，很容易造成植苗成活率低；即使成活，也容易形成小老头树，表现为林分长势较弱、结构缺失、功能低效，多年不挂果；投入大，产出低或无产出，影响椒农的积极性。因此，适地适树较为重要，这是在对树种生态习性和立地质量充分认识的基础上做出的。特别需要说明的是，花椒是一个种质资源极为丰富的品种群，包括很多品种和变种，适地适树一定要根据具体的品种而定，不能笼统确定。比如，本书多次提到的九叶青花椒和顶坛花椒，其生态习性就存在较大差异，所需要的立地条件也大不相同，在生产过程中一定要区别对待，否则难以培育出高品质的花椒。

（5）强化科研，推动转化　科研的力量是巨大的，高质量的科研成果，能够为花椒产业保驾护航。从研究内容上看，要加强种质资源保护、挖掘与创制，标准化栽培与高效、定向培育，功能产品开发，产品生产与加工等方面的研究，覆盖花椒产业各个环节的技术需求。从研究链条上看，要加强基础研究、技术研发、应用示范、辐射推广等方面的工作。从成果类型上看，要加强专利、规程或标准、技术培训、咨询报告等方面的产出。从研究队伍上看，要形成老、中、青梯度合理的研究团队。同时，针对取得的研究成果，要加强技术转化和应用，在生产实践中不断检验成果，优化技术参数，真正服务地方需求。

（6）尊重技术，落到实处　在花椒种植过程中，要注重引进新技术、新工艺，不断对传统技术进行革新，如近年来兴起的矮化密植技术、病虫害绿色防控技术、定向培育技术、风味物质调控技术等，将技术优势与品种优势有机结合起来，提高产量和品质，权衡好二者之间的关系；同时，在使用新技术的过程中，要在充分把握品种特性和立地质量等的基础上，优化主要技术参数，不能照搬照抄。新技术的使用，关键是要落地并取得成效，否则再好的技术都不能充分发挥作用。在引入和使用技术的过程中，也要注重优化完善和总结凝练技术，形成一些操作容易、成效显著的新技术，实现花椒产业功能优化提升。

（7）低产改造，提质增效　对于形成的低产林，要采取改造措施，由低效向高效发展。目前已经不再建议大规模新建花椒人工林，而是要针对低产林分进行改造，以提高生态系统的服务功能为主要目标。低产林改造主要体现在以下几个方面：一是立地优化，比如通过施用有机肥、套种绿肥等，可以显著改善土壤肥力。二是更换品种，对一些适应性较差的品种，可以更换为性状更为优异的品种，减少培育措施的难度，降低生产成本。三是开展套种，提高生态系统的稳定性，在生物多样性基础上提高系统服务水平。总之，对已经形成的低产林分，要采取科学手段进行改造，做到提质增效，推进生态产品价值实现。

（8）培养能人，内因主导　将花椒培育中涉及的技术分为两类，一类是传统技术，一类是"卡脖子"技术，前者通过学习获得，后者通过攻关获得。能人已经熟练掌握传统技术，可以协助攻克或攻关"卡脖子"技术。能人培养的具体措施可以包括：首先，筛选一批热爱花椒事业，具有一定文化程度，内生动力较强的椒农，作为能人培养的后备力量。其次，通过理论讲解和现场操作等形式，开展各类培训，让他们首先掌握花椒培育的核心技术，并能够在生产上加以改进和运用，成为花椒培育的中坚力量。最后，可以对这些能人进行一定的奖励和补助，形成激励和考核机制，激发他们的主观能动性，并让他们承担一定的培训任务。

（9）形成示范，打造模板　如前所述，花椒栽培是一个技术性较强的工作，因此对核心技术进行示范，是技术应用和推广的重要前提。花椒栽培过程中，主要的示范工作包括：一是品种示范，可以将不同品质引种在同质园内或不同地区，可以系统比较不同品种的性状，便于筛选优良性状，也能够更直观地选择品种；二是技术示范，就是对不同技术如何运用进行示范，帮助椒农理解技术的核心内涵、学习技术的关键环节、研判技术使用的成效；三是综合示范，即对品质、技术、调控等多个内容进行示范，便于椒农系统、全面地掌握培育技术。通过示范形成的模板，能够起到现场教学的作用，对于提升花椒产业具有显著的意义。

（10）建设基地，辐射推广　椒农经常说一句话，就是"花椒是一个非常小气的东西，搞不好就不挂果"，这句话生动地说明，花椒栽培过程中，对技术环节和细节的把握非常重要，因此建设花椒培育基地就尤为必要。在实际工作中，要根据品种、区域、技术类型、地理特征、管护水平等，建设多个花椒基地，供不同需求的椒农学习和借鉴，同时要考虑不同基地的辐射空间。对于建设的基地，要起到技术辐射示范带动作用，真正发挥基地的职能；对一些获得经费支持的基地，可以定期或不定期开展考核，对其技术成效、业务培训等方面的工作进行统一考评，建立能上能下的激励机制，促进花椒栽培技术的传播。

9.4　一些研究方向与内容

9.4.1　顶坛花椒化感效应研究

9.4.1.1　花椒人工林化感效应研究分析

（1）文献来源及数量特征　以 WEB OF SCIENCE 数据库为数据源高级检索国外文献，检索式为"TS＝(*Zanthoxylum bungeanum* OR Chinese prickly ash)

AND（Allelopathy ＊ OR Allelochemicals ＊）"，文献类型精练为 Article，搜索年份为 2000～2020 年，剔除相关度较低的文献，获取外文期刊论文 11 篇；以中国知网信息资源总库 CNKI（包括中国学术期刊网络出版总库、中国博士学位论文全文数据库、中国优秀硕博学位论文全文数据总库、中国重要会议论文全文数据库）为数据源，高级检索主题为"花椒＋化感物质＋化感效应"的国内期刊文献，通过文献篇名与摘要对内容进行甄别，获取相关中文期刊论文 20 篇、硕博学位论文 14 篇、会议文献 6 篇，共计文献资料 40 篇。据图 9-1 可知，相关研究随年限增长总体呈上升趋势，但期间具有显著波动性。

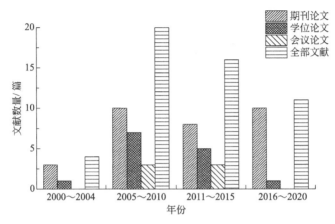

图 9-1　花椒人工林化感效应文献数量年度阶段性分布特征

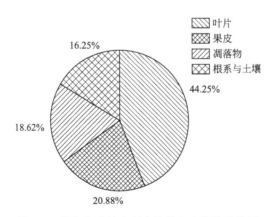

图 9-2　花椒化感效应研究构件与土壤数量特征

　　（2）花椒化感物质来源及释放途径　由图 9-2 可知，对花椒构件的研究集中于叶片、果皮、凋落物、根系及土壤，涵盖了化感物质产生、释放及作用过程。由于受到了理论基础、采样时间与方式、提取的难易程度等客观因素制约，对叶片与果皮的研究居多，多见于对叶片水溶性物质与果实精油的研究，表明以自然挥发与雨雾淋溶途径进入环境的化感物质具有较强的化感潜力，易受到关注；对凋落物、根系及土壤的研究较少，缺乏对以残体分解与根系分泌途径进入环境的化感物质的研究，亦表明花椒化感物质-根际-土壤系统的耦合关系研究仍需深入。

（3）花椒化感效应研究方向　　目前，花椒人工林化感效应研究集中于化感物质的检测、分离与鉴定，自毒作用，他感作用（图9-3）。2000～2005年间，文献数量少且局限于花椒化感物质的检测、分离与鉴定，但表明以化学物质为介导的生物化学关系已受到关注；2006～2015年增长速度显著，研究多集中于揭示花椒化感作用的表观现象，通过布设固定的样地、选取不同的品种、采用多样的评价指标，使得研究方式更加科学化、研究结果更具参考价值，表明花椒化感互作关系逐渐受到重视，仅有极少数研究涉及花椒化感物质作用机制；2015年至今为发展瓶颈期，该阶段总体增长数量较上一阶段有所下降，原因可能在于受到理论基础、技术资金等制约，致使花椒化感物质作用机理及防控方面的研究成效不够显著，也从侧面突出了花椒化感效应研究仍具有广阔的发展空间。

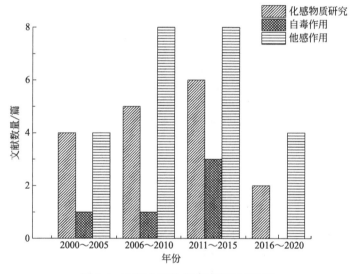

图9-3　花椒人工林化感效应研究方向

9.4.1.2　深化顶坛花椒化感效应研究

姬广梅（2010）研究指出，选择顶坛花椒林替代树种或混生树种要考虑3个条件：一是要适合研究区的环境条件，要替代或者和顶坛花椒可以共存，就需要也能够适应顶坛花椒的生存环境；二是要对顶坛花椒的化感作用有一定的适应性或抗性；三是要有一定的经济利用价值。因此，这就涉及顶坛花椒化感物质的研究。

下一步，可以探明土壤中积累化感物质的数量，评估这些化感物质对其他树种是否也具有化感作用，要是有作用，进一步揭示其作用机制。在顶坛花椒生产力提升时，要引入对化感物质有消除或抑制作用的功能基团，配置混交林分，起到化感效应防控的目的。同时，可以采取交互的思路，阐明植物内源激素与矿质元素、化感物质的关系；分析植物内源激素对生物胁迫和非生物胁迫的响应，揭示植物内源激素（以及外源生长调节物质）对植物生长的调控机制，将内、外调节相结合，进行综合分析。总之，化感物质及其效应是较为庞大的研究体系，在林分生长衰退防控、复合配置等方面均具有重要作用。

9.4.2 土壤养分对植物功能性状的影响

笔者认为，土壤养分与植物功能性状的关系较为重要，是指导顶坛花椒培育的重要理论基础，也是解决许多技术难题的关键之一，在生产上具有不可替代的作用。因此，首先对其研究进展予以梳理，便于读者对相关内容的理解，也有助于提出新的研究内容。

植物功能性状指对植物定植、存活、生长和死亡存在显著影响的属性，且这些属性能够单独或联合指示生态系统对环境变化的响应（Cornelissen et al.，2003）。植物功能性状与环境因子密切相关（罗方林 等，2022），其中土壤是植物生长和发育的基础，其养分变动显著影响植物功能性状（Silva et al.，2020），植物会以凋落物、根系周转等形式返还土壤养分。两者的正或负反馈作用构成生态系统的养分循环过程（Zechmeister et al.，2015）。

目前，学界从多个尺度来分析土壤养分对植物功能性状的影响，主要包括种群、功能群、群落等，尤以群落尺度为多（He et al.，2019）。不同尺度下，土壤养分影响植物功能性状的方式各异，这加深了两者关系研究的复杂性（Niu et al.，2018）。然而，在应用中常针对具体科学问题选择某一尺度的功能性状，使得各尺度植物功能性状的研究成果丰富（Violle et al.，2007）。因此，为厘清不同尺度下土壤养分的影响方式，明晰其影响的分异规律，有必要梳理相关文献，以探索后期的研究思路。

基于此，本节从种群、功能群、群落3个尺度出发，系统综述土壤养分对各尺度植物功能性状的作用途径，通过分析土壤养分直接调控植物功能性状的变化、土壤养分间接控制由功能性状介导的生态过程，探讨土壤养分对不同植物组织尺度功能性状的影响过程，深化对土壤养分与植物功能性状之间相关性的认识，以期为植物功能性状对土壤养分的响应研究提供参考。

（1）土壤养分影响植物功能性状的主要研究内容 自1991年以来，土壤养分与植物功能性状的关系越来越受到重视并取得重要进展。大多数研究集中在单一尺度，主要是群落尺度下土壤养分与植物功能性状关系［图9-4（a）］。种群尺度上，一是N和植物功能性状关系实证研究增多，尤其是N沉降引起的叶、根性状可塑性变化广受关注（Waring et al.，2019；Hu et al.，2020；Legay et al.，2020）；二是基于叶性状的资源获取策略研究成果丰富，特别是与叶经济谱相关的比叶面积（Both et al.，2018；Chua et al.，2018；Song et al.，2019）。功能群、群落尺度上，集中在土壤养分与植物互馈关系对生物多样性的影响方面，借此找到生态系统功能变化和生物多样性减少的原因（Fu et al.，2020；Liu et al.，2020；Li et al.，2015）。此外，群落尺度的主要研究内容还包括：一是从根际环境、土壤微生物在根系定殖程度、土壤微生物群落、酶活性等方面阐明土壤养分对植物根系功能性状的影响机理（Sun et al.，2021；Teste et al.，2018）；二是将植物功能性状适应养分变化的过程，应用于群落构建、生态位变异等分析（Hernández-Vargas et al.，2019；Zhang et al.，2018；Laughlin et al.，2015）［图 9-4（b）］。

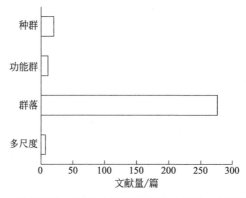

图 9-4 土壤养分对植物功能性状的影响研究文献统计分析

（2）种群尺度

① 不同养分维度调控植物功能性状。大多数研究认为土壤养分的增加会促进植物生长与发育。如高大一枝黄花（*Solidago altissima*）的叶片 N、比叶面积与土壤 N 呈正相关（Burghardt，2016）；灯芯草（*Juncus effusus*）在施 N 量为 72kg·ha^{-1}·a^{-1} 处理时，株高、相对生长速率升高（Born et al.，2019）；出现养分胁迫时，小叶锦鸡儿（*Caragana microphylla*）叶片无机磷：叶片有机磷（Pi：Po）增加，在低 P 条件下提高光合 P 利用效率和叶干物质含量，以维持正常生存（Zhao et al.，2013）。在形态性状方面，土壤养分与叶面积、比叶面积呈正相关，与叶干物质含量呈负相关，说明增加土壤养分会促进植物生长、抑制保守与防御性状。在化学性状方面，土壤养分与叶片 N 呈正相关，说明植物养分依赖土壤供给。在生理性状方面，土壤养分与叶光合速率呈正相关，这是由于充足的营养供给能够促进叶片生长，增大叶片面积，使光合速率提高（何芸雨等，2019）。

目前主要以植物化学性状对土壤养分的响应研究为主，土壤养分通过决定速效养分含量、控制养分释放等方式调控植物化学性状（Gao et al.，2019）。单一元素影响方式主要表现为通过组分形态和全量含量来改变植物化学性状。组分形态直接决定了植物营养吸收状况。全量增加暗示养分供应量上升，总量经过微生物矿化，转化为速效养分，有利于植物根系吸收（黄磊 等，2021）。碱解 N 和速效 P 作为限制植物生产力的元素，被广泛用于分析对植物功能性状的影响，但微量元素在催化植物养分吸收中发挥着更独特的作用，如 Fe 是细胞色素氧化酶、过氧化氢酶的组成成分。因此，相较大量元素，微量元素能更敏感地指示植物功能性状对养分的响应状态。

土壤养分元素间耦合关系也对植物化学性状产生影响。通过土壤微生物化学计量特征调节养分释放阈值，改变植物体内相应的养分含量（Luo et al.，2020）。养分释放取决于土壤微生物生物量 C 与其他元素的比值，当其低于养分释放的阈值时，则抑制凋落物分解，使得养分固持，养分用于满足自身需求；当超过阈值时，凋落物的分解速率加快，促进养分释放，供给植物体生长、发育（张志山 等，2022）。土壤养分化学计量是预测养分限制和有机质分解速率的重要指标，C/N、C/P 分别暗示土壤 N 和 P 矿化能力是否会受到 N、P 限制，N/P 指示植物 N、P 受限养分类型（Song et al.，2020）。

② 养分含量与种内变异的关系。种内不同个体在不同肥力环境下，性状响应存在差异。如相较热带草原，在水分与营养亏缺的土壤中，个体具有比叶面积较小、叶片厚度大、叶片 C 含量高的特点，以减少水分和养分流失（Cássia-Silva et al.，2017）。多项研究表明肥沃土壤中快速生长的个体比贫瘠土壤中缓慢生长的个体种内性状变异大，具有更强可塑性（Wang et al.，2019）。这是因为植物除了维持基础的生长，还需提供能量保持可塑性，而充足的土壤养分为植物功能性状可塑性提供动力（Nielsen et al.，2019）。在 100mg/kg 高 N 处理下，鹰嘴豆（*Cicer reticulatum*）比根长、根密度、^{13}C、叶 C/N 可塑性增强（Marques et al.，2020）。杨树（*Populus angustifolia*）叶 N 可塑性也在养分提高下增加（Van-Nuland et al.，2019）。另外，随着土壤 N 减少，银莲花（*Anemone nemorosa*）和喜马拉雅凤仙花（*Impatiens glandulifera*）株高、比叶面积种内性状变异减小，但增强了粟草（*Milium effusum*）的种内性状变异（Helsen et al.，2017）。银莲花和喜马拉雅凤仙花符合压力降低可塑性假说，即养分亏缺时，表型可塑性和种内性状变异受到限制。但也有研究指出压力会诱导种内变异，即养分胁迫下引发性状可塑性增强，使得应激环境中种内性状变异增加，与粟草变化相符。可见，养分降低对种内性状变异的作用方向仍有争议。

种内变异及可塑性一定程度上说明了物种水平植物功能性状对养分变化的响应程度（陈馨悦 等，2022）。一项全球荟萃分析证明，相较叶片面积和厚度，叶片 N 和 P 的种内性状变异更大，进一步验证了化学性状对土壤养分变化更为敏感（Siefert et al.，2015）。由于形态性状具有更高的系统发育保守性，植物化学性状对养分变化响应范围更广（Zhou et al.，2018），因此化学性状可能更好地指示植物-土壤养分关系。说明种内性状变异程度能够作为区分关键性状的重要指标，可用于提取对养分变化响应强烈的植物功能性状，为刻画植物-土壤养分循环提供关键信息。

（3）不同功能群植物功能性状对土壤养分的响应机制　不同功能群植物的功能性状对土壤养分的响应方式各异，主要表现为化学性状的差异，反映了不同功能群养分适应策略的差异。从优势种划分的功能群来看，以豆科植物和禾本科植物的研究相对成熟，由于豆科植物与根瘤菌共生固 N，获取 N 素的能力更强（Liu et al.，2019），大多研究从养分释放、吸收、限制，以及生长成本方面，找出两者的性状差异。如相较禾本科植物，豆科植物的凋落叶 N 含量高，C/N 偏低，凋落物分解速率更快（Sayad et al.，2015）。养分吸收上，豆科植物 N 含量显著高于禾本科、莎草科、杂草类植物（于海玲　等，2017；Broadbent et al.，2020）。其他研究也表明豆科植物单株直径与土壤 Ca、K、Mg、P 相关性弱，进一步说明固氮缓解了矿质元素限制，对土壤养分依赖减小（Baribault et al.，2012）。在降低生长成本上，添加 C 时，豆科植物的丛枝菌根定殖率显著低于禾本科，但由于兼性菌根的物种比纯菌根物种维护菌根成本低，仍保持一定的竞争优势（Eschen et al.，2013）。从物候划分的功能群来看，落叶阔叶林因其获取资源的能力较强，在营养丰富时更具竞争力。在施 N、P 时，落叶类群、半落叶类群的叶片 N、P、K、Ca、Mg、比叶面积比常绿类群大，常绿类群常采取保守型资源获取策略，因此落叶类植物生长更具优势（Scalon et al.，2017）。与针叶类相比，阔叶林幼苗在高营养条件下的相对生长速率、光合速率更大，投资生产叶组织和树干，使其捕光能力更强，利于其在发育早期生存（Bastias et al.，2018）。

但有研究发现不同功能群植物的功能性状对土壤养分响应没有差异（Siebenk's et al.，2017），原因可能有：一是基于物候和优势种的划分方式，使得特定功能未能与功能性状表现对应，植物功能群划分方式有待探究。如学者尝试利用植物反射率确定植物的光学类型，发现通过光谱数据对功能群进行分类能较好地反映植物功能性状的变异性，可用于功能群的划分（Cleemput et al.，2021）。二是实际操作中仅取某个区系的某个物种参与实验，其样本不能很好地代表某个功能群。三是设置养分梯度较窄，性状响应差异小或不显著，未能明确性状差异。

（4）群落尺度

① 群落构建：土壤养分筛选。传统群落构建理论认为，群落演替早期，土壤养分充当过滤器，选择性地过滤多个功能性状，限制群落占据的性状空间范围，促使其趋于收敛，筛出适应营养水平的最佳植物功能性状组合（Teixeira et al.，2020）。

从一维指标来分析其筛选过程，发现土壤养分筛选主要发挥以下两种作用：一是土壤养分会滤除不适应养分条件的物种，改变群落结构和组成，最终影响植物分布格局（Laughlin et al.，2015）。资源获取型物种多分布在养分丰富的区域，资源保守型则与之相反（Kraft et al.，2008）。二是植物功能性状沿土壤养分梯度变化，在矮小的草原和高大的森林群落之间交互演替，在缓慢生长的保守型策略和快速获取资源的开放型策略之间转变，遵循相同的功能连续性（Wright et al.，2004）。土壤养分调控性状的权衡和协同，对与养分变化方向不一致的性状组合予以权衡，反之则进行协同，进而影响性状间的内在关联，最终驱使植物达到最优合适度。植物功能性状沿着土壤养分梯度分布在两端，叶片 N 含量高、比叶面积较大、叶干物质含量和厚度偏小的植物积极获取养分，与高养分含量相对应，位于一端；与此相反的功能性状则位于另一端，与低养分状态对应（Pan et al.，2018；Li et al.，2020）。

从多维指标来看，土壤养分对植物功能性状多样性的作用方向尚无统一定论。研究表明，土壤养分促进功能性状多样性的增加。营养充足时，种间竞争偏小，丰富度较高。植物通过加强竞争土壤养分，导致生态位分化，使性状差异增大，增加了植物功能性状的多样性。相反，土壤养分含量水平可能会引起环境过滤或物种损失，致使性状多样性下降（Li et al.，2015）。丰富的养分加速了竞争排除，使建群种优势更加明显，降低了物种丰富度。

② 种间竞争：入侵植物与乡土植物的性状差异。随着群落演替，生态位更为重叠，种间竞争成为演替后期的决定因子。土壤养分导致非对称竞争，养分差异将竞争优势转移到养分竞争力强的物种（Yelenik et al.，2013），其中以入侵植物和乡土植物的竞争最为典型。土壤养分通过强化入侵植物的竞争优势来实现种间竞争。养分添加使得入侵植物根系分泌螯合养分、抗菌的化感物质促进种子萌芽和幼苗生长。此外，通常认为入侵物种通过与土壤养分形成正向反馈以提高其成功入侵的概率即入侵正反馈假说（Lee et al.，2009）。入侵种与乡土种的性状差异决定了入侵种对土壤养分循环的影响程度。相较乡土种，入侵种产生的凋落物养分含量高，通过加速凋落物分解改善土壤养分状况，使得土壤 N 库和通量循环加快（陈宝明　等，2018）。入侵种还可以改变土壤细菌丰富度和组成，以间接增加养分，例如氨氧化菌群落使土壤中硝化作用速度加快，提升可利用 N 含量（Boscutti et al.，2020）。但短期内入侵种若想在与乡土种的养分竞争中占据优势，可能采取高养分消耗策略，性状组合属快速获取资源型，以达到快速繁殖的目的（Sheppard，2018）。

大量研究通过推断入侵植物的优势来判断入侵机制（Duffin et al.，2018；Aldorfová et al.，2020；Kelso et al.，2020），但分析入侵机制的关键是明晰外来植物功能性状-土壤养分-乡土植物功能性状的生态过程，实质应比较入侵种和乡土种功能性状的差异。较少考虑养分如何调控乡土种功能性状即乡土种的防御机制，导致研究中难以辨别成功入侵和失败入侵的原因（Divíšek et al.，2018）。因此未来需以土壤养分作为解释变量，关注乡土种功能性状与入侵种的相似性和差异性，深入分析入侵成功的原因。

③ 群落经济谱：地下功能性状资源获取策略。性状的一维和多维度假说是地上和地下性状是否协调的关键分歧点（Weemstra et al.，2016；Kramer-Walter et al.，2016）。有研究发现当土壤养分有效性降低时，与资源获取型相关的叶面积、叶片 N、叶片 P、根长、根 N、根 P 等性状连续下降，与资源保护型相关的叶片干物质含量、根干物质含量、叶组织密度、叶片 C、根 C 等性状增加（Hu et al.，2021），叶经济谱的范式可以外推到根系，从而将经济谱推广到群落水平，支持根系的一维假说（Pérez-Ramos et al.，2012）。但考虑到根系处在更为复杂的地下环境，具有更高的系统发育保守性，根系对资源的吸收可以通过根系分泌物、菌根定殖等方式不断优化（Averill et al.，2019；Kong et al.，2019），可能存在多维度资源获取策略（Delpiano et al.，2020）。比根长、根直径、根干物质含量、根组织密度、根 N 含量等形态与化学功能性状和土壤养分显著相关，对土壤养分具有较好的指示作用（Ding et al.，2020）。但生理性状可能揭示了更多与养分相关的生态过程，但其研究偏少。超过 80% 陆生植物利用菌根获取限制性营养物质，Laliberté（2017）建议将菌根定殖程度整合到植物功能性状分类体系中。根系分泌物通过活化微生物，以增加 N、P、Ca、Mg 的有效性，是植物获取养分的又一有效途径（Sun et al.，2021）。探究根系生理性状的作用，深化竞争-保守性状的分类，有助于更全面地确定资源分配和获取的策略。因此，下一步应在不同群落内对地上和地下功能性状的关系进行系统调查，获取地上与地下功能性状数据，建立群落经济谱数据库，更全面地探讨功能性状和养分利用之间的关系。

（5）值得研究的关键问题 土壤养分对不同尺度功能性状的作用机理存在差异，增加了调控过程的难度。结合具体科学问题，选择与研究尺度相对应的功能性状，分析养分调控过程，可深入剖析其影响机理并较好地指导生产实践。目前，已取得诸多土壤养分调控植物功能性状的研究成果，但仍存在一些问题，亟需深入研究（图 9-5）。

① 解析多元素-多性状影响机理。植物功能性状受多个土壤养分元素调控，往往以组合方式响应养分元素变化。因此，土壤养分影响与功能性状响应是多维对多维的网络关系，总体较为复杂。目前已发展出从化学计量体积和植物功能性状网络，分别探究元素、性状互作规律，但对多个养分驱动植物功能性状组合的机制关注鲜见；将两者的研究成果整合，是深入理解土壤养分与植物功能性状关系的密码。

② 优化土壤养分影响-植物功能性状响应的指标选取。土壤速效养分与土壤微生物化学计量更能表征土壤养分有效性，其他如土壤全量养分、土壤元素化学计量等指标，在不同生态系统中，与植物功能性状的相关性不稳定。植物化学性状的种内变异大、对养分响应范围广，因此建议用于表征植物对养分的响应状

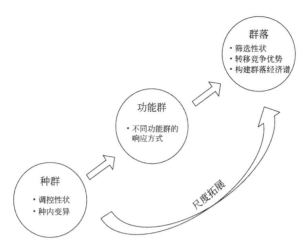

图 9-5　土壤养分对植物功能性状的影响方式

态。为进一步明确土壤养分与植物功能性状的关系，应尽量选取敏感性强的植物功能性状和与土壤有效养分关联性大的指标。

③ 考虑土壤养分对乡土植物功能性状的影响。明晰外来植物功能性状-土壤养分-乡土植物功能性状的生态过程，有助于分析入侵机制。但是，大量研究通过阐明入侵植物对有效养分的优势来揭示入侵机制，对乡土植物防御机制的关注不足，使得对入侵过程的理解受限。因此，未来需以土壤养分作为解释变量，关注乡土物种抵抗入侵的功能性状，以及入侵种成功的关键性状，这能够为入侵控制提供理论依据。

④ 重视根系与叶片功能性状的协调。由于采集方便、操作简单，叶片功能性状研究成果较为丰富，但与养分循环相关的成果梳理和整合较少，未构建养分利用和储存的完整功能性状体系。相较叶片性状的广泛应用，根系功能性状的发展相对滞后，尤其是根系生理性状之间的权衡与协变亟需深入。地上和地下性状是否协调，决定物种尺度经济谱能否推广到群落水平，其中根系变异是尺度拓展的关键。因此，加强根系功能性状与生态适应策略研究、完善地上-地下功能性状体系，可为回答环境筛选机制、形成群落经济谱等关键科学问题提供新视角。

笔者认为，植物功能性状在顶坛花椒培育过程中发挥了重要的作用，尤其在种质资源筛选、高效培育、生产问题诊断等工作中发挥了不可替代的作用，而植物功能性状与土壤的关系又非常密切，二者具有丰富的相互作用方式和机制。因此，本书用较大篇幅，专门就土壤对植物功能性状的影响进行论证，以期为读者提供启示，更好地服务于生态产业经营。

9.4.3　其他研究内容

（1）顶坛花椒种质创制　基于顶坛花椒特殊性状，解决表型组数据快速获取、信息关联并实现运用等科学问题，实现顶坛花椒重要农艺性状表型从传统人工测量到数字化测量的跨越，为农业现代化和信息化服务；以顶坛花椒育性相关基因为研究对象，开展基因表达模式与细胞学分析、遗传效应与代谢通路研究、分化与进化特征研究以及将野生花椒高产及抗病虫基因聚合研究，创造新种质。开展顶坛花椒的分布格局、进化、繁殖适应策略及其与喀斯特地质背景的耦联研究，阐明物种性状对喀斯特环境的响应机制。研究结果能够为顶坛花椒种质创新提供科学依据。这项研究也就成为高产优质调控的理论基础。

（2）顶坛花椒品质形成机制　针对顶坛花椒品质形成机制和调控措施不清等生产中迫切需要解决的关键科学问题，以顶坛花椒特殊风味品质为核心，解析果实中重要风味物质（香味、麻味等）的代谢通路，研究土壤营养、气象条件、管理措施等因素对其积累的调控作用，阐明其品质性状形成的分子机理，为制订生产调控措施提供理论依据。同时，还可研究一些不受欢迎的味道，诸如苦味等的形成途径，以便在生产上采取定向调控措施，提高优异性状的比例。

（3）顶坛花椒生态高效复合种植　针对花椒大面积种植发生的生长衰退、地力下降、化感效应、连作障碍等突出生态环境问题，以不同顶坛花椒种植模式为研究对象，开展各种模式地力提升效果及其生理生态机制研究，评估土壤质量和植物生长与配置的内在关系，为构建花椒生态高效的复合种植模式提供理论依据。研究利用不同物种进行群落构建的营养生态位互补理论与技术，以及目标树种与根际促生微生物的互作机制，可为人工高效栽培和调控提供理论支撑。研究结果可以作为顶坛花椒稳定性培育、可持续性经营和生物多样性保护的重要基础理论。

（4）顶坛花椒病害与虫害识别及防控技术体系　在识别顶坛花椒常见病害与虫害的基础上，针对典型的病虫害，研制防控措施，构建病虫害防控技术体系，促进人工林可持续经营。顶坛花椒主要种植区域内，以物候期为观测梯度，辨识常见病害和虫害类型，建立物种名录，构建品种-物候-病虫害之间的内在关联，为同类型地区提供参考。针对典型的病害和虫害，观察、预测其发生、发展等变化规律，采取针对性的预防和控制措施，对不同措施进行效果评价并提出优化建议，集成防控技术体系，为顶坛花椒人工林培育和高产稳产奠定基础。根据对顶坛花椒病害和虫害的动态观测结果，对防控技术措施进行优化调整，形成一套针对性强且效果突出的技术体系。

（5）顶坛花椒整形修枝技术体系　与立地、树龄、长势等相适应的枝条类型组成和比例，是精准修枝的重要目标。可以结合立地条件和花椒物候规律，明确树形选择，进一步评估不同树形的光合生产能力，以及树形对产量和品质的调控效应。

明确不同土壤、地形和气候等立地条件下的树形，探讨和总结该树形在不同阶段出现的技术问题和解决措施。测定不同树形的光合作用特征，具体测定指标有：净光合速率、蒸腾速率、胞间二氧化碳浓度、气孔导度、水分利用效率、光能利用效率等；计算整理指标有：光饱和点、光补偿点、净同化速率、表观量子效率、暗呼吸速率等。评价其生产力水平，阐明立地条件和树形对光合生产能力的影响效应。测定不同树形的花椒产量和品质指标，评估整形修枝与品质形成的内在关联，筛选出资源利用高效、品质较为理想的修枝造型模式。依据前述监测结果，以立地-树形-品质为主要脉络，集成顶坛花椒整形修枝技术体系，形成适宜于立地条件的技术方案，并在顶坛花椒种植区域开展运用。

通过前述的梳理发现，顶坛花椒方面值得研究的内容比较多，不同的专业领域、知识背景和研究方向等，形成的看法和问题也会存在差异。其他包括顶坛花椒的需肥规律、生产力提升、生态产品价值实现、品牌效应、生态化与规模化的协同关系等，都非常值得研究。由于笔者知识水平和实践认知的限制，今后还需要加强对相关问题的总结。顶坛花椒虽然只是若干生态恢复物种之一，但是强化相关研究，能够促进产业健康发展，为其他生态产业规模化经营提供范式，对科研和生产都具有较大的促进作用。

◉ 参考文献

陈宝明，韦慧杰，陈伟彬，等，2018.外来入侵植物对土壤氮转换主要过程及相关微生物的影响 [J].植物生态学报，42（11）：1071-1081.

陈馨悦，张世挺，牛克昌，2022.性状关联跨尺度推演：高寒草甸植物种内及种间性状的协同与权衡 [J].科学通报，67（10）：11.

何芸雨，郭水良，王喆.植物功能性状权衡关系的研究进展 [J].植物生态学报，2019，43（12）：1021-1035.

黄磊，张永娥，邵芳丽，等，2021.冀北山地天然次生林土壤生态化学计量特征及影响因素 [J].生态学报，2021，41（15）：6267-6279.

姬广梅，2010.喀斯特区顶坛花椒枯落物及其土壤的化感作用研究 [D].贵阳：贵州大学图书馆.

罗方林，张法伟，王春雨，等，2022.青藏高原高寒草甸群落特征和代表性植物生存状态对草地退化的响应 [J].生态学杂志，41（1）：18-24.

谭晓风，2018.经济林栽培学 [M].4版.北京：中国林业出版社.

屠玉麟，韦昌盛，左祖伦，等，2001.花椒属一新变种——顶坛花椒及其品种的分类研究 [J].贵州科学，19（1）：77-80.

夏祖萍，韦昌盛，胡欣平，2018.花椒常见的病虫害及防治措施分析 [J].农业与技术，38（14）：66＋80.

于海玲，樊江文，钟华平，等，2017.青藏高原区域不同功能群植物氮磷生态化学计量学特征 [J].生态学报，37（11）：3755-3764.

张志山，杨贵森，吕星宇，等，2022.荒漠生态系统 C、N、P 生态化学计量研究进展 [J].中国沙漠，42（1）：48-56.

Aldorfová A，Knobová P，Münzbergová Z. 2020. Plant-soil feedback contributions to predicting plant inva-siveness of 68 alien plant species differing in invasive status [J]. Oikos, 129: 1257-1270.

Averill C，Bhatnagar J M，Dietze M C，et al，2019. Global imprint of mycorrhizal fungi on whole-plant nutrient economics [J]. Proceedings of the National Academy of Sciences of the United States of America, 116: 23163-23168.

Baribault T W, Kobe R K, Finley A O, 2012. Tropical tree growth is correlated with soil phosphorus, potassium, and calcium, though not for legumes [J]. Ecological Monographs, 82: 189-203.

Bastias C C, Fernando V, Natalia R M, et al, 2018. Local canopy diversity does not influence phenotypic expression and plasticity of tree seedlings exposed to different resource availabilities [J]. Environmental and Experimental Botany, 156: 38-47.

Both S, Riutta T, Timothy-Paine C E, et al, 2019. Logging and soil nutrients independently explain plant trait expression in tropical forests [J]. New Phytologist, 221: 15444.

Boscutti F, Pellegrini E, Casolo V, et al, 2020. Cascading effects from plant to soil elucidate how the invasive *Amorpha fruticosa* L. impacts dry grasslands [J]. Journal of Vegetation Science, 31: 667-677.

Born J, Michalski S G, Gomory D, 2019. Trait expression and signatures of adaptation in response to nitrogen addition in the common wetland plant juncus effusus [J]. Plos One, 14: 0209886.

Broadbent A A D, Firn J, McGree J M, et al, 2020. Dominant native and non-native graminoids differ in key leaf traits irrespective of nutrient availability [J]. Global Ecology and Biogeography, 29: 1126-1138.

Burghardt K T, 2016. Nutrient supply alters goldenrod's induced response to herbivory [J]. Functional Ecology, 30: 1769-1778.

Cássia-Silva C D, Cianciaruso M V, Maracahipes L, et al, 2017. When the same is not the same, phenotypic variation reveals different plant ecological strategies within species occurring in distinct Neotropical savanna habitats [J]. Plant Ecology, 218: 1221-1231.

Chua S C, Potts M D, 2018. The role of plant functional traits in understanding forest recovery in wet tropical secondary forests [J]. Science of The Total Environment, 642: 1252-1262.

Cleemput E V, Helsen K, Feilhauer H, et al, 2021. Spectrally defined plant functional types adequately capture multidimensional trait variation in herbaceous communities [J]. Ecological Indicators, 120: 106970.

Cornelissen J H C, Lavorel S, Garnier E, et al, 2003. A handbook of protocols for standardised and easy measurement of plant functional traits worldwide [J]. Australian Journal of Botany, 51: 335-380.

Delpiano C A, Prieto I, Loayza A P, et al, 2020. Different responses of leaf and root traits to changes in soil nutrient availability do not converge into a community-level plant economics spectrum [J]. Plant and Soil, 450: 463-478.

Ding J X, Kong D L, Zhang Z, et al, 2020. Climate and soil nutrients differentially drive multidimensional fine root traits in ectomycorrhizal-dominated alpine coniferous forests [J]. Journal of Ecology, 108: 2544-2556.

Diví? ek J, Chytry M, Beckage B, et al, 2018. Similarity of introduced plant species to native ones facilitates naturalization, but differences enhance invasion success [J]. Nature Communications, 9: 4631.

Duffin K I, Li S P, Meiners S J, 2018. Species pools and differential performance generate variation in leaf nutrients between native and exotic species in succession [J]. Journal of Ecology, 107: 595-605.

Eschen R, Müller S H, Schaffner U, 2013. Plant interspecific differences in arbuscular mycorrhizal colonization as a result of soil carbon addition [J]. Mycorrhiza, 23: 61-70.

Fu H, Yuan G X, Ge D B, et al, 2020. Cascading effects of elevation, soil moisture and soil nutrients on plant traits and ecosystem multi? functioning in Poyang Lake wetland, China [J]. Aquatic Sciences, 82: 34.

Gao J, Song Z P, Liu Y H, 2019. Response mechanisms of leaf nutrients of endangered plant (*Acer catal-*

pifolium) to environmental factors varied at different growth stages [J]. Global Ecology and Conservation, 17: e00521.

He N P, Liu C C, Piao S L, et al, 2019. Ecosystem traits linking functional traits to macroecology [J]. Trends in Ecology & Evolution, 34: 200-210.

Helsen K, Acharya K P, Brunet J, et al, 2017. Biotic and abiotic drivers of intraspecific trait variation within plant populations of three herbaceous plant species along a latitudinal gradient [J]. BMC Ecology, 17: 38-50.

Hernández-Vargas G, Sánchez-Velásquez L R, López-Acosta J C, et al, 2019. Relationship between soil properties and leaf functional traits in early secondary succession of tropical montane cloud forest [J]. Ecological Research, 34: 213-224.

Hu Y Y, Wei H W, Zhang Z W, et al, 2020. Changes of plant community composition instead of soil nutrient status drive the legacy effects of historical nitrogen deposition on plant community N, P stoichiometry [J]. Plant and Soil, 453: 503-513.

Hu Y K, Pan X, Liu X Y, et al, 2021. Above-and belowground plant functional composition show similar changes during temperate forest swamp succession [J]. Frontiers in Plant Science, 12: 658883.

Kelso M A, Wigginton R D, Grosholz E D, 2020. Nutrients mitigate the impacts of extreme drought on plant invasions [J]. Ecology, 101: e02980.

Kong D L, Wang J G, Wu H F, et al, 2019. Nonlinearity of root trait relationships and the root economics spectrum [J]. Nature Communications, 10: 2203.

Kraft N J, Valencia R, Ackerly D D, 2008. Functional traits and niche-based tree community assembly in an Amazonian forest [J]. Science, 322: 580-582.

Kramer-Walter K R, Bellingham P J, Millar T R, et al, 2016. Root traits are multidimensional, specific root length is independent from root tissue density and the plant economic spectrum [J]. Journal of Ecology, 104: 1299-1310.

Laliberté E, 2017. Below-ground frontiers in trait-based plant ecology [J]. New Phytologist, 213: 1597-1603.

Laughlin D C, Richardson S J, Wright E F, et al, 2015. Environmental filtering and positive plant litter feedback simultaneously explain correlations between leaf traits and soil fertility [J]. Ecosystems, 18: 1269-1280.

Lee M R, Bernhardt E S, Bodegom-van P M, 2009. Species-driven changes in nitrogen cycling can provide a mechanism for plant invasions [J]. Proceedings of the National Academy of Sciences of the United States of America, 106: 12400-12405.

Legay N, Clément J C, Grassein F, et al, 2020. Plant growth drives soil nitrogen cycling and N-related microbial activity through changing root traits [J]. Fungal Ecology, 44: 100910.

Li S, Dong S K, Shen H, et al, 2020. Nitrogen addition gradient can regulate the environmental filtering of soil potassium or phosphorus in shaping the community assembly of alpine meadow [J]. Ecological Indicators, 109: 105774.

Li W, Cheng J M, Yu K L, et al, 2015. Niche and neutral processes together determine diversity loss in response to fertilization in an alpine meadow community [J]. Plos One, 10: e0134560.

Liu G F, Xue H, Huang Z Y, et al, 2019. Leaf and root nutrient concentrations and stoichiometry along aridity and soil fertility gradients [J]. Journal of Vegetation Science, 30: 291-300.

Liu J G, Gou X H, Gunina A, et al, 2020. Soil nitrogen pool drives plant tissue traits in alpine treeline ecotones [J]. Forest Ecology and Management, 477: 118490.

Luo G W，Xue C，Jiang Q H，et al，2020. Soil carbon，nitrogen，and phosphorus cycling microbial population and their resistance to global change depend on soil C，N，P stoichiometry [J]. Msystems，5：e00162-20.

Marques E，Krieg C P，Dacosta-Calheiros E，et al，2020. The impact of domestication on aboveground and belowground trait responses to nitrogen fertilization in wild and cultivated genotypes of chickpea (Cicer sp.) [J]. Frontiers in Genetics，11：576338.

Nielsen R L，James J J，Drenovsky R E，2019. Functional traits explain variation in chaparral shrub sensitivity to altered water and nutrient availability [J]. Frontiers in Plant Science，10：505.

Niu S L，Classen A T，Luo Y Q，2018. Functional traits along a transect [J]. Functional Ecology，32：4-9.

Pan F J，Liang Y M，Wang K L，et al，2018. Responses of fine root functional traits to soil nutrient limitations in a karst ecosystem of southwest China [J]. Forests，9：743.

Pérez-Ramos I M，Roumet C，Cruz P，et al，2012. Evidence for a 'plant community economics spectrum' driven by nutrient and water limitations in a Mediterranean rangeland of southern France [J]. Journal of Ecology，100：1315-1327.

Sayad E，Hosseini V，Gholami S，et al，2015. Different predictors determining litter decomposition rate in functional groups of the tree plantations in a common garden [J]. Trees，29：1883-1891.

Scalon M C，Haridasan M，Franco A C，2017. Influence of long-term nutrient manipulation on specific leaf area and leaf nutrient concentrations in savanna woody species of contrasting leaf phenologies [J]. Plant and Soil，421：233-244.

Sheppard C R. Relative performance of co-occurring alien plant invaders depends on related to competitive ability more than niche differences [J]. Biological Invasions，2018，21：1101-1114.

Siebenkäs A，Schumacher J，Roscher C，2017. Trait variation in response to resource availability and plant diversity modulates functional dissimilarity among species in experimental grasslands [J]. Journal of Plant Ecology，10：981-993.

Siefert A，Violle C，Chalmandrier L，et al，2015. A global meta-analysis of the relative extent of intraspecific trait variation in plant communities [J]. Ecology Letters，18：1406-1419.

Silva L C R，Lambers H，2021. Soil-plant-atmosphere interactions，structure，function，and predictive scaling for climate change mitigation [J]. Plant and Soil，461：5-27.

Song G M，Wang J，Han T T，et al，2019. Changes in plant functional traits and their relationships with environmental factors along an urban-rural gradient in Guangzhou，China [J]. Ecological Indicators，106：105558.

Song Z P，Hou J H，2020. Provenance differences in functional traits and N，P stoichiometry of the leaves and roots of Pinus tabulaeformis seedlings under N addition [J]. Global Ecology and Conservation，21：e00826.

Sun L J，Ataka M，Han M G，et al，2021. Root exudation as a major competitive fine-root functional trait of 18 coexisting species in a subtropical forest [J]. New Phytologist，229：259-271.

Teste F P，Marchesini V A，Veneklaas E J，et al，2018. Root dynamics and survival in a nutrient-poor and species-rich woodland under a drying climate [J]. Plant and Soil，424：91-102.

Teixeira L H，Yannelli F A，Ganade G，et al，2020. Functional diversity and invasive species influence soil fertility in experimental grasslands [J]. Plants，9：53.

Violle C，Navas M L，Vile D，et al，2007. Let the concept of trait be functional! [J] Oikos，116：882-892.

Van-Nuland M E，Ware I M，Bailey J K，et al，2019. Ecosystem feedbacks contribute to geographic variation in plant-soil eco-evolutionary dynamics across a fertility gradient ［J］. Functional Ecology，33：95-106.

Wang Q W，Daumal M，Nagano S，et al，2019. Plasticity of functional traits and optimality of biomass allocation in elevational ecotypes of *Arabidopsis halleri* grown at different soil nutrient availabilities ［J］. Journal of Plant Research，132：237-249.

Wang R L，Yu G R，He N P，2022. Root community traits：Scaling-up and incorporating roots into ecosystem functional analyses ［J］. Frontiers in Plant Science，22：690235.

Waring B G，Pérez A D，Murray J G，et al，2019. Plant community responses to stand-level nutrient fertilization in a secondary tropical dry forest ［J］. Ecology，100：e02691.

Weemstra M，Mommer L，Visser-Eric J W，et al，2016. Towards a multidimensional root trait framework，a tree root review ［J］. New Phytologist，211：1159-1169.

Wright L J，Reich P B，Westoby M，et al，2004. The worldwide of leaf economics spectrum ［J］. Nature，428：821-827.

Yelenik S G，Antonio C M D，2013. Self-reinforcing impacts of plant invasions change over time ［J］. Nature，503：517-520.

Zechmeister B S，Keiblinger K M，Mooshammer M，et al，2015. The application of ecological stoichiometry to plant-microbial-soil organic matter transformations ［J］. Ecological Monographs，85：133-155.

Zhang H，Chen Han YH，Lian J Y，et al，2018. Using functional trait diversity patterns to disentangle the scale-dependent ecological processes in a subtropical forest ［J］. Functional Ecology，32：1379-1389.

Zhao T T，Zhao N X，Gao Y B，2013. Ecophysiological response in leaves of caragana microphylla to different soil phosphorus levels ［J］. Photosynthetica，51：245-251.

Zhou X L，Guo Z，Zhang P F，et al，2018. Shift in community functional composition following nitrogen fertilization in an meadow through intraspecific trait variation and community composition change ［J］. Plant and Soil，431：289-302.

第10章　椒农问答

在科技服务过程中，笔者收集了一些椒农关注和关心的问题，并结合理论知识和生产活动，对这些问题加以梳理和整理。目的是为顶坛花椒栽培提供理论参考，服务于乡村产业振兴。

10.1　种质资源

10.1.1　顶坛花椒的分布与习性有哪些？

顶坛花椒是一种适应低海拔河谷的地方品种，在形态上和生理上都表现出一定的特殊性。近年来，受顶坛花椒自身适应能力，以及产业发展驱动等影响，顶坛花椒在花江干热河谷两岸分布较多，具体包括贞丰县北盘江镇银洞湾村、查耳岩村、猫猫寨村等，关岭自治县花江镇峡谷村、坝山村、木工村、莲花村等，主要分布在海拔 800～850m 以下的区域，尤其是 600～800m 的品质较好。后经逐步推广，栽培面积不断扩大，在海拔 1000m 以上的地区也能适应，但是要根据环境条件采取合适的经营措施。

受其独特的地形、地貌和土壤条件等影响，形成了自身特定的生态习性。为了与重庆江津的九叶青花椒（湿热型）相区分，将顶坛花椒的习性定义为干热型，在栽培管理上要与其生态习性相适应，便于提高产量和品质。

10.1.2　顶坛花椒的优良性状有哪些？

顶坛花椒是贵州干热河谷旱生环境的特有植物，在长期适应环境的过程中，形成了喜钙、耐旱和石生等优异适应性状，表明顶坛花椒生长与喀斯特环境具有较好的耦合关系，具有独特的生态适应策略。作为生态经济型植物，其果皮具有"香味浓、麻味纯、品质优"等典型生物化学性状，成为独特的调料物质，因而自 1992 年以来，作为石漠化治理和生态产业经营的人工物种大面积快速推广，目前主要分布在关岭自治县、贞丰县的干热河谷石漠化地区。

通过对顶坛花椒的认识不断加深，学者们不再将顶坛花椒视为一个单一的新变种，而是作为一个品种群，包括大青椒、小青椒和团椒等（屠玉麟　等，2001）。在之后 20 余年的生产实践活动中，椒农选育和嫁接了一些新的品种，虽然还未开展审（认）定，但在抗病性、抗旱性等性状上得到改良，顶坛花椒已经形成了"3＋N"的品种系列。

10.1.3　花椒中的香味、麻味和苦味等物质各有哪些？

花椒的香味物质主要是芳樟醇、柠檬烯、月桂烯、蒎烯等，麻味物质有羟基-α-山椒素、羟基-β-山椒素、羟基-γ-山椒素等。丁涌波等（2017）鉴定了不同品种花椒精油的苦味阈值，结果表明其随品种发生改变，酮类与青花椒精油的苦味相关性极显著，醇类与青花椒精油的苦味成分显著相关，且醇类和酮类成分之间具有苦味协同作用。高浓度的醇类会给精油带来苦味，低浓度的醇类或醇酮混合可大大降低苦味。

花椒的风味物质随品种、采摘时间、经营管理措施和贮藏条件等（罗凯等，2020）而发生变化，比如，花椒的特征香气成分芳樟醇在存放过程中先增加后减少，其余呈味物质大都表现出下降趋势。这些理论成果为花椒品质优化调控奠定了基础。

10.1.4　优异性状研究有哪些作用？

开展优异性状研究，首先，可以揭示其生态适应策略，回答种质为什么好、哪里好、怎么让其一直好等关键问题。植物功能性状能够精细刻画植物与环境的关系，指示植物对特定环境的适应策略与调控机制（Pezner et al.，2020），同植物获取与利用资源的能力有关，从功能性状探讨植物与环境的关系，已经取得了丰富的成果。其次，筛选优异性状，是种质创制和利用等的基础，围绕优异种质资源，研究其产量、品质、环境适应性形成的分子生物学基础，挖掘关键功能基因，揭示优良性状形成的分子途径，可为林木新品种创制提供理论依据。最后，研究优异性状，也是种植区划、措施调控等的重要支撑。综上，优异性状筛选和利用是栽培学、作物学、生态学、生理学等学科的重要研究手段，在未来的研究中应当予以加强。

10.1.5　种质资源保护工作如何开展？

种质资源保护工作具有划时代的意义，2022 年 4 月 10 日，习近平总书记到海南省三亚市崖州湾种子实验室考察，指明种质与"中国饭碗"的关系。虽然顶坛花椒属于林木资源，但加强种质保护同样尤为重要。首先，要构建种质资源保护利用管理体系，视其为长期性、系统性的工作，要鼓励社会各方面积极参与；其次，要充分挖掘优异的种质资源，建立种质库和种质资源圃，对现有资源加强保护和研究；再次，要保护好生态环境和自然生存空间，这是种质存在的最基本场所，因而要加强生态修复工程，恢复农业生态环境；最后，条件成熟的地区，可以实行开发性保护，比如种质资源创制和利用等，提高资源保护的动力和效率。在下一步研究与生产中，针对顶坛花椒种质资源，在优良性状发掘的基础上，要加强保护和利用。

10.1.6 花椒的芽有何特性？

芽按照内部结构，分为叶芽和混合芽，叶芽是萌发后仅生枝叶不开花的芽，花芽是萌发后开花的芽。顶坛花椒的芽有叶芽和混合芽，也把混合芽称为花芽，要采取措施诱导其开花，所以花芽分化在花椒生产上较为重要。不同季节萌发的枝条，称之为春梢、夏梢、秋梢和冬梢，芽的特性各有不同。一是不同萌发时间，其成枝各异；二是芽处的位置及附着枝的形态和大小均不同，这为顶坛花椒枝条管理提供了理论基础。

此外，光照可诱导顶坛花椒的芽萌发，因此不同枝条、不同芽萌发等，对花椒的产量和品质影响均较大，这为生产调控提供了依据；同时，芽的营养空间对其性质也有影响，这又受制于生境条件。因此，芽既是决定产量和品质的关键器官，也是对环境特征的重要响应构件。在生产过程中，应当注意芽质量和萌发的管理。

10.1.7 顶坛花椒的根有何特性？

吴静等（2022）研究表明花椒的细根均为连接长度较长的鱼尾形分支，根系通过减少细根次级分支、增加细根连接长度、降低根系分支率，提高养分运输效率和空间拓展能力，保证植物正常生长，表明细根对喀斯特石漠化生境的适应策略具有科学意义。容丽等（2007）研究表明，顶坛花椒为根系较发达的浅根性植物，侧向根系发达；根系界于散生根型和水平根型之间，没有明显的主根，主要由水平方向伸长的固着根和细而密集的网状根群组成；水平分布远大于垂直分布；距地表0~35cm是根系主要分布层。根系的分布会受到环境影响，顶坛花椒根系容易受小生境影响而形成窝根等，限制养分向地上部分运输。喀斯特地区根系取样难度较大，因此研究结果相对更少，加强根系生态学的研究，能够为精准施肥、生态修复和资源利用提供参考。

10.1.8 顶坛花椒的果实及种子有何特性？

陈训（2010）研究指出，顶坛花椒果实为蓇葖果，球形，多为1个果实生于小果梗上，也有2~3个果实上部离生，集生于小果梗上；外果皮多为青绿色，过熟时转为紫红色。果皮上散生有若干明显凸起的圆点状油腺；果皮过熟或干后沿腹缝线开裂；内果皮淡黄色、光滑，常由基部与外果皮分离而向内反卷；果皮内有种子 1 枚，鲜有 2 枚，呈卵圆形或半卵圆形；种子表面为棕黑色蜡质，内为硬角质，种脐明显，味微甜。朱亚艳等（2016）研究表明顶坛花椒结实性状在群体间和群体内均存在丰富的变异，3 个群体 9 个变异性状的平均变异系数为果穗果粒密度＞果穗果粒数＞枝条结果部位长度＞果穗宽＞果枝直径＞果穗长＞果枝长宽比＞果穗长宽比＞果枝果穗密度；表明顶坛花椒结实性状的变异无空间特异性。这些结果为顶坛花椒种质资源评价、利用和遗传改良奠定理论基础。

10.2 枝条木质化

10.2.1 生物有机物主要有哪些？

生物有机物及其主要功能：蛋白质为营养物质，酶为催化物质，糖为能量物质，核酸为遗传物质，脂类为活性物质/辅助物质，维生素为代谢物质，激素为信号物质。其中，核酸、蛋白质、多糖和脂类复合物为生物大分子。

树木栽培中，按照物质的合成方式和生理作用，将其归纳为四大类物质。其中：用来形成树体各器官细胞和组织的物质称为结构物质；可以被氧化释放出能量或转化为不同形式贮存能量的物质（如糖类和 ATP 等）称为能量物质；能够调节、控制以上这些物质的合成、分解、转化、消耗和贮藏的过程，并使之井然有序地在树体内运行的称为调节物质（如激素、维生素等）；调节物质的控制者是核酸（包括 RNA 和 DNA），称为遗传物质（郭育文，2013）。认识这些物质，对于花椒栽培管理较为重要。

10.2.2 为何要确保枝条木质化？

枝条只有木质化程度充分，才能进行花芽分化，否则就难以形成产量。前述曾经提及，贵州地区一些椒农由于修枝太晚，且采取大修的方式，枝条生长的有效积温不够，难以木质化，因此次年产量降低，造成不可挽回的损失，有时甚至还会影响第三年的产量。同时，木质化的枝条，养分储量较高，能够为叶片提供营养物质，可以有效预防落叶，形成良性循环。因此，木质化程度成为花椒培育过程中重要的量化指标。

在顶坛花椒栽培的农事活动中，发现气象和气候是需要重点考虑的指标。产业区划、引种、经营措施制订等，均要结合气候参数，这也与木质化有较大关系，措施不当容易导致木质化程度较低，造成减产其至低产。因此，不同原理、技术之间，具有较强的关联作用，在实践工作中应当予以重视。

10.2.3　影响枝条木质化的因素有哪些？

枝条木质化程度受树体自身生理作用、生长期温度、生长期积温、土壤养分等因素综合影响。前面已经提到，生长期积温不够，枝条难以木质化。同时，土壤养分也会影响木质化，如氮含量过高，枝条为了消耗养分，会加速生长，此时就难以形成木质化，说明管理好土壤养分也非常重要。在生产上，椒农通常采取摘尖的方式，让枝条停止伸长，从而实现养分回流，加速木质化。还有椒农使用植物生长调节剂，以增加木质化程度，但要注重适度用药。枝条木质化是多种因素共同作用的结果，要结合林木自身特征，以及气象条件、土壤水平、人力物力等多种因素，采取协同措施，使不同手段之间发挥积极作用。

10.2.4　枝条是否越壮越好？

枝条过弱或过壮，都是不妥的，会成为制约挂果率的重要因素。枝条太弱，通常木质化程度低，属于修剪的对象。枝条过壮，通俗地说，存在"抢养分"的现象，也会影响养分在树体内分流的平衡，打破养分的分配网络和机制。同时，过于强壮的枝条，会影响林内光照资源的分配，影响邻近枝条的光合作用，往往得不偿失。部分椒农认为，旺枝就能旺果，舍不得修，但忽略旺枝也是有一个阈值范围的。因此，顶坛花椒经营过程中，对于长势过旺的枝条，要及时移除。

10.3　病虫害

10.3.1　病虫害的发生是孤立的吗？

病虫害一直被认为是影响顶坛花椒生长和产量等的重要因素，与水肥管理、整形修剪等并列成为顶坛花椒经营的重要措施，部分顶坛花椒人工林会遭受锈病等病害而减产，尤其是嫩叶更易被侵害。病虫害的发生与土壤营养条件、林龄、水肥管理、森林生态系统生物多样性等诸多因素密切相关，因此病虫害的发生并不是孤立的。同时，病虫害发生又会影响生长、产量、品质等，说明病虫害对植物的影响也具有综合性。由上可知，病虫害的防控要采取多种手段，发挥不同方式之间的协同作用。

此外，花椒病虫害的发生和防控具有复杂性，通俗所说的病虫害包括病害和虫害。虫害可以观测，但病害需要借助生理生化手段进行诊断。肥土、树壮、物种丰富是提高抵抗力的关键要素，林分培育时应做好以上几个方面。

10.3.2　顶坛花椒常见病虫害如何防控？

顶坛花椒病虫害的防控方法很多，不同病虫害采取的措施不一样，不同知识背景椒农使用的方法也各异。根据贵州大学生命科学学院喻理飞教授团队前期研究成果,膏药病的防治方法是降低椒园湿度,此方法可有效地控制膏药病的发生和降低其严重度,可通过尽量修去枯死枝及病枝来达到;其他防治:用小刀或竹片刮去菌膜,然后涂上石灰浆或石硫合剂的渣液,冬季落叶至翌年发叶前,用 5 波美度的石硫合剂喷树,5% 的灭蚜净配制 0.025% 的溶液进行喷洒。锈病可在在秋末冬初及时剪除病叶枯枝,喷施 15% 的三唑酮可湿性粉剂 800 倍液,发病盛期喷 65% 代森锌可湿性粉剂 400～500 倍液。花椒天牛:以幼虫危害枝干,枝干受害后易遭风折、腐烂,甚至整枝枯死,人工触杀初龄幼虫及成虫。6～8 月在树干涂白防止成虫产卵,生长季节发现有新鲜排粪孔,用熏蒸毒签插入虫孔防治,或向虫孔注射氧乐果等药剂,然后再用黄泥封死虫孔。目前,多采用药物防控为主,下一步要加大绿色防控技术研究。

10.4 整形修剪

10.4.1 整形修剪时需要考虑哪些因素?

整形修剪时,主要考虑林龄、密度、气候与气象、立地条件、人力物力、培育目标等因素。比如,幼树修剪要注重造型,培养好骨干枝,营造好树形,老树修剪要注重培新枝、适度回缩等;密度大的林分,树形不宜留得过大,以免枝条过度重叠,造成养分激烈竞争;气象参数是影响木质化的重要方面,不再重复介绍;立地条件差的地区,尽量避免修大枝;培育目标也是决定修枝方式的重要因素,比如采集种椒的植株,通常以修小枝为宜,以便次生代谢的时间更长。

整形修剪的目的,是提高光照、水分、养分等生态因子的利用效率,减少资源损耗,因此要结合多种因素共同确定技术参数。部分椒农在没有充分调查栽培区域背景条件的前提下,一律采取修大枝的方式,直接影响树形和次年产量。

10.4.2 花椒宜留什么树形?如何调控树形充分利用空间?

在生产实践中发现,顶坛花椒宜留开心形树形,枝条不宜过密,也不能太稀。因此,在建植花椒林时,就要长远考虑今后的管理方式,若密度太大,开心形树冠很难打开,容易造成枝条重叠、拥堵。贵州省林业科学研究院罗红博士总结树形管理的理想目标是“无任何枝条浪费,满眼皆是花芽;无任何多余萌枝,树与树之间杜绝重叠,枝与枝之间杜绝打架,精细化管理需要长期的摸索”,这应该也是花椒培育的主要目标。此外,也可以留丛状树形,但是枝条的数量、结果枝之间的距离等较难准确把握。也有椒园让花椒自然生长,成为“自然随放形"，但仍需进行小幅度的枝条修剪。

10.4.3 枝条修剪不当会产生哪些后果？

枝条修剪不当，容易产生以下问题：一是木质化程度不高，甚至不能形成木质化枝条，也就没有形成产量的基础，反而削弱树势，更容易遭受病虫害；二是萌发分枝过多，造成养分浪费，影响花芽分化和坐果率；三是环剥不当，造成树体受损，尤其是幼树胸径较小时环剥，可能引起死枝；四是主辅不分、层次混乱，导致枝条数量大量增加，俗称"扫帚枝"。综上，枝条修剪不当，容易产生诸多负面影响。整形修剪是花椒栽培中重要的措施，但是对技术环节要把握得当，否则适得其反，而且影响效应非常久远。

10.5 复合经营

10.5.1 为何要开展顶坛花椒复合经营？

顶坛花椒作为贵州花江喀斯特干热河谷区兼具经济效益和生态效益的主栽品种，近年来，由于以纯林为主，连栽导致林分生产力下降、地力衰退，病虫害发生频率增加等问题。复合经营是合理利用土地资源最直接和有效的途径，能够根据不同植物的生理学和生态学特征，并结合实际情况，按照空间位置将不同植物有机组合，形成相互促进的高效人工复合生态系统。能够提高土地利用效率，增加光合效能，充分发挥和利用空间与实践的有序结合，实现生态和经济效益提升（文慧，2021）。开展高效的复合种植模式优选，可以充分挖掘土地潜力，改善土壤环境状况，提高土壤微生物活性，对土地集约经营具有重要的现实意义。已有研究表明，复合经营可提高土壤综合肥力、改善养分循环，促进植物生长。因此，开展顶坛花椒复合经营可以提高群落的生物多样性和稳定性，增强生态系统抵御风险的能力。

10.5.2 植物配置的原则有哪些？

首先，应坚持适地适树原则，喀斯特地区还可以借鉴适钙适树理论（周永斌等，2017），优先选择乡土树种，同时满足物种多样性要求，实现生态与经济效益兼顾，归纳起来，就是所选植物要具有较强的适应性。其次，尽量避免形成过度竞争关系，生态位应交叉和分离，提高对空间的利用效率；如果两个以上物种的生态位重叠，不宜采用。再次，林下尽量选择喜阴的矮秆药材和草本植物等，提高小生境的调蓄能力。最后，一些生态入侵种，或者有特殊气味或带刺的植物，要谨慎选择，否则会大大增加耕作成本。

10.5.3　如何协调不同物种之间的关系？

简单地说，要协调好同一群落内不同树种之间的关系，应做到生态位分离、功能互补、林草层次完整。生态位分离，可以减少竞争，预防过度争夺养分资源，理想状态是形成不同层次结构。功能互补，是指可以引入一些矮秆药材、豆科植物等，发挥这种林下植物的固氮等作用，还可以起到调蓄土壤水分的效果。林下草本层丰富，能够涵养水分，为土壤动物提供栖息地，降低地表反射，为病虫害提供新的宿主植物等；同时，这些草本植物就地收割、粉碎、发酵腐熟后，可以制成有机肥料，就地还田。化感物质产生的根源，或许就是种间和种内竞争，因此种间关系失调会引发一系列生态环境问题，应注意避免。

10.6　生长衰退

10.6.1　顶坛花椒生长衰退的原因和特征有哪些？

贵州顶坛花椒已有30多年的大规模栽培历史，经过长期的生物学检验，存在如下生长衰退问题：①林龄缩短是衰退的主要表现。顶坛花椒林龄由12～15年缩短至5～6年，通常为生长期3年、挂果期2～3年；生态系统服务价值降低、功能减弱；轮伐周期缩短，缺乏精耕细作。②挂果率降低是衰退的典型特征。顶坛花椒开黄花后，不挂果；且同一植株其他未开黄花枝条的挂果率亦降低，果实直径减小、色泽暗淡、产量下降，枝条逐渐死亡。③土壤质量退化是衰退的直接诱因。栽培顶坛花椒以来，有机肥施用量小，过度依赖化肥，生物小循环的回补量减少，土壤容重增加、保水蓄水能力减弱、养分亏缺、质量下降，加快了顶坛花椒群落衰退。顶坛花椒生长衰退的原因，可能涉及配置、化感、林龄等多种因素，目前还不完全明晰。

需要说明的是，在产业培育过程中，要充分认识到顶坛花椒的优势，比如品质性状优异等；也要正确面对存在的一些问题，例如生长衰退，做到扬长避短，旨在提高顶坛花椒产业的稳定性，增加抵御风险的能力。

10.6.2　如何防控顶坛花椒生长衰退？

顶坛花椒生长衰退防控，主要是做好早衰防控。具体措施包括：一是良好的水肥管理措施，可以为顶坛花椒生长提供充足的水分和养分，将更多营养投入到枝条生长上，提高顶坛花椒的抗逆性。二是复合配置，基于生物多样性的物种配置，是调控生态效应的关键措施，如顶坛花椒套种金银花、林下种植花生等，都可以提高生态系统的稳定性。三是修枝整形，适当的回缩，以及疏除病枝、弱枝等，让其萌发新枝条，有利于复壮，在顶坛花椒种植过程中，椒农将老枝剪掉，新发枝条也具有较高的产量，但是林龄过长的花椒，主干、根系等的水力性状会发生变化，可能存在水力障碍，要综合判别。四是病虫害防控，这也是预防生长衰退的关键措施，由于病虫害蔓延，影响生长的案例较多，这方面的工作应当予以加强。

10.6.3 生长衰退与产品价值实现有何关系？

"绿水青山就是金山银山"的理论要求，在生态修复过程中，同时还需完成优化产业结构和发展地区经济的任务。花江干热河谷属于珠江重点生态功能区，承担着区域水源涵养、水土保持等重要生态功能。为减少水土流失，该区进行了退耕还林、植树造林等工程，因为花椒具有良好的适应性、水土保持作用与经济效益，所以成为石漠化生态环境恢复、发展地方经济的物种。该地区特殊的地质与气候背景条件，使花椒品质好、麻味醇正、香气浓郁，在市场上的认可度极高，实现了以花椒为载体的绿水青山向金山银山的有效转化。

然而，随着花椒种植年限增加、管理粗放等，产生早衰、退化等问题，导致土壤板结、容重增加、土壤渗透率减弱，生态功能随之下降；同时，花椒品质也出现退化现象，椒农的经济收入受到影响，打击了椒农的积极性。因此，绿水青山向金山银山的转化效率亦下降，可以说是一种不可持续的生态产品价值实现路径。如果不能很好地解决该问题，会使生态安全再次受到挑战。

为了改善该地区的土壤肥力和土地生产力，控制水土流失和植被退化，培育健康稳定、效益可持续的花椒人工林尤为重要。为此，急需采取花椒培育新技术，不仅可以提高顶坛花椒的产量和品质，还可以实现较好的水土保持效益，保障该地区水源涵养与水土保持等重要生态功能。同时，因花椒本身与农户的经济收入关系密切，农户对花椒新技术的学习及花椒管护的积极性也很高，新技术的推广，实现了农户在生产过程中兼顾生态功能的保护需求，有力提升了生态产品价值实现的可持续性。

10.7 果实

10.7.1 影响顶坛花椒果实品质的因素有哪些？

影响品质的因素包括品种和管理措施。管理措施包括水肥一体化、整形修剪、病虫害防控等，与生长衰退防控措施相似。研究结果表明，具有水肥一体化设施的椒园，品质明显更优；病虫害对顶坛花椒的影响，主要表现在叶片掉落等，因此没有进行光合作用的场所，难以积累光合产物，缺乏产量形成的基础。

因此，顶坛花椒的经营措施具有综合作用。

10.7.2　哪些因素可能导致顶坛花椒不挂果或挂果少？

影响顶坛花椒挂果的因素较多，包括水肥管理措施、枝条木质化程度、林龄、病虫害发生程度等。在干热河谷地区实施顶坛花椒水肥一体化措施后，产量较对照提高 1 倍左右，经济效益得到极大提高，同时花椒果皮品质也更优。研究结果还表明，老林龄花椒的产量明显下降，可能将更多物质投入到遗传性状上。在此，归纳了顶坛花椒培育中的几个关键措施如下：种质资源筛选和创制、水肥一体化管理、整形修剪、病虫害防控等，不同措施均具有综合效用。

10.7.3　如何理解花椒果实的成熟？

果实成熟是其生长发育的一个关键阶段，是果实发育充分的典型特征，是一系列生理生化反应的结果，也是次生代谢反应的重要时期，风味物质多在这一阶段形成，是果实生物化学性状形成的阶段。成熟是衰老的早期阶段，发生在生长和发育后期，而衰老是伴随生理上的成熟，导致组织死亡的过程。在果实成熟过程中，矿质元素和糖类、有机酸组分等发生显著变化，对这些成分的科学分析，能够为丰产优质栽培措施制订奠定理论依据，也可为合理施肥和科学采收提供科技支撑。

果实成熟发育受到关键基因的特殊作用，具有特定的分子机理，是风味物质形成和调控的理论基础；也受到降水、温度、土壤肥力等环境因子的综合影响，是制订栽培措施的科学支撑；还与管理措施、经营水平等密切相关，是优化种植制度的前提之一。可以说，果实成熟是内因和外因相互作用的结果。理解果实成熟的调控因素，对品质改良和育种具有重要的现实意义。

成熟果实的采收，与其果实用途、贮存方式、气候条件等显著相关，因而准确研判果实的成熟期，是适时采收、品质形成、销售期长短等确定的依据。根据果实的不同目标，制订针对性的成熟标准，在生产上具有重要的理论和实践价值。

10.8　产业链

10.8.1　如何整合顶坛花椒全产业研究？

在研究领域上，包括种质资源、标准化栽培、产品加工、产业构建等方面。在实施路径上，包括理论研究、技术研发、试验示范、辐射推广等内容。在解决的关键技术问题上，包括顶坛花椒种质资源创制、标准化种植、定向培育、专用施肥、品质调控等。在人员配置上，整合科研院校、公司、地方专家、种植大户等多方力量，形成各具特色、各有专长的队伍。在产业出口上，集成药食同源、调味品、功能产品在内的多类型产品。

10.8.2 顶坛花椒产业发展思路包括哪些？

顶坛花椒产业发展需要政府、龙头企业、科研服务机构等协同作用。政府通过对资源的合理配置与决策供给，能够对顶坛花椒产业发展起到重要的推动作用。通过龙头企业带动，逐步拓展花椒相关产业链条，完善花椒产业集群，拓宽上、中、下游相关链条，逐步构建花椒全产业链。科研服务机构通过对花椒生产生态资源环境的机理研究，帮助政府从保护生态环境的角度出发，对顶坛花椒的生产环节进行有效监管。通过研发顶坛花椒生产技术、衍生产品等，提高科研成果转化率。多方合力扩大顶坛花椒产业规模的同时，还应大力开发花椒产业的多种功能，拓宽增收渠道，为区域一、二、三产业融合发展打下基础。

10.8.3 顶坛花椒产业的前景如何？

花椒是重要的药食同源植物，也是主要的调味品，在医药、化学工业、化妆品、保健等领域也发挥着重要作用，市场潜力和产品需求空间较大。顶坛花椒作为青花椒中的特色产品，一直备受市场青睐，与九叶青花椒、大红袍共同形成了贵州花椒品种的"铁三角"，市场前景广阔。顶坛花椒独特的香味和麻味物质，决定了其显著的市场优势和竞争力。综合来看，顶坛花椒产业市场空间较大，需求较广，应作为主要乡土品种开展产业培育。

目前，花椒产业相关技术主要围绕种质创新、标准化栽培、施肥管理、整形修剪、病虫害防控、产品开发等方面展开，但总体看来较为零散。未来，在优良性状选育、树形优化、定向培育、全链条经营等方面的研究应当加强。

10.9 其他

10.9.1 顶坛花椒研究主要经历了哪些阶段？

顶坛花椒作为喀斯特干热河谷地区的特有种，自 1992 年开始大规模种植以来，受到越来越多学者的关注。学者们对其品种、土壤、生长、病虫害、品质、品牌等进行了诸多研究，尤其在 2000 年左右达到一个高峰，为后续开展顶坛花椒研究奠定了理论基础。2005 年以后，研究产出有所减少，成果也较为零散。2015 年以后，贵州省林业科学研究院、贵州师范大学、贵州大学等单位，又加大了对顶坛花椒的研究，内容涵盖种质、栽培、病虫害防控、产品深加工等，且贵州省科学技术厅对顶坛花椒研究的资助也较大，科学研究迎来新的高峰。

10.9.2　顶坛花椒与石山区生态治理的关系如何？

由于西南石漠化区域土层较薄、水土流失严重、植被覆盖率低，加上不合理人为活动的干扰，土壤水分成为植被定居的主要制约因子，其中水土流失是石漠化形成的核心问题（熊康宁　等，2012）；此外，该区域土壤保水蓄水能力总体较低，且水土流失过程中带走的养分含量高，导致水肥供应不对称，又使植物遭受普遍水分胁迫。因此，需要通过植被恢复有效地遏制喀斯特地区石漠化趋势，从根本上扭转生态环境恶化的局面。顶坛花椒是生态、经济价值很高的香料植物，在喀斯特地区生态和经济建设中发挥了举足轻重的作用。综合考虑地上植被的生态功能和经济效益，花椒被认为是喀斯特石漠化山区生态恢复较好的物种选择，花椒林已作为喀斯特山区农业生产或生态恢复过程中备选的植被类型之一。

以政府为主导的植被恢复模式，常伴有当地居民参与度低等问题，顶坛花椒因增收效果明显，受经济利益驱动，当地居民积极营造和管护花椒林，区域植被覆盖率迅速提高，这种参与式的生态建设模式也使其成果得到有效巩固，实现了绿水青山向金山银山的转化。

10.9.3　顶坛花椒与乡村振兴的关系如何？

顶坛花椒作为地方特色产业，也是一个优势明显的乡土树种，在脱贫攻坚中发挥了显著作用。接下来，作为地方主导产业之一，也将在乡村振兴中起到重要作用。第一，以顶坛花椒为范式的生态产业经营模式，将为其他生态产业发展提供参考和借鉴，助力产业振兴。第二，作为发展前景较好的生态产业，必将吸引更多热爱花椒的人士参与到产业中，形成人才资源优势。第三，发展顶坛花椒产业，能够实现生态和经济的双赢，有利于改善山区生态环境，实现百姓富、生态美。第四，顶坛花椒产业的发展，具有示范带动和辐射推广效应，对产业发展具有引领作用。因此，顶坛花椒产业将在乡村振兴中发挥更大作用，还可以在一定程度上解决空心村的问题。

◉ 参考文献

陈训，2010.喀斯特地区顶坛花椒培育的生理生态特性研究 [D].长沙：中南林业科技大学.

丁涌波，罗东升，陈光静，等，2017.花椒精油的苦味成分鉴定 [J].食品科学，38（24）：74-80.

郭育文，2013.园林树木的整形修剪技术及研究方法 [M].北京：中国建筑工业出版社.

罗凯，张琴，李美东，等，2020.不同贮藏条件下花椒香气成分及代谢关键酶活性的变化规律 [J].中国食品学报，20（8）：216-222.

容丽，熊康宁，2007.花江喀斯特峡谷适生植物的抗旱特征：顶坛花椒根系与土壤环境 [J].贵州师范大学学报（自然科学版），25（4）：1-7＋34.

屠玉麟，韦昌盛，左祖伦，等，2001.花椒属一新变种——顶坛花椒及其品种的分类研究［J］.贵州科学，
19（1）：77-80.

文慧，2021.桉树人工林复合经营模式对土壤理化性质及酶活性的影响［D］.贵阳：贵州大学.

吴静，盛茂银，肖海龙，等，2022.西南喀斯特石漠化环境适生植物细根构型及其与细根和根际土壤养分
计量特征的相关性［J］.生态学报，42（2）：677-687.

熊康宁，李晋，龙明忠，2012.典型喀斯特石漠化治理区水土流失特征与关键问题［J］.地理学报，67
（7）：878-888.

周永斌，邹晓明，2017.从适地适树到适钙适树的理论与例证［J］.南京林业大学学报（自然科学版），41
（2）：1-8.

朱亚艳，任世超，徐嘉娟，等，2016.顶坛花椒结实性状表型多样性分析［J］.西北林学院学报，31（6）：
140-145.

Pezner A K，Pivovaroff A L，Sun W，et al，2020.Plant funcional traits predict the drought response of
native california plant species［J］.International Journal of Plant Sciences，181（2）：256-265.

附　录

附录1　顶坛花椒培育技术规程（LY/T 1942—2011，节选）

本标准为国家林业行业标准，负责起草单位是贵州科学院，参加起草单位有：贵州省喀斯特资源环境与发展研究中心、贵州省关岭自治县林业局、贵州省关岭自治县扶贫办，主要起草人有：陈训、李苇洁、龙秀琴、贺红早、曾祥位、彭志坚。

本文件中，凡是注日期的引用文件，仅所注日期的版本适用于本文件。凡是不注日期的引用文件，其最新版本（包括所有的修改单）适用于本文件。

1.1　种子采集及贮藏

（1）种子采集　当外种皮变为橄榄绿色，皮上的油细胞凸起呈半透明状，种子全部发黑变硬时，选择立秋至白露后期晴天中午手掐采集，将采集的果实按照1～2cm 的厚度摊放在通风干燥的室内或棚内，每天翻动2～3次。待果皮开裂后，用木棍轻轻敲击取出种子。

（2）种子贮藏

① 牛粪拌种贮藏　将新鲜牛粪和种子按照体积比为6：1的比例混匀后深埋在 30～40cm 的坑内，覆土 10cm，翌年2～3月春播种时取出连同牛粪一起播种，或用温水泡开后播种。

② 河沙拌种贮藏　将河沙与种子按照体积比为 3：1 的比例混匀后装入竹筐，常温下摆放在背阴通风干燥处，翌年2～3月播种。种子贮藏选用河沙拌种贮藏较好。

1.2　苗木培育

（1）圃地选择　选择坡面比较整齐，坡度＜15°的地块，排水条件好、土壤肥沃的钙质土。

（2）圃地整理　播种前将土壤翻松细碎，耙平作床，床宽1.2m，床高10～15cm，床长视地形而定。用多菌灵25%的可湿性粉剂500倍液喷洒床面，再用过磷酸钙（P_2O_5含量16%）与苗床内的土壤充分混匀，用量为300kg·ha^{-1}。

（3）播种

① 播种时间及种子处理

a.秋播。原则上宜随采随播。秋播在9月底至10月中旬进行。在播种前两天，将种子与食用碱按40∶1的质量比混合，加水，水量以淹没种子为宜，不时用木棍搅动，浸泡2天后揉搓，待种子失去光泽，发涩不光滑时，再用清水冲洗，阴干后播种。

b.春播。当春季温度回升到10℃以上，即可播种。冬季将种子与湿沙按1∶3的体积比混匀，常温下放在阴凉背风的水泥地上或透气的容器内，每天翻动一次，保持湿润，待30%～40%的种子露白后即可播种。

② 播种方法及播种量

a.撒播。将处理好的种子均匀撒播在整理好的苗床上，覆细土1～2cm，再均匀撒上0.5cm厚的锯木屑，最后用草覆盖。播种量150～200kg·ha^{-1}。

b.条播。沟间距20cm，沟深3～5cm，将种子均匀撒在沟内，覆土厚度1～2cm，最后用草覆盖。播种量90～120kg·ha^{-1}。一般采用撒播较好。

（4）苗期管理

① 出苗期　幼苗出土期，需保持圃地土壤疏松湿润，当幼苗出土1/3后陆续揭除覆盖，出土1/2后全部揭除。圃地内的杂草需除去，做到"除早、除小、除了"。

② 幼苗期　春播的幼苗期在5～7月，秋播的幼苗期在11～12月，这一时期要注意适时松土除草，施厩肥等速效有机肥，遵循少量多次的原则。

③ 速生期管理　春播的速生期在7月至9月中旬，秋播的速生期在翌年1月至3月中旬，速生期需施3～4次速效氮肥，每隔15天施一次，每次施用尿素或硫酸铵150～225kg·ha^{-1}，施后立即浇水。

④ 苗木硬化期　春播的苗木硬化期在9月中旬至11月中旬，秋播的苗木硬化期在翌年3月中旬至5月中旬，苗木硬化期施1～2次磷、钾肥，每隔7天施一次，每次施用磷酸二氢钾100～200kg·ha^{-1}。

⑤ 间苗　间苗应掌握"间早、间密、留强去弱、间补结合、分次实施"的原则。幼苗长到5～10cm时开始间苗，间苗分成2～3次完成，每次间隔15～20天，苗距保持10～12cm，圃地留苗50万～60万株·ha^{-1}。

⑥ 水分管理　出苗期要保持覆盖苗床的稻草湿润，之后依照苗木生长3～5月需多次浇灌，一般当表土层5cm以下出现干燥时就要浇水，6～8月采用少次多量，一次浇透，9月中旬以后停止灌溉。如果是秋播，11～12月应注意水分供

应，1～2月要减少水分供应。

（5）苗木出圃

① 苗木分级　实生苗木质量等级见附表1-1。

附表1-1　顶坛花椒实生苗木质量等级

苗木类型	苗龄/年	Ⅰ级苗				Ⅱ级苗			
		地径 D /cm	苗高 H /cm	根系		地径 D /cm	苗高 H /cm	根系	
				长度/cm	>5cm 长 的Ⅰ级 侧根数			长度/cm	>5cm 长 的Ⅰ级 侧根数
当年生苗	1	$D \geqslant 0.8$	$H \geqslant 80$	$\geqslant 15$	9	$0.5 \leqslant D < 0.8$	$58 \leqslant H < 80$	14～15	7～9
留床苗	1	$D \geqslant 0.9$	$H \geqslant 117$	$\geqslant 16$	10	$0.5 \leqslant D < 0.9$	$82 \leqslant H < 117$	15～16	8～10

注：Ⅰ级、Ⅱ级苗为合格苗。

② 起苗　起苗时间与造林季节相吻合。在秋季苗木生长停止后和春季苗木萌动前起苗。起苗时保持根系完整，不折断苗干，主根最低保留长度20cm。

③ 苗木包装和运输　按照GB/T 6001执行。

1.3　造林

（1）造林地选择　造林地应符合下列条件：

气候：年平均气温 17～19℃，日照时长 1500～1800h，年降水量 800～1200mm。

土壤：适宜疏松、排水良好的沙质壤土和石灰质土，土层厚度≥30cm，pH为 6～8。

（2）造林地清理　按照GB/T 15776要求执行。

（3）造林密度　土被连续的区域，株行距为 2m×3m，密度为 1667 株·ha^{-1}，土被非连续区域，一般 750～900 株·ha^{-1}。

（4）造林季节 1 年生苗造林，秋播苗在雨季造林，春播苗在秋季或冬季造林。

（5）造林方法　开 40cm×40cm 的定植穴，深 25～30cm。每穴施充分腐熟的有机肥 2kg。对于秋播苗，需要截去大部分枝干，保留 20～30cm 主干。栽植时，需正苗、覆土至根茎处、踏实、压紧，浇足定根水。

1.4　抚育管理

（1）幼树　栽植后1～3年为幼树期，一年抚育两次，第一次在4～5月，清除林地杂草，割草堆在林木基部，待腐熟后施用。第二次在8～9月，中耕除草及施肥，每株施农家肥 3kg。

（2）成林

① 中耕除草　每年春夏要结合间套作物管理，松土除草 2 次，松土半径为 50cm，方法与幼林相同。

② 施肥

a.基肥。结合秋季深耕施肥，每株施有机肥 2～3kg，尿素 0.3～0.5kg，磷肥 0.5～1kg，采用穴施或环状沟施。

b.追肥。开花期喷施 0.3％尿素＋0.5％磷酸二氢钾＋0.2％硼砂 1 次；谢花期追施适量的尿素 0.3～0.5kg・株$^{-1}$；果实膨大期喷施 0.3％尿素＋0.3％的磷酸二氢钾 1 次。

③ 间作　幼林期可间种豆类、绿肥、红薯等矮秆作物，以耕代抚。

④ 整形修剪

a.幼树修剪。定植后第一年要求高度剪截，定干高 30～50cm，翌年选留 3～4 个骨干枝，经短截培育自然开心形，或剪去 1/3 造成多骨干枝，丛状。第三年与每个骨干枝上选留 2～3 个侧枝。幼树修剪宜在进入休眠前的秋天进行。

b.结果树修剪。结果树应采剪结合，采收后立即进行修剪，逐步疏除多余大枝，对冠内枝条以疏为主，疏除病虫枝，并结合短截营养枝，对生长中庸的营养枝先行缓放，结果后缩成枝组。以后每年根据冠内空间和侧生枝延长情况，疏去侧枝。

c.老龄树修剪。老龄树（12～15 年生）以疏剪为主，剪大枝，去弱枝，留骨干枝。弱树老树宜在春季修剪。

附录 2　地理标志产品　顶坛花椒（DB52/T 542—2016，节选）

本标准为 DB52/T 542—2016 标准，由贞丰县市场监督管理局提出，由贵州省产品质量监督检验院归口。起草单位有：贵州省产品质量监督检验院（国家酒类及加工食品质量监督检验中心）、贞丰县市场监督管理局、贞丰县顶罈椒业有限责任公司，主要起草人有：闵芳卿、张倩、黄家岭、唐大纲、田志强、肖洋、杨金川、刘招宇。对 DB52/T 542—2008 进行替代。

本文件中，凡是注日期的引用文件，仅所注日期的版本适用于本文件。凡是不注日期的引用文件，其最新版本（包括所有的修改单）适用于本文件。

2.1　术语和定义

顶坛花椒产于贵州省黔西南布依族苗族自治州贞丰县管辖范围内的北盘江

镇、平街乡、者相镇、白层镇等 4 个乡镇现辖行政区域内，按照 DB52/T 542—2016 规定的生产技术要求生产，符合该标准要求的花椒产品。其主要品种为地方品种大青椒、小青椒。花椒果实果粒较大、均匀、油腺密而突出，果皮上有明显凸起的圆点状油腺，长有油苞，富含挥发油，麻味浓烈持久，香味纯正。

闭眼椒。发育不良或未成熟的花椒果实，虽经晾晒，但果皮未开裂或未充分开裂，椒籽不能自然脱出的花椒果实。

睁眼。成熟的花椒果实，经晾晒后种子自然脱出，果皮形成的开口状态。

霉粒。由于霉菌侵染而发生霉变，致使改变了固有色泽、有霉变的花椒颗粒。

黑粒椒。因采收不及时或干制不当，椒色变黑，但未受霉菌感染变质的花椒颗粒。

椒籽。因采收不及时或干制不当，椒色变黑，但未受霉菌感染变质的花椒颗粒。

固有杂质。与花椒树生物体有关的杂质，包括闭眼椒、椒籽、果穗梗、杂色椒及椒叶。

外来杂质。与花椒树生物体无关的一切外来显见杂物和尘土等。

色泽。成熟花椒果皮呈油绿色至紫色，内果皮黄白色。

均匀。花椒的颗粒大小、颜色基本一致。

油腺。花椒外果皮上富含挥发油的凸起腺体。

过油椒。经过油榨，颜色暗黑的花椒果皮。

异味。花椒本身气味以外的气味。

气味。花椒果皮特有的挥发性香味和麻味。

2.2 栽培技术与管理

（1）种源 地方品种：大青椒、小青椒。

（2）立地条件 保护区范围内，海拔不高于 900m，土壤为碳酸岩发育的石灰土和砂页岩发育的黄壤，土壤 pH 值 5.5～7.5，土壤有机质含量≥1.8%。

（3）栽培技术

a.种苗繁育。采用实生繁殖。秋播时间在 10 月中下旬至 11 月上旬，春播在 3 月中下旬。

b.移栽。秋播种苗在翌年 2～3 月，春播种苗在 5 月中下旬，苗木长出 2～4 对真叶后进行大田移植，栽培密度≤1665 株·百米$^{-1}$。

c.施肥。以施有机肥为主，成龄树每株施入有机肥≥15kg。

d.环境、安全要求。农药、化肥等使用必须符合国家相关规定，不得污染环境。

（4）采收及晾晒

a.采收。当花椒外果皮呈现油绿色，腺点突出透亮，即可采摘，根据成熟度分批采摘。

　　b.晾晒。果实采摘后当天晾晒，晾晒至含水量≤10％，严禁曝晒。

2.3　质量要求

　　（1）分级　顶坛花椒按照产品质量分为特级和一级。

　　（2）感官指标　应符合附表 2-1 的规定。

附表 2-1　感官指标

指标名称	质量等级	
	特级	一级
色泽	深绿或绿、颗粒均匀、有光泽	青褐、较均匀
滋味	麻味浓烈、持久、纯正	麻味浓、持久、无异味
气味	香气浓郁、纯正	香气浓、纯正
果形特征	睁眼、粒大、均匀、油腺密集、突出	绝大部分睁眼、果粒较大、油腺突出
霉粒和过油椒	无	
黑粒椒	无	
外来杂质	0	≤1％

　　（3）理化指标　应符合附表 2-2 的规定。

附表 2-2　理化指标

指标名称		质量等级	
		特级	一级
固有杂质/％	≤	4.5	11.5
外来杂质/％	≤	0	1.0
水分/％	≤	12	
挥发油/[mL·(100g)$^{-1}$]	≥	9	7
不挥发性乙醚提取物/％	≥	5	3

　　（4）食品添加剂　应符合 GB 2760 的规定及国家相关规定。

　　（5）安全指标　污染物限量应符合 GB 2762 规定，农药最大残留限量应符合 GB 2763 的规定。

　　（6）净含量　应符合国家质监总局（2005）75 号令《定量包装商品计量监督管理办法》的规定。

　　（7）生产加工过程卫生要求　应符合 GB 14881 的规定。

2.4　实验方法

　　（1）取样　按照 LY/T 1652 执行。

（2）粉末样品制备 按照 LY/T 1652 执行。

（3）感官检验 将样品置于干净的白色瓷盘上，用眼观法对果形、果皮、成熟度、色泽、组织状态、杂质等进行检验；用口尝试对滋味进行检验。

（4）理化指标检验

a.杂质。按照 LY/T 1652 执行。

b.水分。按照 LY/T 1652 执行。

c.挥发油。取花椒全样，按照 LY/T 1652 执行。

d.不挥发乙醚抽取物。取花椒全样，按照 LY/T 1652 执行。

e.安全指标检验。污染物限量应符合 GB 2762 的规定，农药最大残留限量应符合 GB 2763 的规定。

f.净含量。按照 JJF 1070 执行。

附录3　近年获得国家资助的花椒相关科研项目

附表 3-1 统计了 2012～2021 年花椒方面获批的国家基金项目（检索方法为：项目名称有"花椒"二字，2021 年未检索到），共 19 项，总体来看资助强度一般。结果显示：花椒在现代医药、饮食、工业和生态等领域均得到研究与推广，其中生命科学部和医学科学部资助项目相对较多，这与花椒属于特色植物，且药食同源的特性有关。研究内容上，从微观到宏观、从种质到植株、从果实到滋味等均有涉及，覆盖面较广。

附表 3-1　花椒方面获批的国家基金概况

序号	题目	主持单位	主持人	项目类型	金额/万元	所属学部	推荐年份
1	花椒果皮苦味形成的物质基础	西南大学	阚建全	面上项目	58	生命科学部	2020
2	"川陕花椒-中药材"对抗同贮养护机制研究	天津农学院	张文娟	青年科学基金项目	24	医学科学部	2020
3	新型花椒过敏原的发现和表征	中国医学科学院北京协和医院	李宏	面上项目	58	生命科学部	2019
4	花椒属植物分子系统发育及生物地理研究	重庆文理学院	刘霞	青年科学基金项目	24	生命科学部	2019
5	花椒属植物中 PD-1/PD-L1 信号通路小分子抑制剂的挖掘及功能评价	扬州大学	陈佳欢	青年科学基金项目	20	医学科学部	2019
6	基于 1H-NMR 代谢组学和转录组学的花椒种质资源研究	西北农业科技大学	王冬梅	面上项目	60	生命科学部	2018

序号	题目	主持单位	主持人	项目类型	金额/万元	所属学部	推荐年份
7	野花椒生物碱中选择性 JAK 激酶抑制剂的发现及抗胃癌机制研究	湖北中医药大学	田永强	青年科学基金项目	19	医学科学部	2018
8	花椒机械化收获果实损伤机理及齿梳-气流式采收方法研究	甘肃农业大学	万芳新	地区科学基金项目	36	工程与材料科学部	2017
9	光叶花椒碱调控小胶质细胞活化在帕金森病黑质区强回声成像机制中的实验研究	中国人民解放军第四军医大学	刘禧	面上项目	58	医学科学部	2016
10	基于超滤质谱和超低温探头 NMR 技术的三种花椒属植物中 SIRT1 抑制剂的快速发现及其抗肿瘤活性研究	中国科学院兰州化学物理研究所	杨军丽	面上项目	52	医学科学部	2016
11	贵州退耕还林区花椒园土壤有机碳库累积动态的微生物驱动机制	贵州师范大学	廖洪凯	青年科学基金项目	20	地球科学部	2016
12	花椒中典型的酰胺类物质对麻味的贡献及其构效关系研究	四川大学	赵志峰	青年科学基金项目	21	化学科学部	2015
13	土壤线虫微食物网对氮沉降和极端干旱的响应：岷江上游花椒复合与单一种植模式的比较研究	中国科学院成都生物研究所	孙晓铭	青年科学部基金	20	生命科学部	2015
14	岷江上游花椒农林复合种植模式与单一种植模式下土壤食物网：结构和功能及其对干旱和降水量增加的响应	中国科学院成都生物研究所	潘开文	面上项目	83	生命科学部	2013
15	蚬壳花椒种子萌发过程中基因和蛋白质的表达差异研究	中南林业科技大学	王平	面上项目	80	生命科学部	2013
16	花椒麻味物质的分子印迹分离纯化机理研究与应用	西南大学	阚建全	面上项目	76	生命科学部	2013
17	同贮药材花椒防治仓储害虫活性物质基础及作用机理研究	北京师范大学	杜树山	面上项目	16	医学科学部	2013
18	寡糖对花椒干腐病的影响及作用机制研究	西北农林科技大学	李培琴	青年科学基金项目	23	生命科学部	2013
19	花椒属苯并菲啶衍生物的合成、抗癌作用机制和构效关系研究	东北林业大学	彭进松	青年科学基金项目	23	生命科学部	2013